中国建筑设计研究院技术与研究丛书

建筑电气设计技术细则与措施

中国建筑设计院有限公司　主编

中国建筑工业出版社

图书在版编目(CIP)数据

建筑电气设计技术细则与措施/中国建筑设计院有限公司主编. —北京：中国建筑工业出版社，2015.9
中国建筑设计研究院技术与研究丛书
ISBN 978-7-112-17943-5

Ⅰ.①建… Ⅱ.①中… Ⅲ.①房屋建筑设备-电气设备-建筑设计 Ⅳ.①TU85

中国版本图书馆 CIP 数据核字(2015)第 053723 号

本书涵盖了建筑电气设计专业收集资料、方案配合、互提资料、设计、校审、施工验收等设计全过程的指导性文件。内容共 18 章，包括：设计前需收集的资料；电气需与建筑配合的关键问题；典型建筑电气设计控制关键点；建筑电气施工图设计深度；柴油发电机房设计基础参数；电气专业需提出的资料；提给结构专业的电气设备参考荷载；电气初步设计说明（公建类）；智能化初步设计说明（公建类）；人防初步设计说明（公建类）；电气施工图设计说明（公建类）；智能化施工图设计说明（公建类）；人防施工图设计说明（公建类）；电气施工设计总说明（住宅类）；设计各阶段校对、审核、审定工作内容；施工验收细则；电气部分详图；智能化施工图部分详图。

本书可供建筑电气设计人员参考使用，也可供相关专业大中专院校学生学习使用。

责任编辑：刘 江 张 磊
责任设计：王国羽
责任校对：李美娜 刘梦然

中国建筑设计研究院技术与研究丛书
建筑电气设计技术细则与措施
中国建筑设计院有限公司 主编
*
中国建筑工业出版社出版、发行（北京西郊百万庄）
各地新华书店、建筑书店经销
北京科地亚盟排版公司制版
北京中科印刷有限公司印刷
*
开本：787×1092 毫米 1/16 印张：17½ 字数：450 千字
2015 年 8 月第一版 2016 年 8 月第二次印刷
定价：**68.00** 元
ISBN 978-7-112-17943-5
(27185)

本书编委会

顾　问： 张文才、庞传贵、胥正祥、王振声

主　编： 陈　琪

副主编： 李俊民、张　青

主要编著人员：

陈琪（第 1 章电气部分；2、11、12、13 章；第 17 章 5～8 页）、李俊民（3.3 节；3.6 节；第 4、7、15、16 章；第 17 章 9～12 页）、张青（3.2 节；3.4 节；第 6、8、9、10、14 章）、王玉卿（3.7 节）、胡桃（第 17 章 1～4 页）、贾京花（第 5 章）、陈红（3.1 节）、许静（第 1 章智能化部分、第 18 章 2、15 页）、王路成（3.8 节）、马霄鹏（3.10 节）、李战赠（3.5 节）、李维时（3.9 节）、任亚武（第 18 章 4～13、26～29 页）、张雅（第 18 章 16～24 页）、唐艺（第 18 章 1、3、14、25 页）

参加编著人员：

李陆峰、王　健、杨宇飞、王苏阳、白京华、王亚冬、许冬梅、张晓泉、曹　磊、孙海龙、何　静、甄　毅

编 制 说 明

《建筑电气设计技术细则与措施》是为了提高设计进度、保障设计质量进行的一项尝试。

本书涵盖了建筑电气设计专业收集资料、方案配合、互提资料、设计、校审、施工验收等设计全过程的指导性文件。首先，表述了项目开始之初，需要收集的当地市政资料及甲方的需求。其次阐述了方案阶段建筑电气专业在建筑物内所需的机房、竖井。再次阐述了各类建筑的电气设计控制关键点并规定了设计深度。另外，柴油发电机房的设计需要暖通专业的配合，本书给出柴油发电机房设计相关基础数据，供设计人员参考。本书强调了电气专业需要向其他专业提出的资料内容，特别是与安全相关，需要向结构专业提出的荷载资料。为了加快设计进度，编制了扩初、施工图设计说明模板。个人设计完成后，我们用表格形式，详细规定了校审工作内容，强调了校审的重要性及职责。在施工验收阶段，提出施工验收细则、验收内容。最后，给出部分系统的图例、系统图、详图，其目的是规范设计画法和制图深度。

注意：文中下划线及括号内容，需根据工程项目特点修改。

希望广大设计人员，在参考本书时，如发现错误及时反馈给主编（邮箱：chenq@cadg.cn），以便修编改正。由于本书是在2014年年底完成编写，所以2015年元旦之后如有规范、规定等发生变化，对本书内容产生影响，请读者注意。

中国建筑设计院有限公司

科学技术委员会电气分委员会

2014年12月

目　录

1 设计前需收集的资料

以下资料需根据工程性质增加或减少（表1-1），主要是需满足甲方及当地市政部门的要求。对影响系统设计的资料，需当地相关部门审批后实施。

电气设计相关内容列表　　表1-1

序号	部门	收集资料项目
1	甲方	了解项目性质（自用、出租）、分区要求、物业运营管理模式
2		了解甲方对性价比的要求
3	规范	地方标准、规范
4		地方标准图
5	当地气象条件	最热月的日最高温度平均值
6		年平均雷暴日数 T_d
7		当地海拔
8	当地土壤条件	土壤热阻系数
9		土壤电阻率
10		冻土层深度
11	供电局	拟建项目供电的电源电缆接入方位、距离、采用的敷设方式（架空？埋地？）
12		当地供电电压等级（6kV、10kV、20kV、22kV、35kV）？频率？每路能提供的供电容量？可以提供几路电源？
13		上级变电站供电出口的短路容量（300MVA？500MVA？）或上级变电站变压器容量或要求（6kV、10kV、20kV、22kV、35kV等）开关的短路分断能力
14		如果为两路高压电源，电源的可靠程度及电压质量，是否从不会同时损坏的两个上级变电站引来？
15		当地高压系统接地形式（中性点不接地？带消弧线圈接地？小电阻接地？）
16		当双路高压供电时，高压系统当地习惯是两路高压互为备用？还是一用一备？
17		对用户受电端继电保护设置和时限配合的要求
18		大型特殊用电负荷起动和运行方式的要求，是否允许使用高压电动机（冷水机组？）
19		计费采用中压进线处计量？低压进线处计量？
20		电力、照明是否分别计费？
21		当地供电局要求的力表变比最大值？装设计量电表的位置？（母线上？单独柜体？）
22		当地电价，是否有峰谷电价？是否实施分段电价？
23		对功率因数的要求
24		外电源分界位置，当地供电局是否要求设置电缆分界室？电缆分界室设置位置？室内（楼层、面积要求）？室外？
25		是否允许变配电站设在地下室？
26		是否允许变配电站设在最底层？
27		配变电所是否允许上进上出？还是必须设电缆沟？夹层？
28		高压线路由是否有规定？（地下室内？室外？）
29		当地供电局允许最大单台变压器安装容量？
30		住宅电表安装位置？向供电公司缴费？还是向物业管理缴费？

续表

序号	部门	收集资料项目
31	甲方基建	配变电所的系统设计，当地习惯是土建设计单位设计，还是当地供电局专项设计？
32		除规范要求外，本项目甲方是否要求增设柴油发电机组？
33		各部门有无工艺特殊用电需求？
34		有线电视系统是否设置屋顶卫星天线、需要接收的频段节目？
35	消防局	火灾自动报警及联动相关部门有无特殊要求？
36		当地电气火灾报警系统相关部门有无特殊要求？设置位置？
37		当地智能疏散应急照明系统相关部门有无特殊要求？设置要求？
38	人防	是否必须设置防爆波井？
39		大于 5000m^2 的人防是不是必须设置固定柴油发电机？
40	电信、有线电视外线	当地是否建设有光纤传输网络？
41		当地小区室外管线，习惯用水泥排管？直埋？穿管？单孔、多孔塑料管？
42		电话进线方向、敷设方式（架空、埋地、管路形式），是否可以提供不同的进线方向？
43		电话是否设置模块局、交换机？是否采取虚拟交换机？
44		计算机网络进线方向、敷设方式（架空、埋地、管路形式），是否可以提供不同的进线方向？
45		有线电视电缆进线方向、敷设方式（架空、埋地、管路形式），是否可以提供不同的进线方向？
46	智能化土建要求	是否配合机房工程预留（信息中心设备机房、消防监控中心机房、安防监控中心机房、智能化系统设备总控室、智能化间）？

若含智能化设计，甲方相关部门有无特殊要求？需要设置哪些系统？设置标准有无特殊要求？见表 1-2。

智能化设计相关内容列表 **表 1-2**

序号	系统	分项	要求
1	信息设施系统	通信接入系统	满足几家运营商同时接入进行设计（2 家、3 家或更多）？ 通信接入方式是铜缆？光纤？出租性建筑运营商光纤到用户驻地？
2		电话交换系统	自建？运营商建设？ 模拟程控交换机？数字程控交换机？利用网络交换机通信？
3		信息网络系统	按照几个网进行设计？内网、外网、管理网、酒店客人网等？ 有无特殊的信息安全和保密的规定？
4		综合布线系统	垂直干线系统需千兆？万兆或更高传输能力？ 干线的配置原则是要求最少几芯光纤？ 水平配线系统需百兆？千兆传输能力？ 各类功能用房信息点的设置原则是什么？ 大开间空间的预留方式？（CP 点？配线箱？） 管线敷设是网络地板？地面线槽还是吊顶敷设？ 无线 WIFI 点的设置原则（全楼无线覆盖？公共区域等）？
5		室内移动通信覆盖系统	满足几家运营商同时覆盖的需求？2 家？3 家？ 是否满足 2G、3G、4G 的信号传输要求？
6		有线电视及卫星电视接收系统	信号源是本地有线电视？互联网？ 是否自建视频源？ 卫星电视接收频道要求？

续表

序号	系统	分项	要求
7	信息设施系统	业务广播系统	单建？与应急广播合建？ 模拟广播系统？数字广播系统？
8		背景音乐系统	单建？与业务广播、应急广播合建？业务广播或背景广播设置原则，投切方式、音源要求？ 模拟广播系统？数字广播系统？
9		信息导引及发布系统	信息显示屏的设置位置？屏幕尺寸？ 需设置哪些类型的显示屏？（室内屏？室外屏？LED屏？LCD屏？PDP屏？） 联网管理模式？单屏独立管理模式？
10		其他业务功能所需相关系统	提供本系统使用功能的需求
11	信息化应用系统	信息管理系统	信息管理需求
12		物业运营管理系统	由信息化建设单列？设计仅对网络信息平台的搭建预留接口？
13		公共服务管理系统	由信息化建设单列？设计仅对网络信息平台的搭建预留接口？
14		公共信息服务系统	由信息化建设单列？设计仅对网络信息平台的搭建预留接口？
15		智能卡应用系统	智能卡应用范围？人员出入控制？车辆出入控制？会议签到？消费？ 一卡一库？一卡通用？ 软件是否需要根据业主实际需求进行定制？定制需单独费用。
16		信息网络安全管理系统	信息网络安全需求
17		其他业务功能所需的应用系统	其他业务功能需求
18	建筑设备管理系统	建筑设备监控系统	给水泵房是否自成系统，信号上传？ 空调末端、风机盘管是否监控？
19		能耗远传计量系统	用电、用水（冷水、热水、中水）、燃气是否纳入远传计量或采用预充值卡？ 采用几级计量？总表（一级）＋楼栋或楼层表（二级）＋独立核算的用能单位表（三级）
20		酒店客房控制系统	采用联网管理模式还是独立管理模式？ 客房内的受控设备？（风机盘管、照明、插座、电视、门、窗？）
21		变电所监控系统	配变电所是否自成系统，信号上传？
22		智能照明控制系统	公共区域照明控制是纳入到建筑设备监控系统中，还是单独做智能照明控制系统？智能照明控制系统是否自成系统，信号上传？
23		冷冻机房群控系统	冷热源是否自成系统，信号上传？
24	安全技术防范系统	安全防范综合管理系统	监控中心要求？是否设置分控中心？是否设置安全技术防范相关系统的集成？

续表

序号	系统	分项	要求
25	安全技术防范系统	周界防范系统	了解园林设计图纸及围墙类型。 设置原则？红外对射、视频、泄漏电缆？ 是否需要与视频安防监控系统联动？ 是否需要采用智能视频分析？
26		入侵报警系统	设置原则？屏蔽原则？紧急报警按钮的设置原则？ 是否需要与视频安防监控系统联动？ 是否需要采用智能视频分析？
27		视频安防监控系统	设置原则？摄像头选型原则？存储时间？监视方式？ 采用纯数字系统？纯模拟系统？模拟数字混合系统？ 采用高清系统？标清系统？
28		出入口控制系统	组网方式（TCP/IP、RS485）？ 门禁控制器选择及位置设置原则？ 进入园区是否控制？ 进入各单体楼是否控制？ 进入各楼层是否控制？ 进入哪类功能用房需要控制？ 进入宿舍是否控制？
29		电子巡查管理系统	在线式巡查管理模式？离线式管理模式？
30		保安无线对讲系统	要求几个信道？覆盖范围要求？
31		汽车库（场）管理系统	是否需要区域引导？车位引导？ 对出入园区的车辆是否进行控制？ 对出入地下车库的车辆是否进行控制？ 临时访客与长期固定停车位是否按楼层或区域分开？ 采用自动车牌图像识别还是卡片识别？远距离读卡还是近距离读卡？
32		客房门锁系统	采用联网管理模式？独立管理模式？ 采用接触卡？非接触卡？
33		其他特殊要求技术防范系统	请提供本系统使用功能的需求
34	供电	智能化系统的供电	供电等级要求？是否需要 UPS 供电？后备电池供电时间要求？ 电源集中供给还是分散就地供给？
35	会议系统	是否设置	设置标准？同面积会议室是否需要不同标准？
36	机房	—	各类机房的建设标准？A 级机房？B 级机房？C 级机房？ 是否包括机房装修？
37	系统集成	是否设置	哪些系统集成？集成功能是什么？

2　电气需与建筑配合的关键问题

2.1　公共建筑

1. 分界室

1）北京及部分城市要求设置室内电缆分界室。地下不管有几层，电缆分界室一般设置在一层，且贴外墙。电缆分界室宜靠近配变电所。

2）电缆分界室层高至少3m，下设2.1～3m层高的夹层，并设有人孔相连。

3）电缆分界室的门为FM1524甲级防火门，并开向公共走道。

4）电缆分界室的面积与高压电源数量有关，一般为25～40m^2，宽度不小于3.3m（与配电柜是否允许靠墙及柜型有关）。

2. 配变电所

1）应接近负荷中心。

2）接近电源侧，宜贴邻外墙；进出线方便；不应设在人防区域内。

3）设备运输方便，并考虑长远的设备更新；当配变电所设置在建筑物内时，向结构专业提出荷载要求，并应设有运输通道。运输通道净高不小于2.5m，净宽（设备宽＋0.6m）不小于2.0m，通道转弯处净宽不小于2.5m。当其通道为吊装孔或吊装平台时，其吊装孔和平台的尺寸应满足吊装最大设备的需要，吊钩与吊装孔的垂直距离应满足吊装最高设备的需要。

4）不应设在有剧烈振动或高温的场所；不宜设在多尘或有腐蚀性气体的场所，应尽量远离，当无法远离时，不应设在污染源盛行风向的下风侧；不应设在有爆炸危险环境的正上方或正下方，且不宜设在有火灾危险环境的正上方或正下方。

5）不应设在厕所、浴室或其他经常积水场所的正下方，且不宜与上述场所相贴邻；不应设在地势低洼和可能积水的场所。配电所、变电所的电缆夹层、电缆沟和电缆室，应采取防水、排水措施。

6）配变电所可设置在建筑物的地下层，但不宜设置在最底层。当地下只有一层时，应采取抬高室内地面、设门栏等预防洪水、消防水或积水从其他渠道淹渍配变电所的措施。高层或超高层建筑可在避难层、设备层及屋顶层等处设置分配变电所。某些省市、地区还要求，配变电所设在一层或以上，应事先了解当地供电部门的规定。

7）变压器室、配电室、电容器室的门应向外开启。相邻配电室之间有门时，此门应能双向开启。配电所各房间经常开启的门、窗，不宜直通相邻的有酸、碱、蒸汽、粉尘和噪声严重的场所。配电所临街的一面不宜开窗。变压器室、配电室、电容器室等应设置防止雨、雪和蛇、鼠类小动物从采光窗、通风窗、门、电缆沟等进入室内的设施。所有通向变压器室、配电室、电容器室的门，应加防鼠板。配变电所的通风窗，应采用非燃烧材料。长度大于7m的配电室应设2个出口，并宜布置在配电室的两端；长度大于60m时，应增加一个出口。当变电所采用双层布置时，位于楼上的配电室应至少设一个通向室外的平台或通道的出口。配电装置室及变压器室门的宽度，按最大不可拆卸部件宽度加 0.3m 确定，高度宜按不可拆卸部件最大高度加 0.5m 确定。可由电气设计人员提供资料。[注：2500kVA 变压器约为 2400×1500×2680（$L\times W\times H$）] 配变电所的门应为防火门，并应符合下列规定：

（1）配变电所位于高层主体建筑（或裙房）内时，通向其他相邻房间的门应为甲级防火门，通向过道的门应为乙级防火门；

（2）配变电所位于多层建筑物的二层或更高层时，通向其他相邻房间的门应为甲级防火门，通向过道的门应为乙级防火门；

（3）配变电所位于多层建筑物的一层时，通向相邻房间或过道的门应为乙级防火门；

（4）配变电所位于地下层或下面有地下层时，通向相邻房间或过道的门应为甲级防火门；

（5）配变电所附近堆有易燃物品或通向汽车库的门应为甲级防火门；

（6）配变电所直接通向室外的门应为丙级防火门。

8）配电室、变压器室、电容器室和各辅助房间的内墙表面应抹灰刷白，顶棚表面应平整、勾缝、刷白，地（楼）面宜采用高标号水泥抹面压光。

9）高、低压配电室、变压器室、电容器室、控制室、柴油发电机房内，不应有与其无关的管道和线路通过。

10）有人值班的独立变电配所，宜设有厕所和给水排水设施。

11）当配变电所与上、下或贴邻的办公、教学、会议等房间仅有一层楼板或墙体相隔时，变压器应采取屏蔽、降噪等措施。

12）在可行性研究及建筑方案设计时，配变电所面积估算：根据建筑物规模、性质，建筑总面积的 0.6%～1.5% 约为配变电所面积（大面积住宅可适当减少）。净宽不小于 6500mm。功能简单建筑的配变电所面积偏小，功能复杂建筑的配变电所面积偏大。（配变电所面积估算，不含数据中心）。

3. 消防控制室

1）每座大中型公共建筑宜单独设置一个消防控制室。建筑群时，主建筑设置消防控制中心，其他建筑根据情况设置分消防控制室。

2）消防控制室宜设在高层建筑的首层或地下一层，且应采用耐火极限不低于 2.00h 的隔墙和 1.50h 的楼板与其他部位隔开，并应设直通室外的安全出口。

3）消防控制室面积一般为 35～45m²。

4. 安防机房（银行专用安防机房除外）、BA 控制中心

安防机房、BA 控制中心，可设置在地下或地上，应根据建筑物类型、规模确定机房面积。一般为 40～50m²。当与消防控制室合用时，合用面积一般为 80～120m²。

智能化系统机房应相对集中。

5. 电信机房

1）电信机房当无特殊要求时，可在地下室。接近市政外线侧。

2）一般靠外墙设置进线间 5～15m²（5m²/运营公司）。

3）200～2000 信息点的民用建筑应设置固定通信设备间。固定通信设备间的门高不低于 2.1m，宽不小于 1.2m²。

4）固定通信设备间使用面积见表 2-1。

固定通信设备间使用面积　　表 2-1

<table>
<tr><th colspan="2">民用建筑用户规模（信息点）
（含电话、计算机，为综合布线点）
办公室：2 个信息点/(6～8）m²</th><th rowspan="2">设备间使用面积要求（m²）</th><th rowspan="2">宽度要求（m）</th><th rowspan="2">供电电源（kW）</th></tr>
<tr><th>多层民用建筑</th><th>高层民用建筑</th></tr>
<tr><td>200～400</td><td>200 以下</td><td>≥10</td><td>≥2</td><td rowspan="3">5～15</td></tr>
<tr><td>400～600</td><td>200～600</td><td>≥15</td><td>≥3</td></tr>
<tr><td colspan="2">600～2000</td><td>应按照 600 信息点进行分区，每个区域应设置固定通信设备间，其使用面积≥15m²</td><td></td></tr>
</table>

5）2000～10000 信息点的民用建筑应设置固定通信机房。固定通信机房使用面积见表 2-2。

固定通信机房使用面积　　表 2-2

<table>
<tr><th>民用建筑用户规模（信息点）
（含电话、计算机，为综合布线点）
办公室：2 个信息点/(6～8）m²</th><th>机房使用面积要求（m²）</th><th>宽度要求（m）</th><th>供电电源（kW）</th></tr>
<tr><td>2000～5000</td><td>≥50</td><td>≥4</td><td rowspan="3">40～60</td></tr>
<tr><td>5000～10000</td><td>≥70</td><td>≥6</td></tr>
<tr><td>＞10000</td><td>应根据建筑群分布情况设置多个固定通信机房，使用面积要求同上</td><td></td></tr>
</table>

6. 有线广播电视机房

1）当设有卫星广播电视时，卫星广播电视机房一般设在屋顶层，面积一般为 30～45m²。城市有线电视机房需与卫星广播电视机房分别设置，且卫星广播电视信号汇入城市有线电视信号后传输。

2）当设有自办有线广播电视节目时，有线广播电视机房一般设在地下层，面积一般为 30～45m²。

3）当仅设有城市有线广播电视网时，有线广播电视机房一般与综合布线机房合用，但宜单独划分出房间。

4）每个单体建筑至少设置一个有线广播电视光电转换间。

5）200～2000 点有线广播电视光电转换间使用面积见表 2-3。

200～2000 点有线广播电视光电转换间使用面积　　表 2-3

<table>
<tr><th colspan="2">民用建筑用户规模（信息点）
（有线广播电视点）</th><th rowspan="2">使用面积要求（m²）</th><th rowspan="2">宽度要求（m）</th><th rowspan="2">供电电源（kW）</th></tr>
<tr><th>多层民用建筑</th><th>高层民用建筑</th></tr>
<tr><td>200 以下</td><td></td><td>≥4</td><td>2</td><td>2～5</td></tr>
<tr><td>200～400</td><td>200 以下</td><td>≥4</td><td>2</td><td rowspan="3">20</td></tr>
<tr><td>400～600</td><td>200～600</td><td>≥6</td><td>3</td></tr>
<tr><td colspan="2">600～2000</td><td>应按照 600 信息点进行分区，每个区域应设置光电转换间，其使用面积≥6m²</td><td></td></tr>
</table>

6）2000点以上有线广播电视机房使用面积见表2-4。

2000点以上有线广播电视机房使用面积　　表2-4

民用建筑用户规模（有线电视）（综合信息点）	机房使用面积要求（m^2）	宽度要求（m）	供电电源（kW）
2000～5000	≥30	≥4.5	20
5000～10000	≥50	≥6	
＞10000	应根据建筑群分布情况设置多个小区机房，使用面积要求同上。		

7. 通信及有线广播电视机房土建的要求

1）机房室内梁下净高不小于2.6m（含架空地板高度）；门高不低于2.1m，宽不小于1.2m；地面荷载不低于600 kg/m^2

2）机房的位置尽量设置在民用建筑的中心地域，应选择在公共建筑不易受淹处，方便搬运设备的车辆进出，便于机房进出线缆和管道的接入。应尽量远离高低压变配电、电机、X射线、无线电发射等有干扰源存在的场地。温度为10～35℃，相对湿度为20%～80%，并应有良好的通风。

3）机房室内应做好防水防潮处理，严禁其他可形成安全隐患的管道（如水管、排水管、燃气管等）进入或穿越，为本机房服务的水、暖管道，应有防渗漏措施，不应有法兰、螺纹连接、阀门等。机房的上层不应设卫生间，且不宜与厨房、卫生间等潮湿的房间毗邻。地面应略高于走廊地面或设防水门坎。

4）机房设置须避开电磁干扰区，应符合《电子信息系统机房设计规范》GB 50174的要求。

5）机房应留出空调室外机的位置及相应的孔洞。

6）固定通信机房不宜设窗。

7）有线广播电视机房宜设严密防尘窗。

8. 移动通信机房的设置规定

1）民用建筑占地面积每0.2km^2应设置1个宏蜂窝基站机房或室外一体化基站位置，宏蜂窝基站的数量在规划阶段确定。

2）楼内宏蜂窝基站机房应选择靠近楼顶的房间。

3）民用建筑内应预留室内覆盖系统专用机房。对于面积较大的建筑，应每5万m^2设置1个室内覆盖系统机房。

4）室内覆盖系统机房应选择靠近建筑物中心区域智能化竖井的房间。

5）移动通信机房使用面积应符合表2-5的规定。

移动通信机房使用面积要求表　　表2-5

机房名称	机房使用面积（m^2）	宽度（m）	供电电源（kW）
宏蜂窝基站机房	≥30	≥4	农村基站：20 郊区及县城基站：25 市区基站：30
室内覆盖系统机房	≥15	≥3	15

续表

机房名称	机房使用面积（m^2）	宽度（m）	供电电源（kW）
室外一体化基站建设用地	≥70	≥4	农村基站：20 郊区及县城基站：25 市区基站：30

注：室内覆盖系统与室外宏蜂窝基站共用机房时，机房面积不小于45m^2

6）移动通信机房（宏蜂窝基站机房、移动通信室内覆盖系统机房）的土建要求：

（1）机房梁下净高度不应低于2.8m；宏蜂窝基站机房地面荷载不应小于600kg/m^2。

（2）机房门高不小于2.1m，门宽不小于1.2m，门应向外开启。

（3）机房不宜设窗户，若必须设置时，应安装密闭双层玻璃窗。

（4）宏蜂窝基站机房内应预留馈线孔洞，孔洞尺寸不应小于600mm×400mm。移动通信室内覆盖系统机房应预留馈线孔洞，孔洞尺寸不应小于300mm×200mm。

（5）机房内不设置上下水、喷淋、中央空调和水暖设施。

（6）机房应具备安装独立空调的条件，机房外应留有空调室外机安装位置，并配有空调排水口。

（7）机房不应设在有卫生间、厨房等有给水排水设施的房间的正下方。

9. 电气、智能化间

电气、智能化间墙应上下对齐贯通，门宜上下对齐在同一位置。每个防火分区均宜设置电气、智能化间。应采用外开丙级防火门，门宽大于0.8m。地面应略高于走廊地面或设防水门坎。

1）电气间服务半径宜为35～50m，竖井面积一般为4～7m^2。

2）智能化间服务半径宜为60～70m，竖井面积一般为5～8m^2。设置网络设备的智能化间应考虑空调或设置专用排风井、进风百叶（加防火阀）。

2.2 住宅及住宅小区（北京地区）

1. 配变电所

1）住宅小区可设独立式配变电所，也可附设在建筑物内或选户外预装式变电所。但不应设置在住宅内的居住房间的上、下或贴邻。

2）40～50万m^2住宅面积，建设一座高压开闭、变电站（含35kV及以上变压器及高压柜）（供电容量2万kVA）。建筑面积约400～550m^2，或按当地供电部门要求设置。

3）仅为高压开闭站时，建筑面积约150～250m^2。

4）4～7万m^2住宅面积（630～1000kVA），建设一座住宅配变电所，供电半径不大于250m。室内非预装式住宅配变电所面积约120～150m^2。

2. 楼内设备间（π接室、配电室）

1）住宅需设置π接室、配电室（北京地区一般要求设置π接室，其他地区需咨询当地供电部门）。

2）有地下室的住宅建筑，π接室、配电室一般设置在地下室；无地下室的住宅建筑，π接室、配电室设置在一层楼梯间休息平台下。

3）π接室、配电室面积：按照明（光）、电力（力）配电柜数量考虑面积，净宽不宜小于 3.1m。

3. 消防控制室

1）需设置消防控制室。

2）消防控制室宜设在建筑的首层或地下一层，且应采用耐火极限不低于 2.00h 的隔墙和 1.50h 的楼板与其他部位隔开，并应设直通室外的安全出口。

3）消防控制室面积一般为 20～30m^2。

4. 光纤入户设备间

住宅小区要设一个 10～15m^2（4000mm×2500mm 或 5000mm×3000mm）设备间。按每 300 户为一个配线区（室外光交接箱每 100 户为一个配线区），高层住宅每栋楼设一个 15m^2（5000mm×3000mm）电信间，多层住宅几栋楼设一个 15m^2（5000mm×3000mm）电信间。设备间、电信间荷载 6kg/m^2。设备间甲级双外开防火门（宽 1200mm）。电信间丙级单外开防火门（宽 1000mm）。

5. 安防机房、BA 控制中心

安防机房、BA 控制中心，设置在地下或地上均可以，面积一般为 25～50m^2。当与消防控制室合用时，合用面积一般为 60m^2 左右。

6. 电气智能化竖井

每个单元设置电气、智能化竖井可合用，竖井面积一般为 2000mm×800mm 或 1500mm×1200mm 或 2m^2。若电井过小，则电表箱在井外安装，管线做包封处理。

3 典型建筑电气设计控制关键点

3.1 办公建筑电气设计控制关键点

3.1.1 办公楼的分类

办公建筑的分类应根据相关规范确定。现行规范出发点不一样，如《办公建筑设计规范》JGJ 67—2006 中按照重要性分为三类：一类——特别重要的办公建筑；二类——重要办公建筑；三类——普通办公建筑（本规范按使用性质或主体又将建筑物分为：办公建筑、公寓式办公楼、酒店式办公楼、综合楼、商务写字楼等，但这个分类与等级无关）。《高层民用建筑设计防火规范》GB 50045—95（2005 年版）中则根据建筑物的使用性质、火灾危险性、疏散和扑救难度，将高层建筑分为两类：重要的办公楼、建筑高度超过 50m 的办公楼为一类高层建筑；建筑高度超过 24m 但不超过 50m 的普通办公楼为二类高层建筑。

在《办公建筑设计规范》JGJ 67—2006 中对特别重要的办公建筑的定义是：国家级或省部级行政办公建筑，重要的金融、电力调度、广播电视、通信枢纽等办公建筑，以及超高层办公建筑。需要说明的是，本要点不针对金融、广播电视、通信枢纽等专用办公建筑的设计。

设计时应按照现行国家规范，根据供电可靠性的要求及中断供电将造成的人身伤害、社会影响、经济损失程度等对办公建筑进行负荷分级，以便进行合理的供配电设计。

3.1.2 负荷分级及供电电源

1. 负荷分级

1）一级负荷：一类办公建筑（特别重要的办公建筑）和建筑高度超过 50m 的高层办公建筑（一类高层建筑）的消防设备、重要设备及场所的用电（如重要办公室、会计室、总值班室、主要通道的照明、应急照明、消防设备以及智能化机房、配变电所、柴油发电机房、主要客梯、生活泵、排水泵等）按一级负荷供电。其中计算机系统用电为特别重要负荷。

2）二级负荷：二类办公建筑（重要办公建筑）和建筑高度不超过 50m 的高层办公建筑（二类高层建筑）的消防设备、重要设备及场所的用电（参考上条）按二级负荷供电。

3）三级负荷：三类办公建筑（普通办公建筑）和除一级、二级负荷以外的用电设备（如其他电力、普通照明、空调及通风设备等）均按三级负荷供电。

2. 供电电源

1）一级负荷用户：应由两路电源供电，这两路电源应分别引自不会同时损坏的两个上级电源。当一路电源中断供电时另一路电源能满足全部一级负荷和二级负荷的供电要求。对一级负荷中的特别重要负荷还应增设应急电源。对超高层建筑各地规定不一，宜设置柴油发电机组作为消防设备的备用电源。

2）二级负荷用户：由两回路电源供电，其第二电源可引自临近单位或自备发电机组。

当负荷较小或地区供电条件困难时，可由一路6kV及以上专用的架空线路或电缆供电。当采用架空线时可由一回路架空线供电；当采用电缆线路时，应采用两根电缆并列组成的线路供电，其每根电缆的载流量应能承受全部二级负荷。

3）三级负荷用户：单电源供电。

3.1.3 供配电系统设计

1. 配变电所设置

1）配变电所位置应靠近负荷中心，宜设置在地下一层、地下二层或首层。当有多层地下室时不允许设在最底层，同时应预留设备运输通道。

2）当一个建筑物根据需要设置有主配变电所和分配变电所时，主配变电所应设单独的值班室，可与控制室合用，并应有门直通走道或室外。

超高层建筑，除在地下层或首层设置主配变电所外，宜根据负荷分布情况，在顶层或中间层（如避难层）设置分配变电所。为便于运输和安装，分配电所单台变压器容量不宜超过1000kVA。

3）配变电所内高、低压开关柜根据出线电缆形式可采用下进下出、上进上出或下进上出、上进下出等。当电缆数量较多、截面较大时，宜设置电缆夹层，电缆夹层净高不应低于1.9m。

2. 供配电系统

1）一级负荷用户的高、低压配电系统均应采用单母线分段方式，两段母线间宜设联络断路器，可手动或自动（高压宜为手动、低压宜为自动）分、合闸。两段母线平时应分列运行，故障时互为备用。低压配电系统中对特别重要负荷用户应设置应急母线段对其供电，严禁将其他负荷接入应急供电系统。

二级负荷用户：当高压侧为两路供电时，其高、低压配电系统可采用单母线分段方式，两段母线间宜设联络断路器，可手动或自动（高压宜为手动、低压宜为自动）分闸、合闸。两段母线平时应分列运行，故障时互为备用。

2）供配电系统设计中力求简单可靠，尽量减少配电级数，且分工明确。同一用户内，高压配电级数不宜多于两级，低压一、二级负荷配电级数不宜多于三级，三级负荷配电级数不宜多于四级。通常配电方式为配变电所（总配电所）、区域配电室（配电间）和终端配电。各级配电系统保护电器之间应具有选择性配合，以满足供电系统可靠性的要求。

3）消防用电设备的供电，应从本建筑的总配电室或分配电室采用消防专用回路供电。

4）为一级负荷设备供电的两个电源回路分别来自两台变压器的不同母线段，并在最末级配电装置处自动切换。切换时间应满足用电设备对中断供电时间的要求。

为二级负荷设备供电的两个电源回路分别来自两台变压器的不同母线段，在适当位置处自动切换，自动切换箱配出至用电设备的线路，均应采用放射式供电。二级负荷设备也可采用一路专用回路放射式供电的方式。当消防用电负荷等级为二级时，应在最末级配电装置处自动切换。

三级负荷采用单电源供电。

5）每条线路、每个配变电所都应有明确的供电范围，不宜交错重叠。

6）当存在较大非线性负荷时，应对谐波电流采取适当的抑制措施。谐波严重场所的功率因数补偿电容器组宜串联适当参数的电抗器，抑制高次谐振，同时限制电容器中的谐波电流。

采用无功自动补偿方式时，补偿电容器柜的安装容量宜留有适当裕量。方案或扩初设计阶段无功补偿容量按变压器安装容量的30%左右估算，施工图阶段应进行无功功率计算，并按计算结果确定补偿电容器的容量。

7）对于单台容量较大的负荷或重要负荷采用放射式供电；对于一般负荷采用树干式或树干式与放射式相结合的供电方式。

8）高层办公楼标准层照明供电宜采用封闭式插接母线；视负荷大小及分布状况可分段供电。各层应设配电间（竖井），其位置宜接近负荷中心、进出线方便、上下贯通。配电间的面积和数量应视楼层面积大小、负荷分布、大楼形体以及防火分区等综合考虑。当末级配电箱或控制箱集中设置在配电间时，其供电半径不宜大于50m。有条件时电气、智能化应分设设备间；如条件受限需要合设时，电气、智能化线路应分两侧敷设，或采取防止电气对智能化干扰的隔离措施。

3. 负荷指标

方案或扩初阶段，办公楼单位面积用电指标可按30～70W/m^{2}估算、变压器安装容量指标按50～100VA/m^{2}估算。

4. 负荷计算

办公楼各类用电负荷的需要系数及功率因数参考如表3-1：

办公楼各类用电负荷的需要系数及功率因数　　表3-1

负荷名称	规模或台数	需要系数（K_x）	功率因数（$\cos\varphi$）	备注
照明	S＜500m^2	1～0.9	≥0.9	含插座容量；荧光灯就地补偿或采用电子镇流器及必要的谐波抑制
	500m^2＜S＜3000m^2	0.9～0.7	≥0.9	
	3000m^2＜S＜15000m^2	0.75～0.55		
	S＞15000m^2	0.7～0.4		
冷冻机组锅炉	1～3台	0.9～0.7	0.8～0.85	
	＞3台	0.7～0.6		
热力站、水泵房、通风机	1～5台	0.95～0.8		
	＞5台	0.8～0.6		
电梯		0.5～0.2	0.55	此系数用于配电变压器总容量选择的计算
分体空调	4～10台	0.8～0.6	0.8	
	11～50台	0.6～0.4		
	50台以上	0.4～0.3		

3.1.4 照明设计

1. 照明系统

包括正常照明、应急照明。主要场所的照度标准按照《建筑照明设计标准》GB 50034的相关要求。

2. 光源

有装修要求的场所视装修要求商定，一般场所采用节能高效直管型荧光灯、金卤灯或其他节能光源。直管荧光灯应采用节能型电感镇流器或电子镇流器。

3. 供电系统

应急照明应采用两个供电电源，并在末端配电箱处进行自动投切。其中出口标志灯、疏散指示灯等应采用EPS（区域集中蓄电池式）或灯内自带蓄电池供电。

4. 照明配电箱、应急照明配电箱

按防火分区及功能要求设置。

5. 三相平衡

三相配电干线的各相负荷宜分配平衡，最大相负荷不宜超过三相负荷平均值的115%，最小相负荷不宜小于三相负荷平均值的85%。

6. 中性线

照明系统中，中性线截面应与相线截面相同。在主要给气体放电灯供电的三相配电线路中，其中性线截面还应满足不平衡电流及谐波电流的要求。

7. 室外照明

室外照明供电当供电距离超过20m时宜采用TT系统，照明回路采用TT系统，应设剩余电流动作保护装置，并宜在每个灯杆处设置单独的短路保护和间接接触防护装置；金属灯杆部分均应可靠接地。

8. 室内照明

办公室一般照明采用荧光灯时宜使灯具纵轴与水平视线相平行。大空间办公室一般不考虑办公家具的布置，只设置一般照明；个人办公室应根据办公桌的位置布灯；具有视频显示终端的办公室灯具布置应避免反射眩光。

9. 照明控制

1）办公用房、设备机房、库房及各竖井等处的照明采用就地控制；卫生间可采用就地控制或感应控制。

2）功能复杂、照明要求高的场所，如大堂、大型会议厅、宴会厅、多功能厅等，宜采用智能照明控制系统，该系统可以作为BA系统的子系统。当建筑物仅采用BA系统时，可将上述区域的照明纳入BA系统控制范围。

3）应急照明应与消防系统联动，保安照明应与安防系统联动。

3.1.5 防雷与接地设计

1. 防雷等级的划分

根据《建筑物防雷设计规范》GB 50057—2010，国家级办公建筑物，预计雷击次数大于0.05次/a的部、省级办公建筑物以及预计雷击次数大于0.25次/a的一般性办公建筑物应划分为第二类防雷建筑物；预计雷击次数大于或等于0.01次/a且小于或等于0.05次/a的部、省级办公建筑物以及预计雷击次数大于或等于0.05次/a且小于或等于0.25次/a的一般性办公建筑物应划分为第三类防雷建筑物。

2. 信息系统防雷

《建筑物电子信息系统防雷技术规范》GB 50343—2012中根据建筑物的性质及其电子信息系统的重要性，防雷防护等级分成A、B、C、D四级，办公建筑一般宜按D级设计，各级SPD设置宜按表3-2设计：

各级建筑SPD设置规定 **表3-2**

保护分级	LPZ0区与LPZ1区交界处		LPZ1与LPZ2、LPZ2与LPZ3区交界处		
	第一级标称放电电流*（kA）		第二级标称放电电流（kA）	第三级标称放电电流（kA）	第四级标称放电电流（kA）
	10/350μs	8/20μs	8/20μs	8/20μs	8/20μs
A级	≥20	≥80	≥40	≥20	≥10
B级	≥15	≥60	≥40	≥20	
C级	≥12.5	≥50	≥20		
D级	≥12.5	≥50	≥10		
安装位置	变电所低压母线		层配电箱（柜）	末端配电箱	用电设备

3.1.6 火灾自动报警及联动控制系统设计

火灾自动报警及联动控制系统按照《火灾自动报警系统设计规范》GB 50116—2013、《建筑设计防火规范》GB 50016—2014等进行设计。

《火灾自动报警系统设计规范》GB 50116—2013中取消了系统保护对象分级的条文，火灾自动报警系统的形式根据是否设置联动自动消防设备、集中火灾报警控制器的数量及消防控制室的数量等需求来确定。

3.1.7 智能化系统设计

设计中应根据实际需用情况设置，通常包括红线内的以下内容：

1. 通信系统

1）系统采用数字程控交换机，程控交换设备设于大楼通信机房（可与综合布线机房合用）内，系统采用叠加式机柜；中继线、市话直拨线路数量由通信运营商根据业主实际需求确定。

2）通信机房由城市电信部门负责设计，设计中仅负责总配线架以下的配线系统设计。室内通信配线线路采用综合布线系统。

3）在项目电信引入端设置过电压保护装置。

4）通信系统的工作接地与大楼综合接地合用，设专用接地线。专用接地线采用BV-1×95mm² 穿PC80。其接地电阻不应大于(0.5)Ω。

2. 有线电视及卫星电视接收系统

1）设置有线电视及卫星电视接收系统时，应采用双向邻频传输的方式(860MHz)，用户电平要求69±6dB，图像清晰度应在四级以上。

2）电视节目源包括城市有线电视信号、卫星电视信号、自办电视节目、视频点播（VOD）等。

3）系统根据用户情况采用“分配—分支—分支”或“分配—分支—分配”方式。干线电缆选用SYWV-75-9，支线电缆选用SYWV-75-5，穿钢管暗敷设。要求电缆采用四屏蔽，其他所有器件均应满足双向传输的要求。

4）有线电视信号引入端应设置过电压保护装置。

3. 有线广播系统

1）根据需要设置一套有线广播系统，在公共区域、餐饮等处设置背景音乐。本系统与火灾应急广播系统合用，平时播放音乐、通知等，可根据需要分区、分层广播，发生火灾时，自动或手动打开相关层应急广播，同时切断正常音响广播。

2）本系统采用100V定压输出方式。应急广播设备用扩音机，容量为最大同时广播容量的1.5倍。

3）有线广播系统设有电脑音响控制设备。节目源有镭射唱盘机、CD播放机、双卡连续录音座等，并设有应急广播用话筒。

4）公共场所扬声器安装功率为3W（高大空间可为5W）。有线广播系统的线路敷设按防火要求布线，采用RVS-2×0.8，穿钢管暗敷于结构板内及墙内。

4. 会议系统

此设计仅针对有智能化会议系统要求的宴会厅（会议厅）、多功能厅、普通大中型会议室。

1）宴会厅（会议厅）

用途定位：可召开大型会议、国际会议、展会、宴会、小型文艺演出。

功能要求（应根据定位进行适当删减）：

（1）具有报告、会议、演讲、演示功能；

（2）具有举行大型国际国内会议的功能，可实现$N+1$语种的同声传译；

（3）具有举行文娱活动的功能，能作一般性的演出；

（4）具有良好的会议扩声系统，高清晰度的声音品质；

（5）具有会议现场音视频信号记录保存功能；

（6）全数字音频处理，数字录音；

（7）场景预设；

（8）具有充足的音频输入端口，能满足扩展要求；

（9）具有大屏幕投影系统；

（10）显示计算机多媒体信息；

（11）显示DVD、VCD、录像机及摄像机等各种视频信息；

（12）显示文本、图片等信息；

（13）显示闭路电视和卫星电视的信息；

（14）配合会议摄像系统显示现场图像；

（15）完善的接口互联；

（16）预留RGB、VGA接口。

（17）音响、视频、机电完全的集中控制；

（18）完备的控制接口；

（19）人性化的控制界面；

（20）和会议室灯光、电动窗帘系统进行接口联动，根据预设模式对灯光、电动窗帘进行遥控或自动感应的场景控制。

2）普通中型会议室

用途定位：可召开普通中型会议。

功能要求：

（1）具有举行普通会议的功能；

（2）超过80m^2的会议室具有良好的会议扩声系统，高清晰度的声音品质；

（3）具有会议现场音频信号记录保存功能；

（4）全数字音频处理，数字录音；

（5）具有大屏幕投影系统；

（6）显示DVD、VCD、录像机及摄像机等各种视频信息；

（7）显示文本、图片等信息；

（8）显示闭路电视和卫星电视的信息；

（9）完备的控制接口；

（10）人性化的控制界面。

5. 安全技术防范系统

设置一套安全技术防范系统。本系统包括：视频安防监控系统、出入口管理系统、入侵报警系统、电子巡查系统等。

1）视频安防监控系统

视频安防监控系统宜采用IP摄像机＋安防专网传输＋网络存储服务器＋IP管理平台（包括操作、管理等）＋数字电视墙显示的分布式网络视频安防监控管理系统，完成图像采集、传输、管理、存储、显示、回放等完整的视频安防监控功能。系统的网络传输采用安防专用局域网。

2）出入口管理系统

根据工程的使用功能及安全防范要求，对需要控制的出入口进行有效的控制和管理，设置速通门、自动门、门禁控制器等设备。

3）入侵报警系统

根据相关规范、标准，在工程的首层、二层、对外出入口、重要机房和重要办公室设置入侵报警探测器、紧急报警装置，系统采用红外和微波双鉴探测器、红外幕帘、电子围栏、玻璃破碎探测器等前端设备，构成点、线、面的空间组合防护网络。

4）电子巡查系统

本系统利用办公楼内停车场、办公区域的公共通道内以及其他重要场所设置的出入口控制系统读卡器并根据需要增加部分巡更读卡器，形成合理的巡查线路，在出入口控制管理系统的主机上完成巡查状态的监督和记录，并能在发生意外情况时及时报警。

6. 一卡通系统

采用非接触式IC卡技术，满足身份识别、工作人员考勤、收费管理和有限消费等方面的功能要求。应用范围包括出入口控制系统、停车场管理、职工考勤、职工就餐消费等。

7. 车库智能管理系统

在地下车库出入口处设置停车场管理系统，在出入口设置道闸。系统将机械、电子计算机和自动控制等技术有机结合在一起，内部员工车辆持远距离卡出入库，时租/月租车持近距离卡出入库，临时车取临时IC卡出入车库，管理系统选用智能化管理方式，识别卡内信息，自动开/关闸机，自动储存记录，显示车库内情况，并配备相应的收费设施。对车辆资料进行存档，保证车辆停放的安全。

8. 综合布线系统

按智能建筑标准设置综合布线系统。综合布线是信息化、网络化、自动化的基础设施，将楼内的业务、办公、通信等设计统一规划布线。综合布线系统满足建筑内信息处理和通信（包括数据、语音、图像及各种多媒体信息等），并保持用户与外界互联网及通信的联系，达到信息资源共享。系统的设计应具有完整性和灵活性，对建筑内重要部门，可采取光纤到桌面，以适应网络高速、宽带的需要，满足未来发展的需求。

1）在建筑适当位置设置网络中心机房（与通信机房合用），内设 MD 和网络交换等设备。超高层建筑在各避难层设置汇聚机房，在地上各层设电信间，内设综合布线跳线架及网络设备。

2）以万兆交换设备构建主干，实现千兆交换到桌面，主干支持第三层交换技术；具有良好的可扩展性，并且便于网络管理员进行日常维护；部门之间划分虚拟子网（VLAN），保证网络内部数据的安全，并降低主干数据量的压力；可以根据特定的地址、协议来划分优先级，满足重要应用的带宽需求。多种路由协议支持。支持多点组播。

3）采用万兆双核心以太网技术，使用三层设计结构，即用户为接入层，电信间为汇聚层，网络中心机房为核心层。网络主干采用万兆多模光缆连接，用户端速率为 10M/100M/1000M。网络中心机房作为整个系统的网管中心，其他各层通过万兆多模光缆连接到核心交换机，实现主干链路的冗余和数据流量的均衡分布。

4）综合布线系统由干线子系统、配线子系统、工作区子系统等组成。

9. 建筑设备监控系统

1）建筑设备监控系统对全楼的冷冻站、热交换站、空调、新风、排风、电力、照明、冷水、热水、排水等设备进行监视及节能控制。

2）系统监控中心宜设在一层，对全楼的设备进行监视和控制。并在冷冻机房等处设控制分站，分别对冷水系统、空调设备进行监视和控制。

3）系统应具备机组的手/自动状态监视、启停控制、运行状态显示、故障报警、温、湿度监测、控制及实现相关的各种逻辑控制关系等功能。

4）消防专用设备：消火栓泵、喷洒泵、消防稳压泵、排烟风机、加压风机等不进入建筑设备监控系统。

3.1.8 电气节能措施

1）所有光源均采用高效节能照明光源，灯具均采用高效灯具，采用高功率因数低谐波含量的电子镇流器，节约电能并提高用电质量。充分利用自然光，照明控制利用自然采光和人工照明相结合的控制方式，以利于节能。

2）对机电设备，如负载变化大的风机、水泵等设置变频装置。对功率因数较低的末端用电设备宜进行就地补偿。选用耗能低的技术和设备，提高电能利用效率。

3）采用建筑设备监控系统，提供最佳的能源管理方案，对机电设备以及照明等采取优化控制和管理，确保节能运行，加强对用能设备的管理和维修，从而达到节约能源和人工成本。

4）变电所低压侧设置功率因数集中自动补偿装置，提高功率因数，使补偿后的功率因数不小于0.90～0.95。要求功率因数补偿装置具备抑制谐波功能，以提高用电质量和延长设备使用寿命。

5）通过建筑设备监控系统，健全大厦的能源使用计量系统，形成能源管理报告体系。对供电线路出现功率因数低，谐波含量高，配电系统三相严重不平衡等现象，用电用能指标超出常规参数的部门或线路等问题，及时发现，及时处理。

6）合理设置配变电所，使其位于负荷中心，采用新型节能变压器，使其自身空载损耗、负载损耗较小；合理选择电线、电缆截面，降低线路损耗。对于工作时间长、稳定的负荷，供电线路宜按经济电流密度选择线缆截面。

7）多台电梯集中排列时，应设置群控功能。电梯无外部召唤，且轿厢内一段时间无预置指令时，电梯自动转为节能方式。

3.1.9 电气环保设计

1）本工程全部采用环保型低烟无卤电线、电缆。

2）柴油发电机房的进出风道、排烟管道应进行降噪处理，满足环境噪声昼间不大于55dB、夜间不大于45dB，其排烟管应高出屋面，并符合当地环保部门的要求。

3）照明荧光灯应采用低汞或微汞含量的产品。

4）照明用光源、镇流器、驱动器、控制器，配电和控制系统用整流器、电子设备，调速、调温等控制装置，UPS、EPS等设备应限制高次谐波含量，并符合电磁兼容性标准要求。

3.2 剧院建筑电气设计控制关键点

3.2.1 设计原则

剧院为各类演出团体提供舞台照明、舞台机械、舞台监督、舞台音响、电影放映设备等的用电需求，具备各类演出团体的出演的条件，同时考虑演出期间的电气消防设计。

3.2.2 设计依据

除满足《剧场建筑设计规范》JGJ 57—2000外，还应满足国家现行规范、标准等。

3.2.3 剧院建筑主要用电负荷分级

1. 甲等剧场：舞台照明、贵宾室、演员化妆室、舞台机械设备、消防设备、电声设备、电视转播、应急照明及疏散指示标志等为一级负荷；观众厅照明、空调机房电力和照明、锅炉房电力和照明等为二级负荷。

2. 乙、丙等剧场：消防设备、应急照明、疏散指示标志等为二级负荷。

3. 规模指标与火灾时人员疏散有直接的关联，跟舞台设备等相关系统没有直接的等级关系。

3.2.4 剧院建筑用电负荷平均密度

甲、乙等按80～100W/m^{2}计算；丙等按60～80 W/m^{2}计算。

3.2.5 专业部分

舞台机械、舞台灯光、舞台音响和舞台监督等系统均由舞台工艺专业院完成全部专业性图纸，设计院需结合专业院提供的资料，完成供配电系统，同时配合土建专业完成设备用房和管线路经的预留工作；在专业单位没有介入之前，舞台照明、舞台机械用电量估算。

1）舞台机械：大型、特大型台上机械同时使用负荷约800kW，台下机械同时使用负荷约900kW；中型台上机械同时使用负荷约400kW，台下机械同时使用负荷约500kW；小型台上机械同时使用负荷约100kW，台下机械同时使用负荷约200kW。

2）舞台灯光：大型、特大型同时使用负荷600～1000kW；中、小型同时使用负荷300～600kW；舞台侧台口临时电源各约60kW。

3）舞台灯光控制室约10kW，舞台音响声光控制室约25kW，舞台音响声像控制室约

25kW，舞台监督约 20kW，舞台侧约 25kW，功放室 60～100kW，放映室约 25kW。

4）需要电视转播或拍摄电影的剧场，在观众厅靠近舞台入口的两侧宜装设容量不小于 10kW、电压为 220/380V 三相四线制的固定供电点。

3.2.6 变压器的设置原则

1）为剧院服务的变电所宜设置在舞台附近，但不宜设置在舞台正下方，以免变压器的噪声影响舞台音效。

2）大型剧院的舞台机械、舞台灯光及舞台专用空调宜单独设置两台变压器，单台容量一般不大于 1250kVA；中、小型剧院可设置单台变压器，或与大楼共用变压器。

3）舞台照明采用可控硅作调光设备时，其电源变压器应采用接线组别为 D,yn11 的配电变压器。

3.2.7 音响电源

音响主电源与舞台灯光电源应由不同的变压器供电，当无法满足时，音响电源宜就地设置隔离变压器。

3.2.8 舞台机械

舞台演出过程中，可能频繁起动的交流电动机，当其起动冲击电流引起电源电压波动超过 3%时，宜采用与舞台照明负荷分开的变压器供电。

3.2.9 舞台灯光

大型、中型剧院给舞台灯光、舞台机械的供电电源宜由低压配电室采用大回路供电至可控硅调光室和舞台机械配电室/柜。

3.2.10 乐池电源

乐池内谱架灯、化妆室台灯照明、观众厅座位排号灯的电源电压不得大于 36V。

3.2.11 开幕讯号

舞台监督台应设通往前厅、休息厅、观众厅和后台的开幕讯号。

3.2.12 公共区域照明控制管理

1）观众厅、休息大厅、入口大厅、走廊等直接为观众服务的位置，其照明控制开关应集中单独控制。

2）剧场观众厅照明应能渐亮渐暗平滑调节，其调光控制装置应能在灯控控制室和舞台监督台等处分别控制。

3）观众厅应设清扫场地用的照明（可与观众厅照明共用灯具），其控制开关应设在靠近观众厅的专用值班室或便于清扫人员操作的位置。

4）当有多种场景控制要求的场所如观众厅、入口大厅，宜采用智能灯光控制系统。

3.2.13 舞台消防设计应根据剧院特点，并注意以下几点

1）在演出期间，该区域的报警设备宜设置在手动报警位置，演出结束后，恢复自动报警功能。

2）主舞台上空宜采用管路采样的吸气式感烟火灾探测器。

3.2.14 设备用房设置

1）为舞台灯光供电的可控硅调光室尽量靠近舞台，便于线路敷设，减小供电半径。大型、特大型的可控硅调光室约 60m² 左右，中型、小型的可控硅调光室约 40m² 左右。

2）舞台台下机械配电控制室设置在地下，可直接观察到机械升降过程，大型、特大

型约 100m² 左右，中型、小型约 60m² 左右。

3）舞台台上机械控制柜同样宜设置可直接观察到吊杆升降的状况。大型、特大型约 60m² 左右，中型、小型约 40m² 左右。

4）舞台扩声声控室、舞台灯光控制室设置在能通过观察窗可以观察到舞台整个表演区，一般设置在观众厅后侧，面积 8～12m²。功放室宜靠近舞台台口主扬声器位置，并与声控室进行控制线路联通，同时考虑通风。甲等剧场面积不应小于 15m²，乙等不应小于 10m²，丙等不应小于 8m²，功放室应设有通风及空调装置。

5）由于剧院建筑的特殊性，在选择竖井位置时，要考虑供电半径和竖向畅通。

3.2.15 管线敷设

1）为舞台灯光配电的线路与为舞台扩声敷设的竖向线路应远离，宜分舞台两侧布置。

2）对可控硅控制的灯光回路，给调光柜和灯光配电的导体，其 N 相截面不应小于相线截面。同时还应考虑 3 次谐波的影响，当 3 次谐波电流超过基波的 33%时，应按 N 线电流选择线缆截面。

3）由可控硅调光装置配出的舞台照明线路应远离扩声、通信等线路。所以在与土建配合机房、竖井位置时要注意这一点。

4）当舞台灯光配电线路与扩声、通信线路必须平行敷设时，其间距应大于 1000mm，当垂直交叉时其间距大于 500mm，并应采用屏蔽措施。

3.3 体育场馆电气设计控制关键点

3.3.1 体育场馆的规模与分级

体育场馆按用途可分为特级、甲级、乙级、丙级和其他；按规模可分为特大型、大型、中性、小型和训练、娱乐。场馆的负荷等级和比赛场所照明标准的确定都离不开场馆的等级划分，也是电气设计最重要的设计依据。

3.3.2 体育场馆的负荷分级及供电电源

根据体育场馆的分级确定场馆的负荷等级，场馆设计中最重要的是要确定比赛场地、主席台、贵宾室、接待室、计时计分装置、计算机房、广播机房、电视转播、新闻摄影以及应急照明的负荷等级。因为这部分负荷是场馆中的最高负荷要求，供电电源应该根据上述负荷等级的要求向当地供电部门提出电源要求。

1）特级体育场馆：上述负荷为一级负荷中特别重要的负荷，供电电源要求两个 10kV 以上专线电源，并自备柴油发电机组作为后备电源。场地照明应设应急电源装置，并采用在线式电源装置，蓄电池放电时间不少于 15min。

2）甲级体育场馆：上述负荷为一级负荷，供电电源要求不少于两个 10kV 电源，有条件时可采用专线电源，设置应急柴油发电机组或预留柴油发电机组的接驳条件。

3）乙级体育场馆：上述负荷为二级负荷，供电电源要求两个 10kV 电源，并预留柴油发电机组的接驳条件。

3.3.3 供配电系统

1）在供配电设计中，负荷分类为以下几种：

（1）比赛用电设备：比赛场地照明、计时计分装置、大屏、灯光控制室、音响控制室、电视转播、新闻摄影、运动员和裁判员生活区热水用电以及应急照明；

（2）照明消防用电设备：观众厅照明、广场照明、应急照明、消防负荷；

（3）空调负荷：冷冻机组、冷冻泵、冷却泵、冷却塔、空调机组、VRV空调机组；

（4）商业负荷：各配套商业用房；

（5）动力负荷：污水泵、雨水泵、生活泵、风机。

2）按比赛用电、空调负荷用电、商业用电和其他负荷用电分成几大组别，根据各组别的负荷容量确定比赛用电负荷和空调用电负荷是否要采用独立的变压器组，以便适应没有赛事和季节性负荷的需求，节约能源。

3）根据负荷容量及分布情况确定配变电所的位置和数量，一般情况体育场至少在两侧各设置一处配变电所，体育馆设置一处变电所。

4）体育场馆配变电所除担负着体育比赛所需功能负荷的用电外，大部分时间还担负着其他的公共活动场所的负荷用电，如大型演唱会、大型群众集会、展览会等。在供配电设计中要充分考虑一馆多用的建筑特点，高压供电系统中要预留1～2个高压供电回路，为大型活动临时租用箱变提供电源，也可以和体育工艺、体育照明类变压器共用一组。

5）主要配变电所、发电机房不得设置在大量观众可以直接到达的区域。

6）在供体育比赛用电的变压器低压侧预留630A、800A的低压出线回路，便于场馆内临时活动用电，这部分电量与比赛用电不同时使用，因此，并不增加变压器的安装容量。

7）当体育场兼做开幕式、闭幕式或极少使用的负荷，应不计入永久供配电系统，宜采用临时供配电系统。

8）设置三个以上的变电所，宜采用智能电力监控系统，便于统一管理。

9）各竞赛场地宜设置电源井、配电箱，位置与体育工艺相配合。对电源井宜采用环形系统供电方式。

10）体育馆比赛场四周墙壁应设置一定数量的配电箱和安全插座。

3.3.4 照明设计方案

体育场馆的照明设计，应满足不同运动项目比赛、训练和观众观看的要求，在有电视转播时，应满足电视转播的照明技术要求，同时做到减少阴影和眩光。

场地照明光源应采用高效金属卤化物灯。

1）室外综合体育场场地照明根据规模、标准、平面、立面等特点，采用两侧光带式布灯、四塔式、多塔式、光带布灯与塔式布灯混合等多种方式。

2）体育馆的照明设计都是将灯具布置在体育馆上空网架马道上，马道的布置位置要根据场馆的形状、比赛项目来确定，在某些单项体育项目中规定了不能装设灯具的位置，在设计中不应在这些区域布置灯具。

3）有高清电视转播要求的综合体育场，体育照明负荷约800～1000kW；专用足球场体育照明负荷约400～600kW；体育馆、游泳馆体育照明负荷约300～400kW；体育馆、游泳馆比赛大厅空调负荷约40～60W/m^2。

3.3.5 管线敷设

1）场馆管线敷设的难点是如何将配变电所的电缆敷设到场馆的屋顶网架内。体育场供电半径长，供电路由呈弧形状，应优先在场地周圈环形通道布置桥架，当管线较多时，可结合其他专业设置环形管廊。垂直段利用场馆两侧的配套用房布置电缆井。

2）要预留临时发电机组、临时变压器的位置，并预留管线敷设路由及接口。

3）要考虑媒体座席处临时线路敷设，当空调采用座椅下送风时，线管不应穿越静压箱。

4）有大型广告牌照明要求的场所，要考虑供电路由。

3.3.6 与体育工艺关系

在方案设计阶段应密切与体育工艺配合，与体育工艺有关的系统包括场地照明系统、计时记分系统、大屏显示系统、音响广播系统、广播电视转播系统、升旗系统等。与之有关的功能房间包括计时记分控制室、大屏控制室、音响控制室及功放室、数据处理机房、灯光控制室、电视转播机房、内场广播机房。

3.4 会展建筑电气设计控制关键点

3.4.1 设计原则：为参展商提供用电点、信息使用点；满足各类展览工艺的设计要求；展厅的配电方式能满足各类展览的用电需求；同时考虑布展、撤展和展览期间的电气防火设计。

3.4.2 设计依据：除满足《展览建筑设计规范》JGJ 218、《会展建筑电气设计规范》JGJ333—2014 外，还应满足国家现行规范、标准等的规定。

3.4.3 会展建筑主要用电负荷分级：

1）特别重要负荷；特大型展览建筑应急联动系统。

2）一级负荷：

（1）特大型展览建筑的客梯、排污泵、生活水泵；

（2）大型展览建筑客梯；

（3）甲、乙等展厅疏散照明、备用照明。

3）二级负荷：

（1）特大型展览建筑展厅照明、主要展览用电、通风机、闸口机用电；

（2）大型展览建筑的展厅照明、主要展览用电、排污泵、生活水泵、通风机、闸口机；

（3）中型展览建筑展厅照明、主要展览用电、客梯，排污泵、生活水泵、通风机、闸口机；

（4）小型展览展厅照明、主要展览用电、客梯、排污泵、生活水泵；

（5）丙等展厅备用照明为二级负荷。

4）会展建筑中会议系统用电负荷分级根据其举办会议的重要性确定。

5）会展建筑中消防用电的负荷等级符合《建筑设计防火规范》GB 50016 的有关规定。

3.4.4 展厅展览平均用电负荷密度可参考下列指标：轻型展按 50～100W/m^2 计算；中型展按 100～200W/m^2 计算；重型展按 200～300W/m^2 计算。

3.4.5 变配电站设置：特大型、大型展览建筑一般设置两个或两个以上变电所，该类建筑一般情况下设置动力中心，主要为主配变电所、空调动力站、给排水及消防动力站、各智能化机房和物业服务用房等。因展区用电负荷较大，所以为展区设备服务的变压器一般深入到展区负荷中心设置，设置的数量根据负荷大小和供电半径等因数综合考虑，一般为1～3个，规模大的会更多。

3.4.6 主要配变电所、发电机房经常开启的出入口不宜设置在大量观众可以直接到达的区域。

3.4.7 变压器台数设置应充分考虑展览建筑间歇性特点，同时要兼顾所处环境的季节特点。

3.4.8 由低压配电室至各展区配电柜线路宜采用放射式配电，由展区配电柜配电到各展位箱（或展位电源井）的线路，宜采用树干式配电。重工业展区对展位需求量要求较大，可以考虑由展区配电柜放射式配电。

3.4.9 为展览用电负荷配电的配电线路，宜在综合设备管沟内敷设，综合设备管沟可在展厅的周边或中间设置。为综合展位箱配电的电缆，宜在设备辅沟内敷设，设备附沟仅布置电气、智能化管线。

3.4.10 在展厅各层配电间内预留临时布展用电源的条件，布展用电源采用临时线路敷设。

3.4.11 展位电缆井/展位箱与展位智能化井/展位箱宜分别设置，当受条件限制合用时，应采取相应的防干扰的隔离措施。

3.4.12 展区内展位箱进线断路器，根据需求可采用三极100A、63A、32A开关；出线断路器宜采用单极63A/3P、32A/3P、16A开关。

3.4.13 展位箱、综合展位箱的出线开关，展览用电配电柜直接为展位用电设备供电的出线开关，应装设额定动作电流不超过30mA的剩余电流动作保护装置。

3.4.14 电缆布线：根据布展工艺要求采用展沟布线方式，在展沟内采用金属管或金属桥架布线方式。预留临时布线的路由，即变电所至展位电缆井/展位箱、展位智能化井/展位箱，展区配电柜至展位箱。

3.4.15 对层高6m左右、用电需求不很大、办展空间不确定的展览建筑，也可采用在展区内预留配电箱的方法。

3.4.16 在设备沟内敷设的配电线路，宜采用电缆配电；对地处潮湿环境的电缆应采取防腐措施；对蚂蚁严重地区的电缆应具有防蚂蚁功能。

3.4.17 在展区内布置的电缆沟盖板和展位箱箱面应能承载展区内地面承压的要求。

3.4.18 疏散指示标志及疏散导流标志的设置原则：

1）展厅高大空间区域应明确划分出主要的消防疏散通道，灯光疏散指示标志或蓄光疏散指示标志宜在地面设置，并能保持视觉连续性。甲等展厅灯光疏散指示标志间距不应大于5m，乙等、丙等展厅灯光疏散指示标志间距不应大于10m。

2）装设在地面上的疏散指示标志灯，其表面荷载承压能力，应能满足所在区域的最大荷载要求，防止被重物或外力损伤。

3）展厅采用货运大门兼消防疏散门时，宜将安全出口标志灯设于门洞两侧明显部位，底边距地不宜大于2.5m。

4）展厅安全出口指示标志的尺寸应与展厅的空间尺度相匹配，并符合国家标准有关规定；在单层大空间展厅地面设置的疏散指示标志，其表面机械强度应能承受可能出现的最大荷载。

3.4.19　根据布展要求设定工作场景模式的智能照明控制系统，应具有分区域就地控制和中央集中控制等方式，场景应按布展、办展、清洁和安全巡视等几种方式设定，也可以按用户提出的管理需求设定。

3.4.20　展览消防设计应根据展览特点注意以下几方面：

1）火灾报警装置应有效地对高大空间进行防护；

2）报警探测器不应受到布展商塔台或悬挂彩旗的影响；

3）宜采用智能型火灾探测器，并与水专业有效配合，达到报警与灭火的双重保障作用。

3.4.21　展区信息布线系统要考虑永久管线和临时管线敷设的条件，对于高大空间场所要采用地面综合设备管沟、设备辅沟与墙面敷设相结合的方式。当信息管线与电气管线共沟敷设时，要考虑电气管线对信息管线的影响，做好信息管线屏蔽处理。信息管线与水、暖管线共沟敷设时，信息管线要考虑采取防腐处理。

3.4.22　特大型、大型、中型会展建筑要考虑票务管理系统。在会展建筑参观人员的进、出口处设置客流统计终端，通过票务管理系统完成客流统计功能。

3.4.23　根据需要可在观众主要出入口处设置闸口系统，X射线安检设备、金属探测门、爆炸物检测仪等防爆安检系统，系统同时要满足在紧急逃生时联动开启，保证人员迅速疏散。

3.5　综合医院电气设计控制关键点

3.5.1　设计依据

除执行国家现行规范标准外，医疗建筑还需执行和参照下列规范：

《综合医院建筑设计规范》JGJ 49—88及（征求意见稿2004）；

《人民防空医疗救护工程设计标准》RFJ 005—2011；

《医院洁净手术部建筑技术规范》GB 50333—2013；

《医疗建筑电气设计规范》JGJ 312—2013；

《疾病预防控制中心建筑技术规范》GB 50881—2013；

《洁净厂房设计规范》GB 50073—2013；

《急救中心建筑设计规范》GB/T 50939—2013；

《养老设施建筑设计规范》GB 50867—2013。

3.5.2　系统设置

除一般公建常见系统外，医疗建筑还包括以下系统：医护对讲系统、手术室闭路示教系统、手术部监控管理系统、信息显示和多媒体公共信息查询系统、排队叫号系统、呼应信号系统及其他系统。

3.5.3　负荷密度

医院用电指标为50～100VA/m^2，一般情况下75VA/m^{2}基本能满足大部分医院的使用要求。

3.5.4　负荷分级及供电措施

1）三级、二级医院的急诊抢救室、血液病房的净化室、产房、烧伤病房、重症监护室、早产儿室、血液透析室、手术室、术前准备室、术后复苏室、麻醉室、心血管造影检查室等场所中涉及患者生命安全的设备及其照明用电，大型生化仪器、重症呼吸道感染区的通风系统，为一级负荷中特别重要负荷。

2）对于停电要求小于0.5s的负荷（如手术室无影灯、应急照明、通信设备等），采用UPS或EPS设备供电。当设置了柴油发电机组，并可应急自动启动时，UPS装置应急持续供电时间不应小于15min。

3）收治传染性非典型肺炎患者的医院空调负荷用电采用专用变压器，与配电照明变压器分开设置。此条文为卫生部《收治传染性非典型肺炎患者医院建筑设计要则》（2003年）中的条文，本要则适用于集中收治传染性非典型肺炎患者医院的改、扩建。新建可参照执行。

4）大型医疗设备应采用专用回路供电，不建议设专用变压器。如果设备容量大或数量多时，可考虑配置专用配电变压器，变压器侧负荷计算时设备同时使用系数建议不大于0.4。诊疗设备的电源系统应满足设备对电源内阻或线路允许压降的要求。大型医疗设备配电断路器的过负荷保护整定值参照设备瞬间最大峰值电流的50%和设备持续负荷电流的100%。

5）下列设备负荷宜采用双路电源供电，并在末端自动切换：

（1）重要的医技设备：磁共振机（MRI机）、计算机断层扫描机（CT机）、心血管造影机（DSA机）、同位素断层扫描仪（ECT机）、伽马刀等医疗设备、直线加速器、回旋加速器、数字胃肠机；

（2）烧伤病房、血透中心、中心手术部的电力和照明；

（3）监护病房、产房、婴儿室、血液病房的净化室、血液透析室；

（4）对电源要求较高的医技检验科、中心手术部、重症监护病房等处，还需增设UPS不间断电源来确保供电质量和供电的可靠性；

（5）洗衣房、营养部的动力、中心供应室等宜由变电所低压配电柜采用放射式直接供电。

6）下列设备应采用专线供电：

（1）重要的医疗设备；

（2）收治传染性非典型肺炎患者的医院的中心吸引、污水处理、焚烧炉、中心供应、太平间、检验化验；

（3）收治传染性非典型肺炎患者的医院的通风负荷。配电的专用线路宜集中护士站统一控制管理。

7）除大型医技设备外，其他医疗设备仪器多为移动的单相负荷，一般预留插座或插座箱即可满足设备供电的需求。心血管医院的病房应预留16A单相插座。

8）大型影像设备和放疗设备等对电压质量要求较高，其配电电缆截面选择为满足电源内阻的要求适当加大；难以满足要求时，由设备供应商配套提供稳压电源。

9）多台单相、二相的医用射线机，应考虑三相平衡，接于不同的相上。

10）放射科、核医学科、功能检查室等部门的医疗设备供电电源应分别设置能切断电源的总开关。

11）X射线机需单独设置配电箱，其配电箱应设置在设备机房内或便于操作的地方，严禁设在射线防护墙上。

12）供电系统中采用有源电网谐波滤波器和无源电网谐波滤波器对建筑内产生谐波的

设备进行谐波治理时，建议有源电网谐波滤波器的设置应结合医院运行后实际测量数据由专业公司调试，设计预留二次设备投入的位置。无源电网滤波器建议设在负荷侧，主要针对的设备有：大型医疗设备、透析、手术室、重症监护室、通信及其他较大非线性负荷控制室的设备。

13）医院工艺用电，一般仅预留电源容量，配合土建施工一次电源预留到位，待工艺进场后配合装修完成局部设计和施工。

14）传染病医院的配电线路应按照感染区、隔离区、正常区划分，分别放射式配电，配电管路、配电桥架或线槽穿越隔离墙处，应做密封处理，防止交叉感染。

15）三级医院应设置应急柴油发电机组，二级医院宜设置应急柴油发电机组。发电机组的保障性负荷，除一级负荷中特别重要负荷外，还应考虑生活给水泵、中心吸引、空气压缩、心血管医院杂交手术室的DSA、医院要求的大型医疗设备等负荷。有些医院对大型医疗设备的运行电源有要求，设计前须和院方沟通，比如总共三台CT，有的医院要求其中一台在市电停电时由发电机组供电。

3.5.5 手术室配电设计要点

1）手术部应设置专用配电间于非洁净区，总配电柜的供电电源应由配电变电所或总配电间专用回路提供。

2）每个手术室应设有一个独立的专用配电箱，一般可预留10kVA，配电箱设置在手术室的清洁走道上，不得设在手术室内。

3）不间断供电时间要满足IEC或国家规范相应标准。

4）给手术室内照明配电，包括：一般照明、手术灯（无影灯）、观片灯、紫外线杀菌灯、手术门口“正在手术”标志灯及照明插座。

5）给单相及三相电源插座供电。

6）给供养吸氧装置、空调设备供电。

7）每间洁净手术室内应设置不少于3个治疗设备用电插座箱和不少于1个非治疗设备用电插座箱；每箱不宜少于3个插座，应设接地端子。

8）手术室进门处应设置高位、低位开关，高位为1.2m（肘关节能触及到），低位为0.6m（膝关节能触及到）。

9）在患者所处位置2.5m区域内的金属设备、固定金属构筑物应做等电位连接，并且对地电流不得超过10mA。

10）心血管医院的手术室还应考虑DSA设备的用电。

3.5.6 灯具选择

1）诊断室、治疗室、检验室、手术室等部门选用高效高显色性光源和漫反射灯具，采取减少眩光措施，以满足医疗环境的视觉要求。

2）病房、护理单元通道的照明设计宜避免对卧床病人在其视野范围内产生直射眩光。公用场所、护士站及医生办公室宜采用格栅式灯具。

3）手术室、处置室、涉及射线防护安全的房间和一些大型医疗设备室入口门外应设置红色信号标志灯，以免正在治疗过程进行中误闯。

4）病房及其走廊设夜间巡视脚灯，病房门口设门灯。

5）医院候诊室、诊室、厕所、呼吸科、妇科冲洗、手术室等场所设置紫外线杀菌消毒灯，可采用移动式。

3.5.7 接地系统

1）重要手术室、心血管造影、重症监护、急诊的抢救手术室等突然停电造成重大医疗危险的场所，其供电系统的接地形式采用IT系统。

2）采用IT系统的场所，需设置绝缘监视装置。

3）采用单相隔离变压器构成的IT系统，二次侧应设置双极开关保护电器。变压器一次侧和二次侧应设置短路保护，不应设置动作于切断电源的过负荷保护。

4）使用直接插入心脏或插入心脏附近的医疗电气设备器械，应采取防止微电击保护措施。

5）核磁共振（MRI）、计算机断层扫描机（CT）、血管造影机（DSA）、DR、X光机的机房、病房和控制室等的医疗设备需要设专用接地线，可接至大楼统一接地装置。

6）手术室和抢救室应根据需要采取防静电措施。

3.5.8 广播系统

医院内应设置广播系统，平时用于日常事务及医学宣传广播，消防时强行切至紧急广播。宜共用末端设备（扬声器）和采用一套线路，并应设置消防联动强制切入开关。

3.5.9 医用对讲系统

1）系统包括双向对讲呼叫系统和单向呼叫系统。

2）在病区护士站与患者床头之间、手术区护士站与各手术室之间、各导管室与护士站之间、监护病房护士站与病房之间、妇产科护士站与分娩室之间设置双向对讲呼叫系统。

3）集中输液室与护士站之间、大型医疗设备室医生与患者之间采用呼叫系统。

4）护士站设置呼叫对讲主机，病房外护理通道设置大型显示器显示呼叫床位号，病床前设置呼叫按钮及语音对讲话筒，卫生间应设置呼叫按钮。

3.5.10 医院建筑内信息、电视出线口的设置

1）门诊部各诊室应按照每位医生1个双孔信息插座设计，各门诊科室病人等候区前应设置1个双孔信息插座。

2）医技部应按照医疗设备和操作医生的位置进行信息插座的设置，每个位置应设置2个以上双孔信息插座。

3）病房部分的单人房间应设置1个双孔信息插座，带套间的特殊单人病房可根据需要设置多个信息插座，2床以上的房间每张床宜设置一个单孔信息插座，用于信息上网。信息点宜设置在多功能医用线槽上。

4）护士站应至少设置2个双孔信息插座；多人医生办公室宜按照每个医生1个双孔信息插座进行设置；主任办公室应至少设置1个双孔信息插座；示教室应至少设置1个双孔信息插座；医生值班及其他的医用房间可根据需要设置1个单孔信息插座用于语音。收费及挂号处应按照每1.2～1.5m的柜台长度设置1个双孔信息插座。

5）医院大堂、收费和挂号窗前、候诊室、点滴室、休息室及咖啡厅等公共场所应设置有线电视出线口。

6）会议室、示教室、医疗康复中心等处应设置有线电视出线口。

7）每个病房应至少设置1个有线电视出线口；带套间的单人病房，可根据需要在多

处设置有线电视出线口。病房内电视节目音频信号，宜采用耳机提供病人收听的方式。

3.5.11 人民防空医疗救护工程

1）中心医院、急救医院应设置固定柴油发电站，供电容量必须满足战时一级、二级负荷的需求，并宜作区域电站，以满足低压供电范围内邻近人防工程的战时一级、二级负荷用电；柴油发电机组台数不应少于2台，单机容量应满足战时一级负荷的用电需求，不设备用机组。

2）救护站宜设置移动柴油电站，机组容量必须满足战时一级、二级负荷的需求；机组台数宜设置1台，容量不宜超过120kW。

3）中心医院、急救医院的电力系统电源应引入柴油电站控制室内，并进行内外电力转换。救护站应在清洁区（第二密闭区）设置配电间，配电间应贴邻移动柴油发电站机房。

4）考虑到人防进排风容量的限制，可平时战时合并设置一套柴油发电机组。

5）燃油可用油箱、油罐或储油池贮存，其数量不得小于两个。储油容积可根据柴油发电机组额定功率时的耗油量及贮油事件确定。贮油时间可按7～10d计算。

3.6 博物馆电气设计控制关键点

3.6.1 博物馆的组成与规模

博物馆建筑一般由藏品库区、展览区、综合服务区和设备区几大功能块组成。按其建筑面积大小分为大、中、小三个等级，大于10000m^{2}为大型博物馆，4000～10000m^{2}为中型博物馆，小于4000m^{2}为小型博物馆。

3.6.2 负荷分级及供电电源

1. 负荷分级

1）大型博物馆的电气负荷不得低于二级，中小型博物馆可为三级。防火、防盗报警系统应按一级负荷设计，应设置应急备用电源。

2）大型博物馆的安防信号电源、藏品库区照明、珍贵展品展室照明、消防系统设施电源、通信电源及计算机系统电源等为一级负荷中特别重要负荷；展览用电、生活水泵、普通客梯等为二级负荷；其他为三级负荷。

3）对于有恒温、恒湿要求的藏品库、展厅或展陈空间，空调负荷宜按一级负荷考虑。

2. 供电电源

大型博物馆的电气负荷不低于二级，且有部分特别重要负荷，供电电源要求两个10kV以上电源，并自备柴油发电机组或集中EPS电源供特别重要负荷的应急电源。中小型博物馆除防盗报警、消防报警、应急照明及展览用电外，其余为三级负荷，如果两个10kV电源有困难时，可采用一个10kV电源，但要配备柴油发电机或集中式蓄电池组，供二级及以上负荷。

3.6.3 供配电系统

1）变压器的设置要充分考虑博物馆的性质特点：展览、陈列部分的空调负荷随季节变化；藏品库房空调有恒温、恒湿要求；基本展厅的用电负荷相对固定；临时展厅用电负荷的不确定性；要考虑举办各种大型活动所需的临时用电需求。

2）为保证重要负荷的供电，对重要设备如：消防用电设备（消防水泵、排烟风机、加压风机、消防电梯等)、信息网络设备、保安用电、消防中心、中央控制室等均采用两路专用电缆供电，在最末一级配电箱处设双电源自投，自投方式采用双电源自投自复。其他电力设备采用放射式或树干式供电。

3）博物馆的文物修复区包括青铜修复室、陶瓷修复室、有害工作室、照相室、计算机房等功能房间，宜采用独立供电回路。

4）科学实验区包括X射线探伤室、金属保护工艺研究室、热释光室、X射线衍射仪室、气相色谱与质谱仪室、扫描电镜室、化学实验室等功能房间，该区域的工艺设备用电要求应由文物用户单位提供，应采用独立工作回路，且每个功能房间宜设置总开关。

5）藏品库区应设置单独的配电箱，并设置总漏电保护装置（动作电流≤300mA)。配电箱应安装在藏品库区的藏品库房总门之外。藏品库房的照明开关安装在库房门外。

6）当无具体展品布设要求时，展厅地面可按每3～5m方格的交叉点设置三相和单相地面插座，其配线方式可采用地面线槽。

7）文物库房的消毒熏蒸装置、除尘装置、展厅特制展示装置需要380V大功率电源时，宜采用独立回路供电，熏蒸室的电气开关必须在熏蒸室外控制。

3.6.4 照明设计

1. 设计原则

1）应充分利用自然光，做到自然光与人工光有机结合。

2）馆藏文物的年曝光量标准：

对光特别敏感的藏品全年累计曝光量不大于120000lx，即展品照度值为50lx，每天陈列8h，博物馆全年开放300d；对光较敏感的藏品全年累计曝光量不大于360000lx×h/a，即展品照度值为150lx，每天陈列8h，博物馆全年开放300d。

3）对立体展品，照明要体现立体感，宜在展品的侧前方40°～60°处，设置定向聚光灯，其照度宜为一般照度的3～5倍；当展示品为暗色时，其照度应为一般照明的5～10倍。

4）壁挂式展示品，在保证必要照度的前提下，应使展品表面的亮度在25cd/m^{2}以上，同时应使展示品表面的照度保持一定的均匀性，通常最低照度与最高照度之比应大于0.75。

5）陈列橱柜的照明应注意灯具的配置和遮光板的设置，防止直接眩光。

6）对于在灯光作用下易变质褪色的展示品，应选择低照度水平和采用过滤紫外线辐射的光源或隔紫灯具；对于机器和雕塑等展品，应有较强的灯光。弱光展示区宜设在强光展示区之前，并应使照度水平不同的展厅之间有适应的过度照明。

2. 光源

展厅、藏品库、文物修复室根据使用功能确定光源，对光较敏感的展品，如书画、丝绸等以白炽灯、石英灯、光纤灯为主。对光不敏感的展品，如陶瓷、金属等以高显色指数的金属卤化物灯为主；对在灯光作用下易变质褪色的展品或藏品，采用可过滤紫外辐射的光源或灯具。文物库房采用可过滤紫外辐射的荧光灯。办公、修复、实验、机房等内部办公用房以高效荧光灯为主，根据需要部分采用可过滤紫外辐射的光源。

3. 照度要求

1）陈列室展品照度标准（表3-3）

陈列室展品照度标准列表　　表 3-3

展品类别	照度（lx）
对光特别敏感的展品如：丝、棉麻等纺织品、织绣品、中国画、书法、拓片、手稿、文献、书籍、邮票、图片、壁纸等各种纸制物品，壁画、彩塑彩绘陶俑、含有机材质底层的彩绘陶器，彩色皮革，动植物标本等	50lx 色温≤2900K
对光敏感的展品如：漆器、藤器、木器、竹器、骨器制品、油画、蛋清画、不染色皮革等	150lx 色温≤4000K
对光不敏感的展品如：青铜器、铜器、铁器、金银器、各类兵器、各种古钱币等金属制品、石器、画像石、碑刻、砚台、各种化石、印章等石制器物，陶器、唐三彩、瓷器、琉璃器等陶瓷器，珠宝、翠钻等宝石玉器，有色玻璃制品、搪瓷、珐琅等	300lx 色温≤5500K

2）其他场所一般照明标准（表 3-4）

其他场所一般照明标准列表　　表 3-4

场所	照度（lx）	场所	照度（lx）
门厅	200	研究阅览室	300
进厅	75	藏品缓冲间	50
美术制作室	300	藏品库房	75
报告厅	200	藏品鉴定室	300
接待室	300	办公室	300
警卫值班室	100	售票处	300
鉴定编目室	300	存物处	200
熏蒸室	100	纪念品出售处	200
实验室	200	食品小卖部	100
修复室	750	休息	75
标本制作室	750	汽车库	75

4. 照明控制

1）为了便于管理和节约能源，为适应各种展览及不同场景和管理的要求，博物馆的大堂、展厅、文物库房、车库等公共场所的照明，优先采用集中控制的方式，有条件的可采用智能型照明控制系统；办公区、机房区等采用集中控制与分散控制相结合的方式。

2）对于总曝光量有要求、对光特别敏感的展品，通过安装移动探测器对照明实施控制，即当有人员走过时，自动调亮灯光以便于人员参观，当人员离开时，自动将灯光调暗的控制方式。

3）博物馆的公共空间，通过采用光控设备，使之成为“视觉调节空间”。在白天，当参观人流由室外天然光照度下经过门厅未到照度较低室内展厅时，或在晚上，当参观人流离开展厅经过高照度门厅进入低照度室外环境中时，通过大堂视觉过渡空间，降低人们由于照度的变化而引起的视觉差。

5. 应急照明

大型博物馆的陈列室、展厅应设置应急照明和疏散导向标志。各层展厅、走道、拐角及出入口均设疏散指示灯。展厅的每层面积超过 1500m^2 时，应有备用照明。消防控制室、配变电所、楼梯间、水泵房、保安用房重要机房的备用照明按 100％考虑；门厅、走道按 30％考虑；其他场所按 10％考虑。重要藏品库房宜设有警卫照明。

3.6.5 防雷设计

大型馆不应低于二级防雷，中、小型馆不应低于三级防雷。

3.6.6 火灾自动报警及消防联动控制系统设计

1）大、中型馆必须设置火灾自动报警系统。

2）根据博物馆房间功能的不同，设置感烟、感温探测器、双波段火灾探测器、光截面探测器、管式抽气探测器、缆式定温探测器、燃气报警器等报警装置，或以上报警装置的组合。

3）根据博物馆空间和房间功能，给水排水专业采用消火栓、湿式喷洒、预作用喷洒、水炮、气体灭火、水喷雾等多种形式的灭火措施，消防报警系统应采用与之相应的报警系统。

（1）藏品库区：一般采用气体灭火措施，消防报警采用以上两种报警装置的组合。

（2）展览区：根据展览的对象不同，采用气体灭火系统、预作用灭火系统、湿式灭火系统等，消防报警采用与之相应的措施。

（3）功能服务区：包括文物修复、文物探测、文物研究等功能性房间，如照相室、陶瓷修复室、青铜修复室、X射线探伤室、射线能谱仪分析室、化学实验室、性能检测室等，这些房间一般采用气体灭火系统，消防报警采用两路报警装置。

4）消防报警系统应与安全防范系统采用必要的联动措施。

3.6.7 安全防范系统

1）博物馆的安全防范系统一般由具有专业资质的专业公司设计，在土建设计阶段必须预留好后期安防设计的条件。

2）博物馆风险等级与防护级别应按照《文物系统博物馆风险等级和防护级别的规定》GA 38执行。

3）应符合现行国家标准《安全防范工程技术规范》GB 50348和《博物馆和文物保护单位安全防范系统要求》GB/T 16571的有关规定。

4）根据功能分类，安全防范系统主要包括以下子系统：音视频监控系统、出入口控制系统、入侵报警系统、电子巡查系统、无线对讲系统、停车场管理系统。系统可实现监视功能、控制功能、报警功能、综合管理功能、通信及优化运行功能。

5）博物馆与其他单位为联体建筑时，其安全防范系统必须独立组建，并设置独立的安防控制室。

6）优先选择纵深防护体系，区分纵深层次、防护重点，划分不同等级的防护区域。

7）防护区域包括文物通道、文物库房、展厅以及监控中心等场所、部位。同一防护点位必须具有三种以上不同探测技术组成的交叉入侵探测系统，以视频图像复核为主、现场声音复核为辅的报警信息复核系统。交叉入侵探测系统报警时能够联动报警信息复核系统。

8）一级防护文物通道的出入口应安装出入口装置、紧急报警按钮和对讲装置；通道内应安装摄像机，对文物可能通过的地方都应能跟踪摄像，不留盲区。二级防护文物通道的出入口门至少应安装机械防盗锁；通道内应安装摄像机，对文物通过的地方都能跟踪摄像。

9）一级防护文物库房应设为禁区，库房墙体为建筑物外墙时，应配置防撬、挖、凿等动作的探测装置；库房内必须配置不同探测原理的探测装置；库房内通道和重要部位应安装摄像机，保证24h内可以随时实施监视；出入口必须安装与安全管理系统联动或集成的出入口装置，并能区别正常情况和被劫情况。

10）一级防护展厅内应配置不同探测原理的探测装置；珍贵文物展柜应安装警报装置，并设置实体防护；应设置以视频图像复核为主、现场声音复核为辅的报警信息复核系统，视频图像应能清晰反映监视区域内人员的活动情况，声音复核装置应能清晰地探测现场的话音以及走动、撬、挖、凿、锯等动作发出的声音。

11）安防监控中心应是专用房间，宜设置两道防盗安全门，两门之间的通道距离不小于3m，安防监控中心的窗户要安装采用防弹材料制作的防盗窗，防盗安全门上要安装出入控制身份识别装置，通道安装摄像机。安防监控中心设有卫生间和专用空调设备。安防监控中心靠近主要出入口。监控中心的面积应与安防系统的规模相适应，不宜小于20m^2。一级防护监控中心应对重要部位进行24h报警实时录音、录像。

12）系统应能适应陈列设计、功能布局重新调整的特点，展陈室的布线和布点位置方面应留有足够的调整性与冗余度。

3.6.8 其他智能化系统

1）从博物馆保存、研究、陈列等基本功能出发，围绕着文物安全环境监控功能、公众活动功能、观众现场服务与信息化服务功能四个方面展开设计，包括建筑设备管理系统、通信网络系统、信息网络系统的需求。

2）建筑设备管理系统应按照博物馆库区、展陈区、公共活动区、办公区等分别设定。

3）信息网络系统宜在展陈区、公共活动区域内，配置与公用互联网或自用信息网相联的无线网络接入设备。

4）综合布线系统信息点的类型分为：语音点、铜缆数据点和光纤数据点三种类型。在公共大厅等场所宜设置多媒体导览数据点、IC卡电话、投币电话语音点、新闻报道用数据点等；展览陈列区宜按多媒体展示的需求配置，可按照每100m^2建筑面积一组信息点设计；行政、业务、学术研究等区域宜按工作人员职能岗位配置；文物库房内可不设信息点。

5）在展陈区、公共活动区宜配置无障碍专用多媒体触摸屏查询设备和网络终端查询设备。

6）对于大型博物馆要为数字化博物馆的建设提供建筑空间及技术平台，包括数字化博物馆网站、PDA参观导览系统、音视频点播系统、售票验票系统、多媒体信息显示系统等。

3.6.9 线路敷设

1）藏品库房和陈列室的电气照明线路应采用铜芯绝缘导线暗线敷设，改建的古建筑可为铜芯导线塑料护套线明线敷设。防火、防盗报警系统的电气线路应采用铜芯导线，并穿钢管保护。

2）监视和报警电气线路应与照明和动力电气线路分开设置，并隐蔽敷设。

3）由安防控制中心引至藏品库区的线缆要考虑其安全性，大型博物馆安防系统的垂直竖井应独立设置，并考虑门禁装置。

4）安全防范系统应采取独立专线，并建立专用的通信系统。

3.7 酒店电气设计控制关键点

由于酒店星级标准不同，酒店管理公司要求不同等原因，酒店电气设计必须针对实际需求进行相应变化。

3.7.1 酒店用电负荷等级和负荷估算

1. 酒店星级标准

酒店电气设计首先要明确酒店星级标准。酒店的负荷等级和用电标准的确定都离不开酒店星级标准划分。

2. 酒店主要用电负荷分级

一级负荷中特别重要负荷：四星级及以上酒店的经营及设备管理用计算机系统电源。

一级负荷：四星级及以上酒店的宴会厅、餐厅、康乐设施、门厅及高级客房、主要通道等场所的照明用电，厨房、排污泵、生活水泵、主要客梯用电，计算机、电话、电声和录像设备电源、新闻摄影电源。

二级负荷：三星级及以上酒店的宴会厅、餐厅、康乐设施、门厅及高级客房、主要通道等场所的照明用电，厨房、排污泵、生活水泵、主要客梯用电，计算机、电话、电声和录像设备电源、新闻摄影电源。除以上所述之外的四星级及以上酒店的其他用电设备。

3. 酒店用电负荷估算

在精装设计、厨房顾问、灯光顾问未参与项目之前，对于各区域的用电负荷暂按表 3-5 数值估算：

用电负荷估算指标表 **表 3-5**

序号	区域	估算指标
1	厨房	400～800W/m^2，其中四星及以上酒店的宴会厅厨房取 1000W/m^2
2	地库	8～15W/m^2
3	标准客房	2.0～4kW/套
4	套房	3～5.5kW/套
5	行政套	10～15kW/套
6	总统套	30kW/套
7	大堂	70W/m^2
8	大堂吧	50W/m^2
9	会议室	40W/m^2
10	宴会厅	80W/m^2
11	宴会厅前厅	100W/m^2

变压器容量：约 80～120VA/m^2，正常工作时的负载率约为 75%。

3.7.2 高压、低压供电系统

1. 供电电源

三星及以上等级的酒店从市政提供两路 10kV 电源。

四星及以上等级的酒店应设应急柴油发电机组。

酒店其他独立式电源，例如 EPS、UPS 等。

2. 低压供电

1）供电系统采用 TN-S 系统，变压器低压侧中性点接地，中性线与保护地线分开。

2）低压配电系统由低压配电屏，采用放射式或树干式，经电力竖井及分层配电小室再分送至各用电点。

3）客房区配电宜采用分开干线形式，即所有客房为单独干线，公共区（走廊、核心筒布草间等）另设单独干线。

4）各楼层及功能分区，应根据防火分区及使用功能，分设区域总配电箱柜。根据负荷性质，可分为普通照明箱、应急照明箱、普通动力箱（例如普通风机、水泵等）、应急动力箱（例如消防风机、消防水泵等）、重要动力箱（例如厨房冷库、生活水泵、电梯等）等类别。

5）高层建筑的标准客房层的一般负荷采用单密集母线树干式配电送至各层配电箱。

6）由层配电箱放射供电给各客房配电箱，每根电缆供电最多两～三间标准客房或一间套房。客房配电箱经节电装置配至客房末端的各用电点。

7）消防负荷［如消防控制室、应急照明设备、厨房内的事故排风机（燃气泄漏时使用）、消防水泵及泵房内的排水泵、消防电梯及基坑排水泵、防排烟设备、火灾自动报警等］以及重要负荷（如电话和网络设备、消防和安保等智能化设备、生活冷热水泵、严寒地区的热力站采暖设备、所有电梯、总统套房和行政酒廊负荷等）采用双电源末端互投。地下室排水泵可按区域集中设置双电源互投箱，放射式配电至末端每个集水坑。

8）备用柴油发电机分两路供应所有消防设备以及其他重要负荷。柴油发电机所需要承担的非消防负荷，视酒店管理公司的规定，以洲际酒店为例：根据《洲际工程设计技术标准》2009 要求，酒店柴油机在普通电源出现故障时需供应以下 36 项用电负荷：

（1）100％的消防楼梯和消防疏散出口指示灯；（属于消防电源）

（2）100％的变电间、发电机房的照明、工程部办公室和电话总机房照明；

（3）100％的总经理办公室照明；

（4）100％的电梯轿厢信号和照明；

（5）50％的客房走道的照明（照度 11lx）；

（6）50％的地下走廊的照明；

（7）20％的服务区域包括后台和员工区域灯；

（8）20％的主要机房的照明；

（9）20％的电梯机房的照明；

（10）15％的所有公共区域的照明；

（11）各部门办公室须供应 2 盏灯；

（12）每间标准客房小走廊 1 盏灯；

（13）每个收银台 1 盏灯；

（14）医务室照明；

（15）保安部经理办公室照明；

(16) 冷藏、冷冻库的照明；

(17) 航空障碍灯电源；

(18) 消防系统电源（属于消防电源）；

(19) 保安系统电源；

(20) 消防水泵电源（属于消防电源）；

(21) 排烟风机和楼梯正压送风；（属于消防电源）

(22) 发电机房和变配电间的插座；

(23) 厨房排烟罩排风机电源；

(24) 污水提升泵电源；

(25) 集水井泵电源；

(26) 污水处理机房电源；

(27) 发电机供油泵电源；

(28) 锅炉和锅炉水泵电源；

(29) 生活水泵电源；

(30) 计算机系统，终端设备，打印机和销售网点；

(31) 计算机的 UPS 系统电源；

(32) 时钟系统电源；

(33) 电话系统；

(34) 冷库，冷冻冰箱等；

(35) 在所有的电梯中必须选择 2 台电梯供停电时同时使用。必须提供应急电源，当正常电源断开时，必须能自动转换到紧急电源，以保持电梯疏散系统的自动运行。其余的电梯必须返回首层。预先选定的 2 台电梯（消防）将用紧急电源继续运行（消防电梯电源）；

(36) 下列房间的插座接发电机电源：前台、前台办公室、电脑房、收银终端、监控保安室、工程部、财务部。

9) 发电机一般情况下采用闭式水冷散热方式，当受建筑条件制约时才采用远置散热器水冷散热方式。

10) 客房小走廊近门口处应有 1 个夜灯（地脚灯）（不是走廊顶灯），由发电机应急电路供电（不需蓄电池）。客房内无论任何原因失电，该灯均应自动点亮（以酒店管理公司要求为准）。餐饮包房、会议室、SPA 包房近门口处应有 1 个应急照明灯（自带蓄电池）。

11) 应急照明箱为双路电源末端自投。

在每个疏散出口处应设安全出口标志灯，与其直角的空间高位应设有疏散指示标志灯，以便能在所有区域清楚看到。在餐厅座位区应能在通道及大部分地区看到高位指示标志灯。

12) 在电话和网络机房设置 1 台集中 UPS，供电给机房网络设备和楼层交换设备。消防、安防系统，分别设置 UPS 电源系统。在酒店前台、总经理办公室、财务办公室、自动收款机等处需要设置分散独立的 UPS，就地提供电源插座（由运营费用采购）。上述 UPS 的规格需根据项目具体情况复核。

3. 功率因数补偿

在变电所每段低压母线集中进行无功负荷自动补偿，建议设置部分分相补偿，电容器采用自动循环分组投切方式，补偿后功率因数≥0.95。配变电所的电容补偿柜中配置合适的电抗器。

4. 供电电缆

消防线路与一级负荷配电线路、普通负荷配电线路，应采用不同的金属线槽铺设；如需要合用线槽时，须用金属隔板分隔。

1）消防设备，采用低烟无卤耐火型交联聚乙烯绝缘电力电缆；一般照明及动力设备，均采用低烟无卤阻燃型交联聚乙烯绝缘电力电缆。

2）消防设备，采用低烟无卤耐火型聚乙烯绝缘铜芯电线；一般照明及其他用电设备，采用低烟无卤阻燃型聚乙烯绝缘铜芯电线。

5. 用电安全

1）所有插座回路均配置额定动作电流不大于30mA，动作时间不大于0.1s的漏电断路器。

2）电梯井道及电缆夹层的照明，采用36V交流安全电压供电。游泳池等水下灯采用12V安全电压供电。

3）游泳池、淋浴间、洗衣房、厨房等潮湿场所的金属构件应设置等电位连接，房间内的电气设备应配置带漏电保护功能的断路器。

4）厨房加工区和送餐通道、冷库、燃气表间、锅炉房、游泳池等特殊区域照明和插座，应满足相应的防护等级要求。厨房加工区和送餐通道、冷库、游泳池区域的照明灯具配备塑料防护罩。

5）厨房、冷库、锅炉房、游泳池机房等处的配电箱柜应有足够的防护等级、操作和维护空间，并在安装时采取架高（底距地300mm）等防水措施。

6）为保证各级配电保护电器有选择性动作，主馈电回路的低压断路器（ACB/MCCB)宜选择电子型断路器，保护整定值根据运行状况可调整。

7）所有室内I类灯具的外露可导电部分均须接PE线，其截面和相线相同。

6. 供电质量

1）在三相四线制线路中，单相负荷均匀地分配，以尽量减少中性线不平衡电流。

2）照明和动力用电将按照实际需求尽量分开供电，以减少因动力负荷所引起的电压波动，并影响系统供电质量。

3）冷冻机组及其配套水泵由独立的动力负荷变压器组供电，以减少其启动时对照明负荷的影响。

4）电动机供电回路应考虑采用合适的降压措施，以减少启动时对系统的影响。

5）谐波抑制措施：酒店宴会厅的舞台灯光调光设备宜设置有源滤波器。行政酒廊和全日餐厅明厨等处的电磁炉供电，应由竖井内的层配电箱单独回路供电。应尽量避免使用单灯功率小于25W的气体放电灯。

7. 电费计量

1）整个项目在高压柜处设计量柜，采用高压总计量。

2）空调制冷系统及换热站，在各变压器低压侧设总计量。

3）其他各独立经营功能区域设低压计量，如厨房、洗衣房、游泳池、健身房、桑拿/洗浴、SPA、美容美发、酒吧、夜总会、棋牌室、KTV、精品店等。仅在不方便抄表处的计量表应通过BAS系统将信号远传。

4）计量电度表宜采用数字式计量表。

3.7.3 照明系统

1）酒店公共区域和客房区的照明（含插座等），通常由装修、灯光顾问及工艺的设计完成。

2）预留庭院景观照明、夜景照明、广告照明、酒店标识等照明负荷的电源。

3.7.4 防雷及接地系统

1）根据规范的要求，进行防雷建筑设计，必要时采取防侧击雷措施和过电压保护。

2）卫星电视、有线电视、语音和数据的市政进、出线路，均设置浪涌保护器。

3）应在整栋建筑内设置等电位联结，特别是在变电所、柴油发电机房、锅炉房、冷冻机房、消防和安防机房、电话和网络机房、电梯机房等主要机房及电气和智能化竖井等处；游泳池、淋浴间、SPA、洗衣房、厨房等潮湿场所更要设置局部等电位联结。

4）接地系统采用联合接地，接地电阻应满足最低电阻值的要求。

3.7.5 其他

1）KTV、员工餐厅及下层裙房的大堂、餐饮、洗浴等公共部位按功能分区，预留配电箱及其支路开关。公共区域走道、后台区域走道、客房走道、各餐厅酒吧内、宴会厅、大堂等处，都要布置单相电源插座，以供日常清洁机械或移动电器使用。

2）各独立房间如：办公室、按摩房、健身房、商店、工作间、设备房等，应按不同的功能和设备情况，适当布置电源插座和电气开关。工程部维修工作间还应预留三相电源。

3）日用油箱间及燃气锅炉房等存在爆炸危险的地点，其灯具、开关应采用防爆型产品。所有的厨房、食品加工间、洗衣房、制服房、布草间和游泳池的灯具，应带有防潮型透明灯罩，防护等级不应低于IP54。卸货平台和潮湿机房等处的插座应带防溅盖板。

4）户外电源：在室外集中的大面积园林景观、露天酒吧等处，应考虑布置一些防水电源插座，以供移动音响设备、节目彩灯等使用。

3.7.6 火灾自动报警及联动系统总则

1）酒店应设置独立的火灾自动报警及联动系统、火灾应急广播及火灾警报系统、消防专用电话系统等。

当酒店和其他业态的建筑物贴邻时，酒店的消防控制室应能通过火灾复视盘显示相邻建筑物的火灾报警信号和具体位置。

2）酒店消防控制室的位置应按照国家规范的要求设置，宜设置在酒店的一层。酒店消防控制室可以和安防控制室共用。

3.7.7 火灾自动报警及联动系统编程要求

1）火灾报警系统平时需要设定在自动模式。

2）在消防中心应设置强切非消防电源手动/自动选择按钮，可以独立选择手动或自动操作模式，以减少恐慌或干扰。

3）为避免发生警报时听不到语音广播，须设置按钮，在声光警报响动一段时间后，消防中心人员可以手动暂停声光以听广播，再按下按钮即能再启动声光报警器。

3.7.8 消防报警系统回路

应采用环形高速传输，并设隔离模块在回路中作分段。总线可连接系统所有外部设备和部件。系统回路总线宜构成环形结构。每分段应设置隔离中继器或隔离模块。当回路任意总线处短路，回路设备应自动从该处被隔离，不影响该回路设备的正常工作。

3.7.9 火灾探测

1）火灾探测器应全面覆盖保护室内地区。

2）特别注意应包括下列区域：洗衣房、电气竖井、智能化竖井、机电设备房、各类风机房、各类仓库、布草井顶端等处。厨房、浴室、蒸气间、洗衣房、锅炉房、柴油发电机房等应设感温探测器。

3）泳池正上方可不设火灾探测器，但泳池周边吊顶上需设置。

4）客房内的感烟探测器应带地址码和蜂鸣器底座（DC24V 电源）。蜂鸣器的报警音量不应小于 75dB。无障碍客房另外还要求设置声光报警器。

5）所有区域的探测器均需要具有智能地址码。

6）手动报警按钮按照国家规范设置，临近出口，易于看到。

3.7.10 火灾自动报警系统与其他消防设备、灭火系统的联动

1）室内消火栓系统。

2）自动喷洒系统。

3）防排烟系统。

4）空调系统。

5）燃气泄漏报警装置：

燃气泄漏报警系统由燃气探测器和输入输出控制模块组成。当燃气探测器发出报警信号，信号反馈到火灾报警主机上，由主机发出控制信号快速关闭燃气阀门。

6）电梯回降。

7）防火卷帘。

8）紧急广播。

9）出入口控制系统：

当发生火警时，相应的报警讯号会在消防控制屏上显示，同时通过中继器联动相关着火区域及相邻防火区域的门禁系统，打开着火区域及相邻防火区域内的电磁门锁，或者使相关着火区域及相邻防火区域的门禁系统处于撤防状态，以利于人员撤离。

10）厨房烟罩湿式化学灭火系统：

厨房内灶具烟罩设置湿式化学灭火系统，当厨房灶具发生火灾，系统动作，喷出化学剂，将火灾扑灭。切断厨房燃气阀门。同时将火情通过无源接点或者其他方式通知火灾报警系统，并显示在报警系统主机屏上。

11）声光报警器：

声光报警器应设置在所有后勤和公共区域。特别注意应包括以下区域：厨房、主要机房、洗衣房、员工餐厅、员工更衣室、游泳池、健身中心、大堂、宴会厅、会议区、歌舞厅、餐厅酒吧等人多吵嘈杂的场所，以及无障碍客房等处。声光报警器应设在明显位置。

12）气体灭火系统：

消防监控中心需能监察气体灭火系统的动作状态。

3.7.11 火灾应急广播

1）酒店中凡是正常有人出入的区域或房间均需要设置消防喇叭。须安装消防广播喇叭的区域包括：客房、工作间、厨房、宴会厅、大堂及大堂吧、餐饮区大厅及包间、电话值班室（须有音量调节）、工程部、更衣室、公共卫生间及部分后勤区、洗衣房、更衣室、所有厨房、所有功能厅、商务中心、餐厅 VIP 房、SPA 区和包间、酒吧/娱乐区/健身、酒店办公室（小办公室如能听到走廊广播可减省，办公区内另有套间则须设消防喇叭在主要区）、主要机房、疏散楼梯（至少隔层）、主要室外公共平台等。

2）话筒、前级、扩音设备、广播区选择及音乐节目的录、播放等中央设备均集中装置于消防控制中心。消防广播的功放器必须具备足够功率供全大楼所有消防广播一起广播，最少设置 1 台备用功放器。备用电池或 UPS 应能支持系统工作最少 2h 的全楼广播。

3）火灾应急广播应有至少 3 个频道（最好是储藏在集成芯片里）的预先录制好的不同语言的声音信息，能作自动信息广播。消防广播方案是一遍录音，一遍报警声，不断重复循环。

4）每广播区的火灾应急广播喇叭线路须有自动监测开路及短路装置，在消防中心显示故障状态，并在短路时可自动切断该线路。

5）设有本地音响的区域，例如宴会厅、多功能厅、会议室、餐厅、酒吧、KTV、SPA 等，须在火灾时切断本地音响的电源，切换至消防广播状态。

3.7.12 消防专用通信系统

1）酒店应设置一套独立布线的消防专用通信系统，同时并于消防控制室提供可直接报警的专用外线电话。另外，在消防控制中心与上一级消防控制中心考虑对讲通话功能。

2）消防专用通信系统须包括消防专用电话总机、电话分机、电话塞孔、所需电缆线路以及使整个系统达到满意功能所必需的一切附件等。

3）消防电话总机设于消防控制室，电话总机与各电话分机或电话塞孔位置之间的呼叫方式应为双向直通式。中间不应有交换或转接程序。

4）在电话总机按任何电话分机号，有关电话分机将发出音频呼叫信号。于分机处提起听筒，即可直接对讲。电话总机除附带手持送话听筒外，亦可通过扬声器与分机进行通话。在紧急时，电话总机可向全系统的电话分机发出呼叫信号。

3.7.13 电气火灾报警系统

1）系统须为智能式多功能地址编码电气火灾报警系统，由具有内置微型处理功能的消防控制屏、地址式智能漏电探测器等组成，并具有漏电火灾报警、显示设备故障和各组件的运作情况等功能。

2）每个外围智能漏电探测器应有各自独立的“地址编码”，漏电值可以在系统主机上按照用电负荷情况设置不同的漏电报警阀值，一旦超过设定值，应自动发出声光报警。

3）系统回路应采用基于 TCP/IP 或 RS485 协议方式高速传输，总线可连接系统所有外部设备和部件，回路设计可以有效地抵抗内部和外部各种干扰信号对系统的影响。回路单个设备故障不应影响该回路其他设备的正常工作。

3.7.14 语音通信系统

1）语音服务：在酒店内设置一台内部管理的电话程控交换机。酒店电话交换机和网络设备一般合用机房。

2）移动信号覆盖系统：为解决本建筑内移动信号通讯问题，在建筑内设置一定数量的移动通信中继收发基站、通讯线缆、天线等设备，在整个建筑内实现中国移动、中国联通、中国电信等信号的全覆盖，使移动通信信号在整个建筑内实现无盲区。

3.7.15 计算机网络系统

1）酒店内设置酒店办公局域网、客人宽带有线上网以及公共区域无线上网。酒店的办公局域网与客人宽带上网的网络物理分隔。

2）网络光纤分两路引至酒店网络机房，办公网经防火墙接入酒店办公局域网；客人网接入客房中心交换机、路由器，再分别到达各楼层交换机。办公网和客人网的核心交换机各一台。

3）在酒店总统套房、行政酒廊、宴会厅、会议室、游泳池、酒吧、SPA 区域、所有餐厅、大堂、大堂吧等公共区域实现无线上网全覆盖，无线网络路由与客房网络合用。

3.7.16 综合布线系统

语音和数据市政进线经过交接间，进入电话和网络总机房。酒店内的数据主干为多模光缆，传输速率不低于 1GB；语音主干为三类大对数 UTP。水平布线采用超五类 UTP 或六类 UTP。公共区、后勤区和客房区根据需要设置语音点和数据信息点。

3.7.17 建筑设备监控系统（BAS）

1）建筑设备监控系统实现对建筑物内各类设备的监视、控制、测量，应做到运行安全、可靠、节省能源、节省人力。系统主机安装在 BAS 监控中心或酒店工程部办公室。

2）建筑设备监控系统的网络结构模式应采用集散式或分布式的控制方式，由管理层网络与监控层网络组成，实现对设备运行状态的监控。建筑设备监控系统应实时采集，记录设备运行的有关数据，并进行分析处理。

3）对电源的高压、低压断路器等电源设备进行监视、测量、记录。对变压器的超温报警进行检测。

4）对柴油发电机的运行和故障状态进行监视。相关信号由柴油发电机厂家提供无源接点。

5）对室外泛光、室外园林、室外景观照明进行监视和控制。

6）满足空调系统的监控、检测要求。

7）满足给水排水系统的监控、检测要求。

8）通信接口设置：制冷站、柴油发电机组、锅炉系统通过网关纳入 BA 系统，监测其运行状态。高低压配电室和泛光照明采用无源接点纳入 BA 系统。

3.7.18 安全防范系统

1）视频监控系统：各建筑物的主入口室外雨棚下、出入口、电梯厅、电梯轿厢内、主要走廊、地下车库、财务室、大堂接待台、IT 机房设备间、贵重物品存储间、行李房等公共区域设置摄像机，进行实时监控，在保安监控室显示图像并可通过数字硬盘录像机进行实时录像。

2）出入口控制系统：首层对外出入口、通往屋顶出入口设置推杠锁及门磁，信号返回报警主机。

3）报警系统：在重要的区域，如：泳池、无障碍客房及无障碍卫生间、财务室、大堂接待台、收银台、桑拿间内、总统套房的卫生间、人力资源办公室等，设置紧急报警按钮，与安防中心联系。

4）电子巡查系统：在本项目的公共区域内设置巡更点，以便记录保安人员的巡查状况。

5）无线对讲：根据项目的需要，用于联络保养、保安、操作及服务的人员，在酒店内非固定的位置执行职责。

6）电子门锁：在酒店客房，IT 机房设备间，财务室，贵重物品存储间，酒店与商业、写字楼、共用车库相连通的出入口，员工入口等处设置门磁。

3.7.19 车库管理系统

根据本项目停车库和车辆出入口的设置，设立车库管理系统。实现车辆停放和出入的高效、安全、方便的管理。如酒店车库与商业项目共用，此项由项目公司负责设计和施工。

3.7.20 背景音乐系统

背景音乐系统及火灾应急广播系统宜各自独立设置。背景音乐系统参照 AV 顾问设计。话筒、前级、扩音设备、广播区选择以及音乐节目的录、播放等中央设备均集中装置于消防控制中心。

设有本区音响的区域，例如宴会厅、多功能厅、会议室、餐厅、酒吧、KTV、SPA 等，须在火灾时切断本地音响的电源。

3.7.21 有线电视及卫星电视系统

在酒店设置有线电视和卫星电视接收系统。卫星电视接收天线宜安装于酒店楼顶，预留 3 台 4.5m 天线基础；在卫星天线的附近设置前端设备机房。有线电视信号由市政引入经调制解调后与卫星电视信号在前端设备机房混合后送入分配网络。

采用光纤和同轴电缆混合组网，电视图像双向传输方式，满足数字电视的传输要求。

3.7.22 IPTV 系统（预留）

考虑到未来技术的发展，在客房客厅的电视后面预留 IPTV 布线的 RJ45 接口，水平敷设 6 类线。

3.7.23 信息发布系统

在酒店大堂的主要入口处、宴会厅及会议主要入口处、宴会厅每个隔断门口和每个会议室门口、客梯应设置信息显示屏，发布酒店会议的相关信息。

3.7.24 客房控制系统

在客房内设置客房控制系统，实现客房内的灯光、插座、空调等的自动控制。五星级酒店设置客房控制器（RCU）并仅预留联网条件，更高级酒店客房控制器（RCU）须联网。

3.7.25 调光控制系统

在酒店的大堂、大堂吧、餐厅、SPA 区、多功能厅、宴会厅、宴会前厅、行政酒廊等区域设置智能中央调光控制系统，餐饮区的小包房设置本地旋钮调光，不纳入中央调光系统。

3.8 住宅建筑电气设计控制关键点

3.8.1 设计依据

《住宅设计规范》GB 50096—2011；

《住宅建筑规范》GB 50368—2005；

《住宅建筑电气设计规范》JGJ 242—2011；

《住宅区和住宅建筑内光纤到户通信设施工程设计规范》GB 50846—2012；

其他现行国家及地方住宅建筑设计标准。

3.8.2 住宅建筑负荷等级

1）一类住宅（十九及十九层以上的住宅），其建筑物内的消防类负荷，应为一级负荷；较为重要的非消防类负荷（如普通客梯、地下室内的排水泵、智能化间）等，宜按一级负荷考虑，其他为三级负荷。

2）二类高层住宅（十层至十八层住宅），其建筑物内的消防类负荷，应为二级负荷；较为重要的非消防类负荷（如普通客梯、地下室内的排水泵、智能化间）等，宜按二级负荷考虑，其他为三级负荷。

3）多层住宅、独立或联排别墅建筑的用电负荷，一般为三级。

3.8.3 10kV 变电所

1）由于各地供电部门对住区 10kV 变电所的设置要求不尽相同，因此设计之初应首先咨询或了解当地供电部门的具体要求，如变电所位置、变压器容量的限制、居民用电与非居民用电可否共用一组变压器？是否设置 10kV 高压分界室？10kV 变电所是否由当地供电部门指定的专业设计单位完成等。

2）一般情况下，10kV 变电所不宜设在住宅建筑物地下部分的最底层，否则变电所下部应设电缆夹层，且电器设备所在位置的标高应高于本层建筑标高或采取其他防水措施。

3）10kV 变电所不应设在住户的正上方、正下方及贴邻位置。

4）多层住宅、独立或联排别墅建筑，若无集中地下停车场，宜采用 10kV 室外厢式变电站，其变压器的容量不宜超过 630kVA。高层住宅建筑的居住区不宜采用 10kV 室外厢式变电站。

3.8.4 住宅安装容量确定

1）应咨询或了解当地供电部门对每套住宅的安装容量是否有最低取值标准。

2）一般情况下，每套住宅的安装容量可按下述方式取值：

套内面积≤60m^2，安装功率 4kW，单相电表 5A（20A）。

60m^2＜套内面积≤90m^2，安装功率 6kW，单相电表 10A（40A）。

90m^2＜套内面积≤120m^2，安装功率 8kW，单相电表 10A（40A）。

120m^2＜套内面积，宜按 45W/m^2 计算安装功率，并选择相应规格的单相电表。

3）对于必须采用电采暖方式的住宅建筑，应咨询或了解当地供电部门对此是否有相应要求，如设置单独计量电表或独立的配电系统等。

3.8.5 0.22/0.38kV 低压配电干线系统

1）应咨询或了解当地供电部门对 0.22/0.38kV 低压配电系统是否有具体要求，如住户用电是否要求设置独立配电柜？住宅建筑内公共用电设备的计量方式等。

2）一般情况下，高层住宅建筑应至少设置一处0.22/0.38kV电源进线。

3）多层住宅建筑，宜按一个或几个住宅单元门设置一处0.22/0.38kV电源进线。

4）别墅类型建筑，宜按每户独立进线方式，不建议采用T接方式。

5）高层住宅建筑的每处0.22/0.38kV电源进线，应设有独立的配电间，内设总配电箱柜。

6）多层住宅建筑的0.22/0.38kV电源进线配电柜（箱），宜设置独立的配电间，若受条件限制，可考虑设置在首层楼梯下方，或检修较为方便且不影响行人正常通行之处。

7）北京地区，每栋住宅建筑的电源进线，均需考虑设置π接柜。

8）北京地区，高层住宅建筑的总配电柜，应采用BGM（光柜）和BGL（力柜），柜后留有检修通道；其进线断路器的整定电流不应大于400A。

9）高层住宅建筑内应设置电气、智能化竖井，且宜分别设置，如条件所限必须合用时，应满足《民用建筑电气设计规范》JGJ 16—2008中8.12.7、8.12.8条的要求。

10）多层住宅建筑宜设电气、智能化竖井。

11）竖井内电器、布线线槽的布置应便于维护管理。

3.8.6 计量电表的设置

1）每套住宅应设置一块计量电表。

2）若采用预付费磁卡式电表，则此表不宜设置在电气竖井内，应设在电气竖井附近的公共部位，以便及时了解电表中的余量。

3）若采用查表员集中查表方式，则多层住宅建筑中的计量电表宜集中设置在建筑物首层公共部位，高层住宅建筑中的计量电表不应集中设置在建筑物首层或地下室，宜分层集中设置在公共部位。

4）别墅类住宅的计量电表，可室外分区域集中设置，但每处的电表数量不宜过多；也可分别设置在院门外墙或入户门外墙上。

5）应咨询或了解当地供电部门对住宅建筑内公共用电设备（含公共照明）的计量方式。

3.8.7 户内配电

1）每套住宅的电源进线断路器应设在计量电表后，该断路器应具有短路、过载和防间接接触保护，且应同时断开相线和中性线的功能（有些地区可能还会要求具有过压保护功能）。

2）每套住宅应设置小型配电箱，箱内应设有同时断开相线和中性线的电源进线隔离开关电器（有些地区可能会限定该开关箱内的最少出线回路数量）。

3）住宅套内若设有三相用电负荷，可采用三相电源进户，其套内单相负荷宜接在同一相上（有些地区可能会要求当户内安装功率超过限定值时，亦应采用三相电源进户）。

4）多层别墅类住宅一般情况下安装容量较大，而且可能会有三相用电设备，因此宜采用三相380V配电。除三相用电设备外，别墅的每层宜设置小型开关箱，单相AC220V配电。

5）住宅户内照明采用I类灯具时，应设置PE线。

6）照明与插座应分回路配电，空调插座与一般插座宜分回路配电，厨房、卫生间插座与一般插座宜分回路配电。

7）电源插座应采用安全型，厨房、卫生间插座应具有防水（溅）措施。

8）带洗浴设施的卫生间，其灯具、插座宜设置在0区之外。

3.8.8 线缆选型与敷设

1）高层住宅建筑中的一、二级负荷，其配电干线，应采用耐火或阻燃型电缆，宜用电缆桥架敷设。

2）高层住宅建筑中的三级负荷，其配电干线，宜采用阻燃型电缆，也可采用普通电缆，宜用电缆桥架敷设。

3）多层住宅建筑中的配电干线，宜采用阻燃型电缆，用电缆桥架敷设，也可采用导线穿金属保护钢管，埋墙、埋楼板暗敷方式。

4）用于应急疏散的应急照明与应急疏散指示照明，应选用耐火型线缆。

5）应咨询或了解当地供电部门对住户电源进线规格是否有最小限定值的要求。

6）与卫生间无关的线缆不宜进入或穿过该区域。

3.8.9 公共照明、应急照明与应急疏散指示照明

1）根据节能要求，住宅建筑的公共走廊、楼梯间等处照明，宜采用节能自熄开关控制或节能光暗自动调节控制。

2）《住宅建筑规范》GB 50368—2005中9.7.3条要求：10层及10层以上住宅建筑的楼梯间、电梯间及其前室应设置应急照明。

3）《建筑设计防火规范》GB 50016中要求下列部位应设置应急照明：

（1）楼梯间、防烟楼梯间前室、消防电梯间及其前室、合用前室和避难层（间）；

（2）居住建筑内走道长度超过20m的内走道。

4）《建筑设计防火规范》GB 50016要求疏散走道和安全出口处应设灯光疏散指示标志。

5）《民用建筑电气设计规范》JGJ 16—2008中对应急照明与应急疏散指示标志照明的要求如下：

（1）高层居住建筑疏散楼梯间、内走道、消防电梯间及其前室、合用前室应设置疏散照明；

（2）高层居住建筑的上述场所除应设置疏散照明外，还应在通向疏散楼梯间的出口处设置出口标志灯，在疏散走道的交叉、拐弯以及走道长度超过20m处，设置疏散指向标志；二类高层居住建筑的疏散楼梯间可不设疏散指示标志。

6）高层住宅建筑内的应急照明与应急疏散指示照明，应具有火灾时可自动点亮功能。

3.8.10 电话、网络、有线电视与综合布线系统

1）电话与网络系统设计，详见《住宅区和住宅建筑内光纤到户通信设施工程设计规范》GB 50846—2012。

2）每个住宅建筑区应考虑设置一个或几个电话交接间与宽带网络机房。

3）每个住宅建筑区应考虑设置一个或几个有线电视前端机房。

4）每栋高层住宅建筑，应在地下一层或首层设置至少一处智能化间，内设电话配线架、网络光端机与配线架、有线电视前端箱等（设有电话交接间、宽带网络机房、有线电视前端机房的住宅建筑除外）。

5）多层住宅建筑宜按一个或几个住宅单元门设置一处智能化间。该智能化间可考虑

设置在首层楼梯下方，或检修较为方便且不影响行人正常通行之处。

6）高层住宅建筑内的电话干线电缆、网络电缆、有线电视电缆，应采用沿金属线槽敷设方式进入智能化竖井（或与电气合用的电气竖井）内的各系统接线箱（分线箱）。

7）多层住宅建筑内的电话干线电缆、网络光缆、有线电视电缆，宜采用沿金属线槽敷设方式进入智能化竖井（或与电气合用的电气竖井内）的各系统接线箱（分线箱），也可采用穿金属保护钢管埋地板敷设方式进入智能化竖井（或与电气合用的电气竖井）内的各系统接线箱（分线箱）。

8）应了解当地运营商对智能化综合布线系统的要求或习惯做法，一般情况下，每套住宅内宜设置综合智能化箱，由本层智能化竖井（或与电气合用的电气竖井）内的各系统接线箱（分线箱）引来的各系统支线缆，应首先进入该综合智能化箱。

9）综合智能化箱处应预留220V电源插座。

10）户内电话与网络出线插孔宜采用共用同一面板方式。

11）由综合智能化箱至各网络出线插孔与有线电视出线插孔，宜采用放射式敷设。

12）电话线与网络电缆可采用共保护管敷设方式。

13）电话出线插孔之间可采用串接方式。

3.8.11 出入口控制对讲系统

1）住宅建筑应设置可视或非可视出入口控制对讲系统，住区联网方式。

2）别墅及跃层式住宅的每层，均应设置出入口控制对讲系统室内机。

3）出入口控制对讲系统应具有发生火警时，疏散通道上和出入口处的出入口控制应能集中解锁或能从内部手动解锁的功能。

4）出入口控制对讲系统宜含有紧急求助或报警功能，报警按钮的安装位置应至少包括起居室、主卧室、卫生间等场所，报警信号应传送至住区监控中心。

5）出入口控制对讲系统宜含有防入侵报警功能，住户的户门、外墙门窗（含阳台）等处，宜选择性地设置防入侵报警装置，报警信号应传送至住区监控中心。

6）出入口控制对讲系统宜含有可燃气体泄漏探测功能。厨房内宜设置可燃气体探测器，当探测到可燃气体泄漏时，除就地发出报警信号外，尚应报警到住区监控中心。

7）出入口控制对讲系统的干线线缆可沿智能化综合布线系统的金属线槽敷设，也可单独穿保护钢管敷设。

3.8.12 安防监视系统

1）住宅建筑宜设置视频监视系统，住区联网方式，设置住区视频监视中心。

2）视频监视系统应主要监视住区出入口、主要通道、单体住宅建筑的主要出入口、电梯轿厢、电梯前室、楼梯间出入口、地下停车场、周界及其他重要部位。

3）住区宜设置周界安全防范系统，并应具有与视频监视系统联动功能。

4）视频监视系统的干线线缆宜沿智能化综合布线系统的金属线槽敷设。

3.8.13 火灾自动报警系统

参见《火灾自动报警系统设计规范》GB 50116—2013第7章设置要求。

3.8.14 电气火灾漏电报警

1）《住宅设计规范》GB 50096—2011中8.7.2第6款要求，每栋住宅的总电源进线应设剩余电流动作保护或剩余电流动作报警，其额定动作电流不宜大于500mA。如不能满足要求则应考虑将剩余电流动作报警分别设置在总配电柜的各出线回路上。

2）含有消防负荷的总电源进线只能设置剩余电流动作报警，不动作跳闸。

3）参见《火灾自动报警系统设计规范》GB 50116—2013 第 9 章设置要求。

3.8.15 防雷与接地

1）应计算住宅建筑物的年预计雷击次数，以此确定住宅建筑的防雷等级。

2）住宅建筑的防雷设计，参见《建筑物防雷设计规范》GB 50057—2010 中相关要求。

3）电气、智能化进户线处，应设置电涌防护器。

4）住宅建筑各电气系统的接地应采用共用接地网。

5）设有室外空调机的高层住宅建筑，有些地区可能会有如下要求：应按照建筑物的防雷等级，不在防侧击雷保护范围内的住户配电箱内，应装设 SPD 浪涌保护器。

3.8.16 等电位联结

1）住宅建筑物应设有总等电位联结。

2）带有洗浴设施的卫生间应设有局部等电位联结。

3.9 学校建筑电气设计控制关键点

3.9.1 设计原则

1）依据学校建筑的规模、重要性，确定用户负荷等级；

2）学校变电所的选址，应满足供电半径不大于 200m 的前提下，接近负荷中心设置；

3）依据学校建筑特点，对照明、电力、广播、电铃进行针对性设计。

3.9.2 设计依据

除满足《中小学校建筑设计规范》GB 50099—2011 及《教育建筑电气设计规范》JGJ 310—2013 外，还应满足国家现有的规范、标准等。

3.9.3 设备负荷分级

1）一级负荷中的特别重要负荷：高等院校的四级生物安全实验室等对供电要求极高的国家级重点实验室用电；

2）一级负荷：藏书超过 100 万册的图书馆的计算机检索系统及安全防范系统；高等院校的三级生物安全实验室等对供电要求较高的国家级重点实验室；特大型会堂主要通道照明；一类高层的主要通道、值班照明、客梯、排水泵、生活水泵等用电；

3）二级负荷：教学楼、学生宿舍主要通道；藏书超过 100 万册的图书馆的阅览室、主要通道照明、珍善本书库照明及空调系统用电；对供电连续性要求较高的其他实验室等。

3.9.4 总变配电站变压器容量指标

普通高等院校、成人高等学校（文科为主）20～40W/m^2；普通高等院校、成人高等学校（理科为主）30～60W/m^2；高级中学、初级中学、完全中学、普通小学 20～30W/m^2；中等职业学校（含实验室、实习车间等）30～45W/m^2。

当各教室内均采用空调时，用电指标增加 25～35W/m^2。

就上述用电指标说明，如新建学校的位置为偏远地区，当地用电水平较低且远期发展较慢时，应依据当地实际情况考虑设置变压器容量。

3.9.5 普通教室的设计

1）荧光灯具宜纵向布置。如能布置在垂直黑板的通道上空，使课桌面形成侧面或两侧来光，照明效果更好。

2）普通教室灯具距地面2.5～2.9m，距课桌面易为1.7～2.1m（不小于1.7m）。当有吊扇时，灯具安装在避开吊扇的同时，安装高度宜低于吊扇底部。

3）教室照明的控制宜平行于外窗方向顺序设置开关。有投影屏幕设备时，在投影屏幕处的照明应能独立关闭。在每个门口处设开关控制，只设置单个灯具的房间，每个房间的灯开关不宜少于2个，黑板照明应单独设置开关。

多媒体教室照明控制，宜按靠近或远离屏幕及讲台分组设置。

4）黑板照明可采用具有向黑板方向投光的斜照荧光灯具。黑板的照明灯具安装位置可参考表3-6，安装数量可参考表3-7。

黑板照明的灯具安装位置数据　　表3-6

灯具的安装高度（m）	2.6	2.8	3.0	3.2	3.4	3.6
灯具至黑板的水平距离（m）	0.6	0.7	0.85	1.0	1.1	1.26

黑板照明的灯具数量选择参考表　　表3-7

黑板宽度（m）	36W单管专用荧光灯（套）
3～3.6	2～3
4～5	3～4

5）每个教室内前后宜各设一组220V二孔、三孔安全型插座。音乐教室、美术教室、教研室、阅览室、科技活动室等房间，宜在各墙面装设220V二孔、三孔安全型插座。中小学电源插座必须采用安全型。

6）有多媒体教学要求的教室，前后墙上除设组合插座各一，电视出线口一个外，还应预留投影仪、电动幕布、讲台的电源插座。投影机设置在教室中轴线1/3处，以与吊扇不相互干扰的位置为佳。为方便教师管理，讲台可控制投影机、电动幕布、电视的电源。

3.9.6 阶梯教室

1）阶梯教室照明控制可参见多媒体教室。如果阶梯教室为单侧采光且教室较宽时，照明控制宜对教室深处及靠近窗口处的灯分别控制。

2）当阶梯教室黑板为上、下两层黑板时，可采用较大功率专用灯具或两组普通黑板专用灯具分别照明。上层灯具的光源容量应为下层灯具光源容量的1/2～3/4。

3）考虑幻灯、投影的放映方便，宜在讲台等处对室内照明进行控制。在讲台处宜设置讲师局部照明，且单独控制。

4）灯具的选型及安装方式，应考虑学校日常的维护与修理。

5）大型阶梯教室宜设置专用配电箱。如有音响设备用电，宜单独提供电源。

6）大型阶梯教室，在讲台应设地面接线盒，提供临时移动设备的电源等。

7）阶梯教室出入口应设安全出口指示灯。面积超过200m^{2}的阶梯教室宜考虑设置应急照明（可采用壁装自带蓄电池灯具）。

3.9.7 实验教室

1）应在教室前半部侧墙上设置电源配电箱。所有学生做实验的用电回路上都要设剩余电流保护器。电学实验室总用电开关控制均应设置在教师演示桌内。

2）物理实验室在每个学生的实验桌上设单相三孔插座和24V直流丁字形两孔电插座各一个。24V直流丁字形两孔电插座单独回路，并在控制箱处设置连接其他试验电源的条件。

3）化学及生物实验室宜在每个实验桌上设一个单相三孔插座。

4）物理、化学、生物实验室的讲台处宜设220V二孔、三孔安全型插座两组。物理实验室在教室演示桌处应设置三相380V电源插座。各实验准备室宜设1～2个实验电源插座组合盘，生物和化学实验准备室宜设电冰箱、恒温箱等用电插座。

5）实验用电插座宜按课桌纵列分路，每个支路需设开关控制与保护，每个实验室需设总控制箱。如设有实验准备室时，宜在其内设置切断实验室电源的开关。如无实验准备室时，用电总开关宜设置在教师实验桌内或将控制箱设在教室内讲台侧，便于发生触电危险时，老师能够及时处理。

6）实验用电插座单相一般用250V/10A，三相一般用500V/16A，其在实验桌上的线路应加金属管保护。

7）生物、化学实验室，当实验桌上设置机械排风设施时，排风机应设专用动力电源，教师总电源开关宜设置在教师实验桌内。配电要求需满足《教育建筑电气设计规范》JGJ 310—2013中7.4.1中的条款。

8）二级至四级生物安全实验室及实验工艺有要求的场所应设置备用照明，且备用照明的照度值不应小于该场所正常照明照度值的10%。

9）生化实验、核物理等特殊实验室需设安全照明时，安全照明照度值不应小于正常照度值，并应根据实验工艺要求确定连续供电时间。

3.9.8 听力教室

1）应在教室前半部侧墙上设置总量为5～10kW电源配电箱。

2）在每个座位设2～3个50W容量的电源插座。

3）照明灯也可与视听分隔桌并列布置，以减少光幕反射和直射眩光。主控制台宜设局部照明。

4）线路的敷设一般可采取在工程中预留管路沟槽及出线口的方式。有条件的宜采用网络地板或防静电活动地板。

3.9.9 宿舍

1）学生宿舍居室用电宜设置电能计量装置。电能计量装置宜设置在室外，并应设置可同时断开相线和中性线的电器装置。

2）宿舍每居室用电负荷标准应按使用要求确定，并不宜小于1.5kW。

3）宿舍灯具布置不宜安装在床铺的正上方。当为双层床铺时，灯具的安装高度要考虑上层床铺学生的活动范围，以免发生触电危险。

4）电源插座不宜集中在一面墙上设置，并应采用安全型电源插座。

3.9.10 电铃

1）教室楼内一般在每个楼梯间附近安装一个电铃，或两个电铃间的距离不超过5个教室。音乐教室宜专设电铃。视建筑分布情况可在操场、附属建筑的附近装设室外电铃箱，高度可在4m左右。室内电铃的直径宜为75～150mm（多选直径100mm），楼外电铃宜选用直径 200mm。

2）电铃的控制设在传达室。采用翘板开关或拉线开关时，需设保护用熔断器，并应校验开关的接点容量。电铃导线应单独穿管敷设。

3.9.11 校园广播

1）每个教室和教研室内需设广播用扬声器。扬声器可采用 2～3W 壁装式音箱，其安装高度宜距顶板 0.3～0.5m，不宜低于 2.4m。

2）室外操场需设置广播用扬声器，其高度可在 4m 左右。在教室楼外墙安装时，室外做角铁架。

3）教室的扬声器应与教研室、操场的扬声器回路分开，室外的扬声器也单独分路。需要时，教室的扬声器可按层分路。

4）广播室内需设置广播输入控制盘，输出回路大于四路时宜加设输出分线箱。广播输出控制盘在墙上安装时，底边距地高度一般为 1.5m。扩音机的电源插座宜单独回路。

5）当校园广播敷设线路过长或分多个校区时，宜考虑就近设置功放设备。

6）当学校采用电铃播送作息时间的装置时，电铃控制开关宜设置在传达室、值班室等便于控制地方。播音系统中兼做播送作息时间的扬声器应设置在教学楼的走道、校内学生活动的场所。教室、办公室等室内应设能关闭广播扬声器的控制开关。广播线路敷设宜暗装。

7）广播室内应设置广播线路接线箱，接线箱宜暗装，并预留与广播扩音设备控制盘连接线的穿线暗管。广播扩音设备电源应以独立回路供给，扩音设备的电源侧，应设电源切断开关。

3.9.12 线路敷设

1）当教学楼不设计吊顶时，电气竖井、线缆井的设置半径宜小于 40cm。并需校验敷设管线一次交叉的情况下，结构板厚是否能够满足暗敷要求。

2）专用实验室布线、学校特殊场所布线要求需满足《教育建筑电气设计规范》JGJ 310—2013 中 6.2 和 6.3 中的条款。

3）电铃线路宜与照明线路分管敷设。

4）室外线应尽量避免横穿操场，宜采用地下埋设线路。

5）室内广播及通信线路宜采用暗配线，推荐将广播及通信线穿在半硬塑料管内，两种管路需分开敷设。穿在金属管内的广播通信线路宜分开敷设；平行敷设时其间距宜在 0.3m 以上。广播明线与通信明线不应平行敷设。

3.9.13 接地

1）学校接地系统采用 TN-S 或 TN-C-S 系统。电源电缆入户时做重复接地和总等电位联结。

2）实验室内的单台设备、仪器的工作接地可仅引一条接地干线与接地装置连接。多台设备仪器或多个实验的工作接地，应按使用性质、干扰等因素分组汇接到不同的接地干线后分别与接地装置连接。实验室保护接地宜采用等电位联结措施。教学楼的计算机教室、语言教室、智能化机房应设置局部等电位联结以及直接至接地装置的接地板及接地线。

3）浴室（包括学生宿舍带淋浴的卫生间）、游泳池等特殊场所应设置局部等电位联结。

3.10 绿色建筑电气设计控制关键点

3.10.1 绿色建筑的含义

在建筑的全寿命期内，最大限度地节约资源（节能、节地、节水、节材）、保护环境和减少污染，为人们提供健康、适用和高效的使用空间，与自然和谐共生的建筑。

3.10.2 绿色建筑的一般设计原则

1）绿色设计应统筹考虑建筑全寿命期内建筑功能和节能、节地、节水、节材、保护环境之间的辩证关系，体现经济效益、社会效益和环境效益的统一；应降低建设行为对自然环境的影响，遵循健康、简约、高效的设计理念，实现人、建筑与自然和谐共生。

2）绿色设计应遵循因地制宜的原则，结合当地的气候、资源、生态环境、经济、人文等特点进行。

3）设计应综合建筑全寿命期的技术与经济特性，采用有利于促进可持续发展的规划设计模式、建筑形式、技术、材料与设备。

4）设计应体现共享、平衡、集成的理念，在设计过程中，规划、建筑、结构、给水排水、暖通空调、燃气、电气与智能化、室内设计、景观、经济等专业应协同工作。

3.10.3 绿色建筑的设计依据

除满足《绿色建筑评价标准》GB/T 50378—2014、《民用建筑绿色设计规范》JGJ/T 229—2010、《绿色保障性住房技术导则》外，还应满足国家现行规范、标准及各地方《绿色建筑设计标准》的规定。

3.10.4 供配电系统设计原则

1）供配电系统设计应在满足安全性、可靠性、技术合理性和经济性的基础上，提高整个供配电系统的运行效率，根据电力有功、无功功率负荷计算合理选择变压器的容量和数量，应充分考虑不同季节负荷变化的节能措施，避免变压器在低负荷率的情况下长期运行。

2）负荷计算时，应尽量保持负荷的三相平衡分配，并在低压侧采用无功功率自动补偿装置，对于三相不平衡或采用单相配电的供配电系统，应采用分相无功自动补偿装置，补偿后的功率因数应满足当地电力公司的要求，如当地电力公司无明确要求时，建议高压用户的低压侧补偿后功率因数不低于 0.95，低压用户的补偿后功率因数不低于 0.9。

3）配变电所宜靠近负荷中心。有条件时，住宅及大型公共建筑的变电所供电范围不宜超过 200m，以降低配电网络的损耗，对于负荷较分散且容量较大的项目，应采用设置多个配变电所的方式设计。

4）当供配电系统谐波或设备谐波超出现行国家或地方标准的谐波限制规定时，应对谐波源的性质、谐波参数等进行分析，应有针对性的采取谐波抑制及谐波治理措施。对于系统中具有较大谐波干扰的设备或场所宜设置滤波装置。

5）10kV 及以下电力电缆截面应综合技术、经济电流计算方法设计，特别是对长期连续运行的负荷应采用经济电流选择电缆截面，以节约电力运行费用。经济电流截面的选择方法应符合《电力工程电缆设计规范》GB 50217 的相关规定。

3.10.5 照明系统设计原则

1）照明设计应根据照明部位的自然环境条件，结合天然采光与人工照明的灯光布置形式，合理选择照明控制模式，对于大空间的照明控制应采取分散与集中、手动与自动相结合的方式，并应满足下列要求：

（1）在具有天然采光条件或天然采光的设施（如光导管、采光窗等），应采取合理的人工照明布置及控制措施；

（2）合理设置分区照明控制措施，具有天然采光的区域应能独立控制，并宜根据项目所在区域经济发展状况或项目投资情况，设置随室外天然光的照度变化自动控制和调节的装置（如照明调光、设置电动遮阳板、电动窗帘等装置）；

（3）具有天然采光的住宅建筑公共区域的照明宜采用声控、光控、定时控制、感应控制等一种或多种集成的控制装置；

（4）景观、停车库、开敞式办公室、大堂等大空间的一般照明宜采取集中控制方式，局部照明宜采取分散控制方式，停车库照明可设置 1/3 照度控制装置；

（5）人员非长期停留的会议室、卫生间等区域，可安装人体感应控制装置，实现人来灯亮人走灯灭的节电目的；

（6）电梯厅、走廊、楼梯间等场所宜设置时控或人体感应等控制装置；

（7）照明环境要求高或功能复杂的公共建筑、大型公共建筑宜独立设置智能照明控制系统，并宜具有光控、时控、人体感应控制及与建筑设备管理系统通信等功能。

2）根据项目的规模、功能特点、建设标准、视觉作业要求以及管理要求等因素，确定合理的照度指标，照度标准值 300lx 以上，且功能明确，适宜设置局部照明的房间或场所，宜采用一般照明和局部照明相结合的照明方式。

3）人员长期工作或停留的房间或场所，照明光源的显色指数不应小于 80。

4）除有特殊要求的场所外，照明设计应选用高效照明光源、高效灯具及节能附属装置。

5）各类房间或场所的照明功率密度值，不宜高于现行国家标准《建筑照明设计标准》GB 50034 规定的目标值。

3.10.6 配电设备的选择

1）配电变压器应选用 D，yn11 接线组别的变压器，并应选择低损耗、低噪声的节能产品，配电变压器的空载损耗和负载损耗不应高于现行国家标准《三相配电变压器能效限定值及能效等级》GB 20052 规定的节能评价值，条件允许时可采用非晶合金铁芯型低损耗变压器。

2）低压交流电动机应选用高效能电动机，其能效应符合现行国家标准《中小型三相异步电动机能效限定值及能效等级》GB 18613 节能评价值的规定。

3）应采用配备高效电机及先进控制技术的电梯。当经济条件允许时，乘客电梯宜选用永磁同步电机驱动的无齿轮曳引机，并采用调频调压（VVVF）控制技术和微机控制技术。对于高速电梯，可优先采用"能量再生型"电梯。

4）自动扶梯与自动人行道应具有节能拖动及节能控制装置，并设置自动控制自动扶梯与自动人行道运行的感应传感器控制，保证电动机输出功率与扶梯实际载荷始终得到最佳匹配，以达到节电运行的目的。

5）当3台及以上的客梯集中布置时，客梯控制系统应具备按程序集中调控和群控的功能。注：当地方标准有明确要求时，应以标准高的为设计基准。

3.10.7 计量装置的设置原则

1）居住建筑的电能计量应分户、分用途计量，除应符合相关专业要求外，还应符合以下规定：

（1）应以户为单位设置电能计量装置；

（2）公共区域照明应设置电能计量装置；

（3）电梯、热力站、中水设备、给水设备、排水设备、空调设备等应分别设置独立分项电能计量装置；

（4）可再生能源发电应设置独立分项计量装置。

2）公共建筑的电能计量应按用途、物业归属、运行管理及相关专业要求设置电能计量，北京地区的国家机关办公建筑及大型公共建筑的分项计量应满足《公共机构办公建筑用电分类计量技术要求》DB11/T 624的相关规定（其他地区可做参考），并应符合以下规定：

（1）每个独立的建筑物入口设置电能计量装置；

（2）对照明、电梯、制冷站、热力站、空调设备、中水设备、给水设备、排水设备、景观照明、厨房等设置独立分项电能计量装置；

（3）办公或商业的租售单元以户为单位设置电能计量装置；

（4）办公建筑的办公设备、照明等用电宜分项或分户计量；

（5）地下室非空调区域采用机械通风时，宜安装独立电能计量装置；

（6）可再生能源发电应设置独立分项电能计量装置；

（7）大型公共建筑的厨房、计算机房等特殊场所的通风空调设备宜设置独立分项电能计量装置（注：大型公共建筑指单栋建筑大于2万平方米且全面设置空气调节设施的建筑）。

（8）大型公共建筑的暖通空调系统设备用电的分项计量应满足以下要求：

① 冷热源机房设备的耗电量应按照热源设备、热水循环泵、冷源设备、冷却塔风机、冷却水泵、冷冻设备等分项计量；

② 末端空调设备宜按照空气处理机组/新风机组/风机、风机盘管机组、分体空调等分项计量；

③ 蓄能系统冷热源设备的用电应具有分时段计量功能。

3）计量装置宜相对集中设置，当条件限制时，可采用远程抄表系统或卡式表具。

4）建筑的能耗数据采集标准应符合《民用建筑能耗数据采集标准》JGJ/T 154中的相关规定。

3.10.8 智能化

1）大型公共建筑应具有对公共照明、空调、给水排水、电梯等设备进行运行监控和管理的功能；

2）公共建筑宜设置建筑设备能源管理系统，并宜具有对主要设备进行能耗监测、统计、分析和管理的功能。

3.10.9 绿色建筑设计应注意以下几方面

1）绿色建筑设计不应以牺牲舒适度作为换取满足绿色设计标准的前提。

2）绿色建筑电气设计在选择可再生能源发电作为电力系统电源时，应以供电可靠性作为设计前提，并根据当地供电部门尽量采用并网形式，避免选择蓄电池作为储能装置。

3）在绿色建筑电气设计时，应根据项目的资金情况，所在区域的经济发展状况及考虑当地的人文特点合理设置相应的电气系统，不可一味追求大而全。

4 建筑电气施工图设计深度

4.1 在施工图设计阶段，建筑电气专业设计文件应包括图纸目录、施工设计说明、图例符号、设计图纸、主要设备表、计算书。

4.2 图纸目录：应按图纸序号排列，先列新绘制图纸，后列选用的重复利用图和标准图。

图纸目录、设计说明、图例符号、主要设备表可组成首页，当内容较多时，可分页，但图纸目录必须是首页。

4.3 建筑电气设计说明：

4.3.1 设计依据：

1）工程概况：应说明建筑类别、性质、结构类型、面积、层数、高度等；

2）相关专业提供给本专业的工程设计资料；

3）建设单位提供的有关部门（如供电部门、消防部门、通信部门、公安部门等）认定的工程设计资料，建设单位设计任务书及设计要求；

4）设计所执行的主要法规和所采用的主要标准（包括标准名称、编号、年号和版本号）；

5）初步（或方案）设计审批定案的主要指标。

4.3.2 设计范围、设计内容。

4.3.3 建筑电气各系统的主要指标：

1）变、配、发电系统；

2）电力系统；

3）照明系统；

4）防雷接地系统；

5）火灾自动报警系统；

6）火灾应急广播及背景音乐系统。

4.3.4 各系统的施工要求和注意事项（包括线缆敷设、设备安装等）。

4.3.5 主要设备技术要求（亦可附在相应图纸上）。

4.3.6 防雷及接地保护等其他系统有关内容（亦可附在相应图纸上）。

4.3.7 电气节能和环保措施。

4.3.8 与相关专业的技术接口要求。

4.3.9 对承包商深化设计图纸的审核要求。

4.3.10 典型房间（根据建筑类型及强条规定的房间）照度及功率密度计算表（或在相应平面图上或出计算书）。

4.4 图例符号：

4.5 电气总平面（仅有单体时，可无此项内容）：

4.5.1 标注建筑物、构筑物名称或编号、层数或标高、道路、地形等高线和用户的安装容量。

4.5.2 标注变、配电站位置、编号；变压器台数，容量；发电机台数、容量；室外配电箱的编号、型号；室外照明灯具的规格、型号、容量（也可用图例、表格等形式表达）。

4.5.3 架空线路应标注：线路规格及走向，回路编号，杆位编号，挡数、档距、杆高，拉线、重复接地、避雷器等（附标准图集选择表）。

4.5.4 电缆线路应标注：线路走向、回路编号、管孔规格数量、敷设方式、人（手）孔编号、位置。

4.5.5 比例、指北针。

4.5.6 图中未表达清楚的内容可附图作统一说明。

4.5.7 电缆人（手）孔井、电缆隧道等按比例绘制。

4.5.8 人（手）孔井编号，对应标准图的型号规格。

4.6 变、配电站设计图：

4.6.1 高、低压配电系统图（一次线路图）。图中应标明母线的型号、规格；变压器、发电机的型号、规格；开关、断路器，互感器、继电器，电工仪表（包括计量仪表）等的型号、规格、整定值。

图中标注：开关柜编号、开关柜型号（上或下出线方式需说明）、回路编号，设备容量、需要系数、功率因数、计算电流、导体型号及规格、母线上出线时需特别标注、敷设方法（可说明）、用户名称、二次原理图方案号（可后补），（当选用分格式开关柜时，可增加小室高度或模数等相应栏目）。

4.6.2 平、剖面图。按比例绘制变压器、发电机、开关柜、控制柜、直流及信号柜、补偿柜、支架、地沟、电缆夹层、接地装置等平面布置、安装尺寸等，以及变、配电站的典型剖面。当选用标准图时，应标注标准图编号、页次。进出线回路编号、敷设安装方法，图纸应有比例（一般宜按 1∶50 绘制）。

按比例绘制电缆桥架布置，并标注电缆桥架规格、安装高度和用途，标注出入变电所的电缆桥架规格、安装高度。

单独绘制变电所照明、接地图纸。

4.6.3 继电保护及信号原理图。继电保护及信号二次原理方案号，宜选用标准图、通用图。当需要对所选用标准图或通用图进行修改时，只需绘制修改部分并说明修改要求。

控制柜、直流电源及信号柜、操作电源均选用企业标准产品，图中标示相关产品型号、规格和要求。

报审时配变电所整套图纸宜独立成册。包括报审图纸目录、变电所设计说明、主要设备表、高低压系统、可含二次原理图、变电所平面布置、剖面图、变电所照明、变电所接地平面等。

4.6.4 竖向配电系统图以建筑物、构筑物为单位，自电源点开始至终端配电箱止，按设备所处相应楼层绘制，应包括变、配电站变压器台数、容量、发电机台数、容量、各处终端配电箱编号，自电源点引出回路编号（与系统图一致）。

图中应绘制插接母线、插接箱、电缆 T 接箱规格及插接、T 接后电缆规格；标注箱体容量、宜绘制设备编号。

电气间、电气竖井应绘制详图，一般包括房间外形尺寸、轴线号，箱体、电缆桥架、留洞等位置及尺寸。一般按 1∶50 绘制。

4.6.5 相应图纸说明。图中表达不清楚的内容，可随图作相应说明。

4.7 配电、照明设计图：

4.7.1 配电箱（或控制箱）系统图，应标注配电箱编号；标注各元器件型号、规格、整定值（终端配电箱可列表）；配出回路编号、导线型号规格、负荷名称、特殊负荷容量等（对于单相负荷应标明相别）；对有控制要求的回路应提供控制原理图或控制要求或选择标准图号；对重要负荷供电回路宜标明用户名称。

标注箱体容量、箱体安装方式、箱体参考尺寸、室外等特殊箱体应标准防护等级。

4.7.2 配电平面图应包括建筑门窗、墙体、轴线、主要尺寸、工艺设备编号及容量；布置配电箱、控制箱，并注明编号；绘制线路始、终位置（包括控制线路），标注回路编号、敷设方式；凡需专项设计场所，其配电及控制设计图随专项设计，但配电平面图上应相应标注预留的配电箱，并标注预留容量；图纸应有比例。

回路规格、敷设方式也可以采用其他形式，以满足施工为前提即可。

平面图中绘制的电缆桥架宜以比例绘制，并注明安装高度，电缆桥架高度变化处需标注清楚。

桥架中引出的电缆回路编号应标注。变电所引入桥架的电缆回路编号宜标注。预留电源进户管。

4.7.3 照明平面图，应包括建筑门窗、墙体、轴线、主要尺寸、标注房间名称、绘制配电箱、灯具、开关、插座、线路等平面布置，标明配电箱编号，干线、分支线回路编号；凡需二次装修部位，其照明平面图由二次装修设计，但配电或照明平面图上应相应标注预留的照明配电箱，并标注预留容量；有代表性的场所的设计照度值和功率密度值；图纸应有比例。

凡需二次装修的公共部位，要求设计疏散指示标志。对应急照明、照度、功率密度提出要求。

需有灯具表，包括灯具符号、光源、容量、安装位置、安装方式。

预留室外照明的出户管。

4.7.4 图中表达不清楚的，可随图作相应说明。

4.8 火灾自动报警系统设计图：

4.8.1 火灾自动报警及消防联动控制系统图、施工说明、报警及联动控制要求。

模块箱应编号，短路隔离器宜编号，且系统图中的编号与平面图对应，系统图每个编号模块箱应表示所控对象数量。

4.8.2 各层平面图，应包括设备及器件布点、连线。线路型号，规格及敷设要求可详见说明。

电缆桥架应按比例绘制，并标注电缆桥架安装高度。

平面图中应包括建筑门窗、墙体、轴线、主要尺寸、地面标高、标注房间名称等。

4.8.3 电气火灾报警、消防电源监视等系统，应绘制系统图，以及各监测点名称、位置等。

联动控制电缆宜标注控制电缆编号或单独文字标注。

4.9　建筑设备监控系统及系统集成设计图：

4.9.1　监控系统方框图、绘至DOC站止。

4.9.2　随图说明相关建筑设备监控（测）要求、点数、DDC站位置。

4.9.3　配合承包方了解建筑设备情况及要求，对承包方提供的深化设计图纸审查其内容。

4.9.4　热工检测及自动调节系统：

1）普通工程宜选定型产品，仅列出工艺要求；

2）需专项设计的自控系统需绘制：热工检测及自动调节原理系统图、自动调节方框图、仪表盘及台面布置图、端子排接线图、仪表盘配电系统图、仪表管路系统图、锅炉房仪表平面图、主要设备材料表、设计说明。

4.10　防雷、接地及安全设计图：

4.10.1　绘制建筑物顶层平面，应有主要轴线号、尺寸、标高、标注接闪杆、接闪带、接闪网、引下线位置。注明材料型号规格、所涉及的标准图编号、页次，图纸应标注比例。

4.10.2　绘制接地平面图（可与防雷顶层平面重合），绘制接地线、接地极、测试点、断接卡等的平面位置、标明材料型号、规格、相对尺寸等及涉及的标准图编号、页次（当利用自然接地装置时，可不出此图），图纸应标注比例。

4.10.3　当利用建筑物（或构筑物）钢筋混凝土内的钢筋作为防雷接闪器、引下线、接地装置时，应标注连接点，接地电阻测试点，预埋件位置及敷设方式，注明所涉及的标准图编号、页次。

4.10.4　随图说明可包括：防雷类别和采取的防雷措施（包括防侧击雷，防雷击电磁脉冲，防高电位引入）；接地装置型式，接地极材料要求、敷设要求、接地电阻值要求；当利用桩基、基础内钢筋作接地极时，应采取的措施。

4.10.5　除防雷接地外的其他电气系统的工作或安全接地的要求（如：电源接地形式，直流接地，局部等电位、总等电位接地等），如果采用共用接地装置，应在接地平面图中叙述清楚，交待不清楚的应绘制相应图纸（如：局部等电位平面图等）。

表示总等电位做法、独立引下线的位置和规格。

4.11　其他智能化系统设计图：

4.11.1　各系统的系统框图。

4.11.2　说明各设备定位安装、线路型号规格及敷设要求。

预留智能化机房、竖井；预留总进线套管、各层智能化线槽的敷设空间。

4.11.3　配合系统承包方了解相应系统的情况及要求，对承包方提供的深化设计图纸审查其内容。

4.12　主要设备表：

注明主要设备名称、型号，规格、单位、数量。

4.13　计算书：

施工图设计阶段的计算书，只补充初步设计阶段时应进行计算而未进行计算的部分，修改因初步设计文件审查变更后，需重新进行计算的部分。

5 柴油发电机房设计基础参数

柴油发电机房由电气专业提资料，暖通专业给建筑专业提出进出风口位置、面积，排烟管位置、面积。暖通专业进行室内、外供油油路设计。以下是四个品牌（奔驰、卡特彼勒、康明斯、珀金斯）柴油发电机的基础参数，供大家设计时参考。

奔驰柴油发电机组参数表（MTU） 表 5-1

序号	参数说明	发电机组常用功率（kW）									
		120	250	500	600	800	1000	1500	1800	2000	2500
	机组型号		6R1600G10F（3B）	12V1600G80F（3D）	12V2000G65	16V2000G65	12V4000G21R	12V4000G63	16V4000G63	20V4000G63	20V4000G63L
1	备用功率（kW）	132	275（274）	550（634）	660（765）	880（975）	1100（1212）	1650（1750）	1980（2185）	2200（2420）	2750（2850）
2	排烟量（m^3/min）		54	102	138	177	204	270	348	420	468
3	排烟管接口的直径（内径）（mm）		DN125	DN125	DN150	DN150	DN250	DN250	DN250	DN250	DN250
4	排烟管接口数量		1	2	2	2	2	2	2	2	2
5	排烟管接口连接位置		发动机上部涡轮增压器出口								
6	排烟出口处的“背压”（排烟系统最大允许排气背压，kPa）		15	15	8.5	8.5	5.1	8.5	8.5	8.5	8.5
7	排烟温度（℃）		495	483	555	530	430	460	485	500	535
8	排烟消声器的阻力（毫米水柱）		1000	998	999	1001	1002	999	1000	1002	1001

续表

序号	参数说明	发电机组常用功率（kW）									
		120	250	500	600	800	1000	1500	1800	2000	2500
9	冷却风扇的机外余压（排风道允许最大阻力（kPa））		0.2	0.2	0.2	0.2	0.2	0.2	0.2	0.2	0.2
10	冷却液管道的接管直径		76	76	85	85	100	100	100	100	100
11	冷却液管道的接管位置		发动机自由端	发动机自由端	发动机自由端	发动机自由端	发动机自由端	发动机自由端	发动机自由端	发动机自由端	发动机自由端
12	冷却液管道的材质要求		碳钢	碳钢	碳钢	碳钢	碳钢	碳钢	碳钢	碳钢	碳钢
13	冷却液的种类		乙二醇防腐防冻剂	乙二醇防腐防冻剂	乙二醇防腐防冻剂	乙二醇防腐防冻剂	乙二醇防腐防冻剂	乙二醇防腐防冻剂	乙二醇防腐防冻剂	乙二醇防腐防冻剂	乙二醇防腐防冻剂
14	冷却器进口温度要求（℃）		95	95	95	95	95	95	95	95	95
15	冷却器出口温度要求（℃）		87	87	87	87	87	87	87	87	87
16	自带冷却液循环水泵功率（kW）用离心泵		2	2	3	3	5	5	5	5	5
17	柴油机的总冷却热量（kW）		14	25	40	45	75	75	90	105	105
18	柴油机的冷却水水质要求		防腐剂或防冻液	防腐剂或防冻液	防腐剂或防冻液	防腐剂或防冻液	防腐剂或防冻液	防腐剂或防冻液	防腐剂或防冻液	防腐剂或防冻液	防腐剂或防冻液
19	柴油机的冷却水进水温度要求（℃）		87	87	87	87	87	87	87	87	87
20	柴油机的冷却水出水温度要求（℃）		95	95	95	95	95	95	95	95	95

续表

序号	参数说明	发电机组常用功率（kW）									
		120	250	500	600	800	1000	1500	1800	2000	2500
21	冷却循环水泵与柴油机的连锁与控制方式		柴油机自带一体式水泵于柴油机同步运行								
22	柴油发电机组的小时耗油量（g/kWh）		196	192	198	198	199	193	191	192	192
23	燃油种类及品质要求		国标柴油	国标柴油	国标柴油	国标柴油	国标柴油	国标柴油	国标柴油	国标柴油	国标柴油
24	柴油发电机组最大连续日用小时数（h）（平均载荷系数为机组常用功率的80%时）		24	24	24	24	24	24	24	24	24
25	排风量（m^3/min）（建议）		378	643	1062	1260	2120	2120	2698	2783	2783
26	排风面积（m^2）（建议）		1.3	2.3	2.6	3.3	5.8	5.8	7.2	8.2	8.2
27	进风量（m^3/min）（建议）		390	816	1113	1302	2204	2228	2836	2939	2957
28	进风面积（m^2）（建议）		1.7	3.0	3.4	4.4	7.6	7.6	9.6	11	11
29	外形尺寸（mm）		L：2800 W：1150 H：1650	L：3400 W：1350 H：1850	L：3930 W：1580 H：2100	L：4220 W：1580 H：2250	L：4150 W：1670 H：2380	L：4250 W：1670 H：2390	L：4950 W：1670 H：2380	L：5500 W：1620 H：2600	L：5700 W：1620 H：2600
30	重量（kg）		2500	4410	5155	6590	9820	10890	13400	15890	16910

卡特彼勒柴油发电机组参数表 **表 5-2**

序号	参数说明	发电机组常用功率（kW）									
		1088	1160	1280	1360	1460	1600	1820	2000	2180（2260）	2880
1	备用功率（kW）	1200	1280	1400	1500	1600	1800	2000	2200	2400（2480）	3200
2	排烟量（m^3/min）	232.6	246.2	276.5	293.5	304.2	442.9	425.9	444.2	456.9	456.9

续表

序号	参数说明	发电机组常用功率（kW）									
		1088	1160	1280	1360	1460	1600	1820	2000	2180（2260）	2880
3	排烟管接口的直径（内径）（mm）	2×200	2×200	1×300	2×200	2×200	2×200	2×200	2×200	4×150	4×150
4	排烟管接口数量	2	2	1	2	2	2	2	2	4	4
5	排烟管接口连接位置	大概发电机组的中间位置	大概发电机组的中间位置	大概发电机组的中间位置	大概发电机组的中间位置	大概发电机组的中间位置	大概发电机组的中间位置	大概发电机组的中间位置	大概发电机组的中间位置	大概发电机组的中间位置	大概发电机组的中间位置
6	排烟出口处的“背压”（排烟系统最大允许排气背压，kPa）	6.7	6.7	6.7	6.7	6.7	6.7	6.7	6.7	6.7	6.7
7	排烟温度（℃）	389	391.2	479.7	485.5	477.6	463	531.9	465.8	477.9	477.9
8	排烟消声器的阻力（毫米水柱）（kPa）	1.5-2	1.5-2	1.5-2	1.5-2	1.5-2	1.5-2	1.5-2	1.5-2	1.5-2	1.5-2
9	冷却风扇的机外余压（排风道允许最大阻力，kPa）	0.12	0.12	0.12	0.12	0.12	0.12	0.12	0.12	0.12	0.12
10	冷却液管道的接管直径（cm）	10	10	10	10	10	10	12	12	12	12
11	冷却液管道的接管位置	大概发电机组的中间位置	大概发电机组的中间位置	大概发电机组的中间位置	大概发电机组的中间位置	大概发电机组的中间位置	大概发电机组的中间位置	大概发电机组的中间位置	大概发电机组的中间位置	大概发电机组的中间位置	大概发电机组的中间位置
12	冷却液管道的材质要求	镀锌钢管	镀锌钢管	镀锌钢管	镀锌钢管	镀锌钢管	镀锌钢管	镀锌钢管	镀锌钢管	镀锌钢管	镀锌钢管
13	冷却液的种类	市售重型柴油发电机组冷却液	市售重型柴油发电机组冷却液	市售重型柴油发电机组冷却液	市售重型柴油发电机组冷却液	市售重型柴油发电机组冷却液	市售重型柴油发电机组冷却液	市售重型柴油发电机组冷却液	市售重型柴油发电机组冷却液	市售重型柴油发电机组冷却液	市售重型柴油发电机组冷却液
14	冷却器进口温度要求（℃）										
15	冷却器出口温度要求（℃）										
16	自带冷却液循环水泵功率（kW）用离心泵										

续表

序号	参数说明	发电机组常用功率（kW）									
		1088	1160	1280	1360	1460	1600	1820	2000	2180（2260）	2880
17	柴油机的总冷却热量(kW)	165.5	167.2	195.2	205.1	237.5	206.1	236.8	230	353	328
18	柴油机的冷却水水质要求										
19	柴油机的冷却水进水温度要求（℃）	88	88	88	88	88	88	88	88	88	88
20	柴油机的冷却水出水温度要求（℃）	98	98	98	98	98	98	98	98	98	98
21	冷却循环水泵与柴油机的连锁与控制方式										
22	柴油发电机组的小时耗油量（g/kWh）	189.7	189.7	189.7	189.7	189.7	189.7	189.7	189.7	189.7	189.7
23	燃油种类及品质要求	根据环境温度不同选择	根据环境温度不同选择	根据环境温度不同选择	根据环境温度不同选择	根据环境温度不同选择	根据环境温度不同选择	根据环境温度不同选择	根据环境温度不同选择	根据环境温度不同选择	根据环境温度不同选择
24	柴油发电机组最大连续日用小时数(h)(平均载荷系数为机组常用功率的80%时)	21	21	21	21	21	21	21	21	21	21
25	排风量（m^3/min）（建议）	1295	1394	1558	1713	1543	1543	1543	3036	2074	1740.6
26	排风面积（m^2）（建议）	7.8	7.8	7.925	8.5	7.925	7.925	7.925	17	11.6	9.6（4个9S风机）
27	进风量（m^3/min）（建议）	1395.7	1499.9	1663	1823.8	1658.7	1668.9	1693.7	3207.2	2249.7	1973.1
28	进风面积（m^2）（建议）	7.8	7.8	7.925	8.5	7.925	7.925	7.925	18	11.6	9.6（4个9S风机）
29	外形尺寸($L\times W\times H$)(mm)	5241×1975×2342	5347×1975×2342	5462×2091×2367	5462×2091×2367	5988×3077×2646	5988×3077×2646	6357×2318×2546	7151×2569×3096	7657×2618×3346	6719×2377×2556
30	重量（kg）	13204	14025	14520	14678	15196	15196	17457	21300	26500	25400（远置水箱）

康明斯柴油发

序号	发电机组型号	C55D5	C80D5	C90D5	C100D5	C110D5	C140D5	C175D5	C200D5	C220D5	C260D5	C275D5	C315D5	C350D5	C380D5	C440D5
1	常用功率（kW）	40	58	65	73	80	100	128	145	160	190	200	220	256	280	320
2	备用功率（kW）	44	64	72	80	88	110	140	160	176	208	220	250	280	310	352
3	发电机励磁方式	自励	自励	自励	自励	自励	自励	自励	自励	自励	自励	自励	自励	自励	自励	自励
4	系统电压（V）	24	24	24	24	24	24	24	24	24	24	24	24	24	24	24
5	燃油消耗/常用（L/h）	11	15	17	19	21	27.8	34	38	43	53	55	62	69	76	97
6	润滑油容量（L）	11	16	16	16	16	16	24	24	24	28	37	37	39	37	37
7	冷却液容量（发动机）（L）	8	8	8	8	10	10	12	12	12	11	21	21	21	21	21
8	冷却液容量（散热器）（L）	13	32	32	32	32	32	41	41	41	55	45	45	45	45	45
9	最大排气背压(kPa)	10	10	10	10	10	10	10	10	10	10	10	10	10	10	10
10	最小冷却通风量（m^3/s）	1.5	4.7	4.7	4.7	4.7	5.3	6.8	6.8	7.7	8.7	7.4	7.6	8.1	8.3	8.3
11	燃烧空气量（m^3/s）	0.05	0.10	0.10	0.10	0.12	0.12	0.21	0.21	0.19	0.30	0.35	0.39	0.42	0.43	0.55
12	最小进风面积（m^2）	0.9	0.9	0.9	0.9	0.9	0.9	1.3	1.3	1.3	1.5	1.8	1.8	1.8	1.8	1.8
13	最小排风面积（m^2）	0.7	0.7	0.7	0.7	0.7	0.7	1.0	1.0	1.0	1.2	1.4	1.4	1.4	1.4	1.4
14	水箱排风尺寸（mm×mm）	760×770	760×770	760×770	760×770	760×770	760×770	860×990	860×990	860×990	1039×1040	1000×1176	1000×1176	1000×1176	1000×1176	1149×993
15	机组外形尺寸（mm）	1920×1050×1468	2268×1050×1553	2284×1050×1553	2374×1050×1548	2374×1050×1548	2389×1050×1548	2463×1050×1811	2463×1050×1811	2686×1300×1814	3086×1360×1829	3293×1100×1994	3393×1100×1994	3393×1100×1994	3393×1100×1994	3563×1155×2035
16	机组重量（kg）	990	1392	1442	1462	1487	1537	1802	1827	1962	2431	3150	3170	3310	3450	3787

电机组参数表 **表 5-3**

C500 D5	C550 D5	C640 D5	C690 D5	C700 D5	C825 D5	C900 D5	C1000 D5	C1100 D5B	C1250 D5A	C1400 D5	C1675 D5	C1675 D5A	C2000 D5	C2250 D5	C2500 D5A
360	400	460	500	512	600	656	810	823	900	1000	1120	1200	1500	1600	1800
400	440	505	550	565	660	720	850	906	1000	1120	1340	1340	1650	1800	2000
自励	自励	自励	自励	自励	永磁	永磁	永磁	永磁	永磁	永磁	永磁	永磁	永磁	永磁	永磁
24	24	24	24	24	24	24	24	24	24	24	24	24	24	24	24
93	103	119	128	140	150	161	228	228	256	261	289	309	363	394	446
91	91	50	50	83	83	102	200	200	200	177	204	204	261	261	261
24	24	30	30	80	80	47	124	124	124	161	174	174	193	193	193
80	80	80	80	100	100	80	151	151	151	263	322	322	263	263	263
10	10	10	10	10	10	10	10	10	10	7	7	7	7	7	7
10.4	10.4	12.5	10.8	11.4	11.9	17.4	16.5	16.5	20.0	27.1	21.7	21.7	26.4	26.4	31.0
0.61	0.61	0.73	0.75	0.88	0.91	1.09	1.21	1.21	1.31	1.73	1.65	1.65	2.27	2.41	2.61
2.2	2.2	3.2	3.2	4.4	4.1	3.3	4.5	4.5	4.9	4.7	4.6	4.6	6.7	6.7	8.8
1.7	1.7	2.4	2.4	3.4	3.1	2.5	3.5	3.5	3.7	3.6	3.5	3.5	5.2	5.2	6.8
1220×1147	1220×1147	1442×1409	1442×1409	1696×1650	1696×1650	1494×1397	1702×1575	1702×1575	1702×1575	1860×1635	1860×1635	1860×1635	2145×2002	2145×2002	2340×2415
3524×1500×2035	3524×1500×2035	3684×1454×2000	3684×1454×2000	3977×1702×2219	4090×1874×2098	4169×1689×2120	4374×1785×2229	4374×1785×2229	4722×1785×2241	5105×2120×2260	5811×2033×2330	5811×2033×2330	6175×2286×2537	6175×2286×2537	6175×2494×3116
4550	4580	4564	4700	6040	6310	6682	7667	7960	8179	9099	9664	9664	15152	15366	16781

珀金斯柴油发电机组参数表

表 5-4

序号	参数说明	发电机组常用功率（kW）									
		120	250（240）	500（528）	600	800	1000	1500（1472）	1800	2000	2500
1	备用功率（kW）	132	275（264）	550（580）	660	880	1100	1650（1612）	2000		
2	排烟量（m^3/min）	29.1	52	110	180	200	235	393	490		
3	排烟管接口的直径（内径）（mm）	*DN*80	*DN*150	*DN*200	*DN*200	*DN*200	*DN*250	*DN*250	*DN*250		
4	排烟管接口数量	1	1	1	2	2	2	2	2		
5	排烟管接口连接位置	发动机上部涡能增压器出口	发动机上部涡能增压器出口	发动机上部涡能增压器出口	发动机上部涡能增压器出口	发动机上部涡能增压器出口	发动机上部涡能增压器出口	发动机上部涡能增压器出口	发动机上部涡能增压器出口		
6	排烟出口处的“背压”（排烟系统最大允许排气背压，kPa）	6	6	6.9	6.1	8.16	5	6.5	4		
7	排烟温度（℃）	580	590	555	430	438	422	493	475		
8	排烟消声器的阻力（毫米水柱）	1001	1000	1002	999	1001	998	1002	1001		
9	冷却风扇的机外余压（排风道允许最大阻力，kPa）	0.1	0.1	0.1	0.1	0.1	0.1	0.1	0.1		
10	冷却液管道的接管直径	*DN*60	*DN*60	*DN*76	*DN*100	*DN*100	*DN*100	*DN*100	*DN*100		
11	冷却液管道的接管位置	发动机自由端	发动机自由端	发动机自由端	发动机自由端	发动机自由端	发动机自由端	发动机自由端	发动机自由端		
12	冷却液管道的材质要求	碳钢	碳钢	碳钢	碳钢	碳钢	碳钢	碳钢	碳钢		
13	冷却液的种类	乙二醇防腐防冻剂	乙二醇防腐防冻剂	乙二醇防腐防冻剂	乙二醇防腐防冻剂	乙二醇防腐防冻剂	乙二醇防腐防冻剂	乙二醇防腐防冻剂	乙二醇防腐防冻剂		
14	冷却器进口温度要求（℃）	93	93	93	93	93	93	93	93		
15	冷却器出口温度要求（℃）	80	80	80	80	80	80	80	80		
16	自带冷却液循环水泵功率（kW）用离心泵	2	2	3	5	5	5	5	5		
17	柴油机的总冷却热量（kW）	14	25	40	45	75	90	105	105		
18	柴油机的冷却水水质要求	防腐剂/防冻液	防腐剂/防冻液	防腐剂/防冻液	防腐剂/防冻液	防腐剂/防冻液	防腐剂/防冻液	防腐剂/防冻液	防腐剂/防冻液		

续表

序号	参数说明	发电机组常用功率（KW）									
		120	250（240）	500（528）	600	800	1000	1500（1472）	1800	2000	2500
19	柴油机的冷却水进水温度要求（℃）	80	80	80	80	80	80	80	80		
20	柴油机的冷却水出水温度要求（℃）	93	93	93	93	93	93	93	93		
21	冷却循环水泵与柴油机的连锁与控制方式	柴油机自带一体式，与柴油机同步运行	柴油机自带一体式，与柴油机同步运行	柴油机自带一体式，与柴油机同步运行	柴油机自带一体式，与柴油机同步运行	柴油机自带一体式，与柴油机同步运行	柴油机自带一体式，与柴油机同步运行	柴油机自带一体式，与柴油机同步运行	柴油机自带一体式，与柴油机同步运行		
22	柴油发电机组的小时耗油量（g/kWh）	215	200	202	209	208	211	209	205		
23	燃油种类及品质要求	国标柴油	国标柴油	国标柴油	国标柴油	国标柴油	国标柴油	国标柴油	国标柴油		
24	柴油发电机组最大连续日用小时数（平均载荷系数为机组常用功率的80%时）	24h	24h	24h	24h	24h	24h	24h	24h		
25	排风量（m^3/min）（建议）	154	609	702	1200	1350	1680	2430	2916		
26	排风面积（m^2）（建议）	0.6	1.6	2.6	3.2	3.8	4.0	5.0	5.5		
27	进风量（m^3/min）（建议）	164	628	739	1264	1425	1783	2567	3076		
28	进风面积（m^2）（建议）	0.8	2.2	3.4	4.0	4.8	5.0	6.0	7.0		
29	外形尺寸（mm）	2300×780×1390	2700×915×1810	3300×1536×2050	3750×1706×2080	4960×1992×2315	4900×1780×2500	6320×2800×3340	6430×2800×3520		
30	重量（kg）	680	2200	3850	5210	7085	9550	13200	13860		

6 电气专业需提出的资料

序号	专业	阶段	内容
1	建筑	扩初	变电所位置及平面图包括配变电所地沟、夹层平面图等尺寸、标高
2			进出线通道、高压分界小室的位置、面积、层高
3			柴油发电机房的位置、面积、层高
4			电气、智能化竖井及高压竖井、数量、位置、面积等
5			提出各智能化机房、设备间、电信间的位置、层高、面积等
6			吊装孔及运输通道等
7		施工图	配变电所的位置、房间划分、尺寸、地面标高、防水要求
8			配变电所地沟或夹层平面布置图、位置、尺寸、防水要求
9			柴油发电机房的平面布置、储油间位置
10			特殊场所的通道（马道、爬梯、高压分界小室人孔等）
11			提出各智能化机房的地面做法要求及位置尺寸
12			设备运输通道的要求，包括吊装孔、吊钩等
13			控制室和配电间的位置、尺寸、层高及其他要求，电气各房间墙、顶、地面的装饰要求，门、窗要求及开向
14	结构	扩初	提出变电所及各智能化机房荷载要求
15			提出设备基础、吊装及运输通道的荷载要求
16		施工图	地沟、夹层的位置及地沟深度
17			剪力墙、外墙、人防留洞、留管位置、尺寸（洞底标高）
18			防雷引下线、接地及等电位联结位置图，利用结构钢筋的位置及要求
19			卫星电视天线位置、荷载
20	给水排水	扩初	水泵房配电控制室的位置、面积
21		施工图	配变电所及电气用房的用水、排水及消防要求
22			柴油发电机房用水要求
23	暖通空调	扩初	冷冻机房控制室位置、面积及对环境、消防的要求
24			柴油发电机房电机房的进、排风量、排烟量
25			各智能化机房的空调要求
26		施工图	对环境温度、湿度有要求的房间，提出温、湿度要求，提出发热设备用电容量，如变压器、电动机、照明设备等用电容量
27			空调机房、风机房控制箱的位置
28			室内储油间、室外储油库的储油容量
29	智能化专业给电气专业	扩初及施工图	程控交换机房用电量
30			网络机房用电量
31			网络中心机房用电量
32			信息中心机房用电量
33			有线电视前端机房用电量

续表

序号	专业	阶段	内容
34	智能化专业给电气专业	扩初及施工图	卫星电视前端接收机房用电量
35			移动通信机房用电量
36			安防机房用电量
37			消防控制室用电量
38			智能化竖井用电量

7　提给结构专业的电气设备参考荷载

在电气设计中，设计前期需要给结构专业提荷载需求，荷载比较大的地方主要有以下场所，需要将设备布置和设备重量提给结构专业。

1）柴油发电机房；

2）配变电所（高压、低压配电室、变压器室）；

3）网络机房；

4）IDC 机房等。

电缆及电缆桥架的重量不容忽视，特别是安装在网架或马道上的电缆、灯具，应该给结构专业提供电缆及桥架荷载以及灯具和灯具附件的重量。

需要特别提出的是在向结构专业提供设备荷载时，应同时提供设备的运输通道。

电气井道内侧墙上需要安装配电箱、电缆桥架、插接母线，要求墙壁具有承载能力，并且需要在墙壁上固定膨胀螺栓，所以要求侧墙最好是承重墙，如果不是，可在需要固定膨胀螺栓的地方设置过梁，一般在 0.5m、1.4m、1.8m 位置。

智能化机房一般由后期的智能化公司深化设计，智能化机房具体的设备和布置不明确时，可暂按以下原则给结构提荷载资料：

1）消防控制室、安防控制室 $600kg/m^2$；

2）网络机房一般按 $600\sim800kg/m^2$；

3）IDC 机房按 $1000\sim1200kg/m^2$。

为方便设计人员给结构专业提资料，将配电箱、配电柜、变压器、柴油发电机、封闭母线、电缆以及电缆桥架的参考重量归纳如表 7-1～表 7-7 所示。

配电柜、箱重量　　**表 7-1**

设备重量	重量（kg）	备注
环网柜	150～300	进线、熔断器、计量单元重量由轻到重
高压配电柜	800～1000	上进上出柜深度大，重量更重
低压柜	300～500	一般高 2200mm
动力配电柜	100～300	一般高 1700mm 及以下
动力配电箱	50～150	一般高 1200mm 及以下
照明配电箱	5～50	一般高 1200mm 及以下
应急照明配电箱	10～50	不含电池

EPS 电池箱　　**表 7-2**

EPS 容量（kW）	重量（kg）	箱体尺寸（mm）（深×宽×高）	后备时间（min）
0.5	70	215×560×645	90
1.0	120	215×600×850	90
2.0	200	215×560×1260	90
3.0	400	370×900×1800	90
4.0	450	370×900×1800	90

续表

EPS 容量（kW）	重量（kg）	箱体尺寸（mm）（深×宽×高）	后备时间（min）
5.0	550	420×900×1800	90
7.0	700	800×600×2200	90
10	1000	800×600×2200	90

干式变压器重量 **表 7-3**

变压器容量	重量（kg）（IP20）	参考尺寸（长×宽×高）（mm）
315kVA/10kV	1500～1800	1600×1100×1550
500kVA/10kV	1800～2500	1700×1100×1700
630kVA/10kV	2000～3000	1800×1100×1800
800kVA/10kV	2200～3500	1900×1250×1800
1000kVA/10kV	2500～4000	1900×1250×1900
1250kVA/10kV	3000～4500	2000×1250×1900
1600kVA/10kV	3500～5000	2000×1500×2200
2000kVA/10kV	4500～6000	2100×1500×2200
2500kVA/10kV	5500～7000	2200×1500×2400

柴油发电机重量 **表 7-4**

柴油发电机容量（主用功率）	重量（kg）	参考尺寸（长×宽×高）（mm）
200kW	2200～3500	2500×1000×1500
300kW	3000～4000	31000×1150×1730
400kW	3500～5000	3600×1220×1900
500kW	4000～6000	3900×1300×1900
600kW	6000～9000	4600×1650×2400
800kW	8000～10000	4800×1800×2400
1000kW	9000～10000	4800×1800×2600
1250kW	10000～12000	4900×1800×2600
1600kW	13000～15000	5600×2800×3600
2000kW	16000～18000	6000×2800×3600

注：考虑柴油发电机荷载时，还要考虑动荷载，据了解：康明斯×1.2；科勒×1.5；卡特比勒×1.25。

电缆重量（kg/m） **表 7-5**

电缆类别 电缆规格	交联聚乙烯电缆 YJV-1KV	低烟无卤电缆 WDZN-YJY	矿物电缆 BTTZ（单芯）
5×4	0.636	0.521	0.162
5×6	0.766	0.745	0.198
5×10	1.043	1.095	0.268
5×16	1.426	1.481	0.356
4×25+1×16	2.015	2.263	0.493
4×35+1×16	2.799	2.732	0.619
4×50+1×25	3.699	3.912	0.816
4×70+1×35	4.873	4.937	1.076

续表

电缆规格 \ 电缆类别	交联聚乙烯电缆 YJV-1KV	低烟无卤电缆 WDZN-YJY	矿物电缆 BTTZ（单芯）
4×95+1×50	6.306	6.507	1.386
4×120+1×70	7.822	7.925	1.674
4×150+1×70	9.306	9.395	1.997
4×185+1×95	11.393	11.336	2.468
4×240+1×120	14.355	14.122	3.197

封闭母线重量 **表 7-6**

母线规格（A）	重量（kg/m）	参考尺寸（宽×高）（三相+N+PE 母线）
100	29.7	275×150
250	32.5	275×150
400	37.6	275×165
630	43	275×180
800	49.3	275×190
1000	54.1	275×220
1250	58	275×230
1600	81.4	275×270
2000	89.2	275×310
2500	104.2	275×350
3000	146	500×270
4000	169	500×310
5000	205.3	500×350

电缆桥架重量 **表 7-7**

桥架规格（宽×高）（mm）	梯形桥架重量（kg/m）	槽式桥架重量（kg/m）	厚度（mm）
100×50	—	6	1.5
100×100	—	8	1.5
200×100	12	12	1.5
400×100	15	20	1.5
600×150	20	45	2
800×200	25	50	2

注：桥架重量比较复杂，与桥架的种类、规格、材质等关系密切，金属桥架一般分为梯形桥架、槽式桥架、组合桥架、托盘桥架（有孔、无孔）、耐火桥架等，本表仅列出最常见的两种钢制桥架的重量供参考。

8 电气初步设计说明（公建类）

1. 设计依据

1.1 工程概况：

本工程位于________（省市）________（区）________（路）。建筑物类型是________。总建筑面积约________ m^2。地下________层，主要功能为________，地上________层，主要功能为________等；

（备注：反映建筑规模的主要技术指标，如酒店的床位数，剧院、体育场馆等的座位数，医院的门诊人数和住院部的床位数等。）

本工程属于________类________建筑；

建筑主体高度________ m（地上________ m，地下________ m），裙房高度________ m。结构形式为________，基础为________，楼板厚________ mm，垫层厚________ mm；

建筑耐火等级：________级；防火分类等级：__一__类，防火等级__一__级；

建筑设计使用年限：__50__年；

抗震设防烈度：__7__度；抗震设防分类：__乙__类，按__8__度采取抗震措施；

人防工程为________级，平战结合。

1.2 相关专业提供给本专业的设计资料。

1.3 建设单位提供各市政部门对本工程认定的设计资料。

1.4 甲方提供的设计任务书及设计要求。

1.5 方案设计批复意见。

1.6 设计深度：依照中华人民共和国住房和城乡建设部《建筑工程设计文件编制深度规定》（2008年版）的规定执行。

1.7 设计标准：中华人民共和国现行主要标准及法规（根据项目的类型按需要选摘）：

《消防应急照明和疏散指示系统》GB 17945—2010；

《消防控制室通用技术要求》GB 25506—2010；

《消防设备电源监控系统》GB 28184—2011；

《建筑抗震设计规范》GB 50011—2010；

《建筑设计防火规范》GB 50016—2014；

《建筑照明设计标准》GB 50034—2013；

《人民防空地下室设计规范》GB 50038—2005；

《人民防空工程设计防火规范》GB 50098—2009；

《供配电系统设计规范》GB 50052—2009；

《20kV及以下变电所设计规范》GB 50053—2013；

《低压配电设计规范》GB 50054—2011；

《通用用电设备配电设计规范》GB 50055—2011；

《建筑物防雷设计规范》GB 50057—2010；
《火灾自动报警系统设计规范》GB 50116—2013；
《公共建筑节能设计标准》GB 50189—2005；
《电力工程电缆设计规范》GB 50217—2007；
《建筑物电子信息系统防雷技术规范》GB 50343—2012；
《交流电气装置的接地设计规范》GB/T 50065—2011；
《铁路车站及枢纽设计规范》GB 50091—2006；
《铁路旅客车站建筑设计规范》GB 50226—2007（2011 年版）；
《地铁设计规范》GB 50157—2013；
《图书馆建筑设计规范》JGJ 38—99；
《中小学校设计规范》GB 50099—2011；
《生物安全实验室建筑技术规范》GB 50346—2011；
《养老设施建筑设计规范》GB 50867—2013；
《飞机库设计防火规范》GB 50284—2008；
《体育建筑设计规范》JGJ 31—2003；
《档案馆建筑设计规范》JGJ 25—2010；
《宿舍建筑设计规范》JGJ 36—2005；
《托儿所、幼儿园建筑设计规范》JGJ 39—87；
《文化馆建筑设计规范》JGJ/T 41—2014；
《商店建筑设计规范》JGJ 48—2014；
《剧场建筑设计规范》JGJ 57—2000；
《交通客运站建筑设计规范》JGJ/T 60—2012；
《旅馆建筑设计规范》JGJ 62—2014；
《饮食建筑设计规范》JGJ 64—89；
《博物馆建筑设计规范》JGJ 66—91；
《办公建筑设计规范》JGJ 67—2006；
《交通客运站建筑设计规范》JGJ/T 60—2012；
《汽车库建筑设计规范》JGJ 100—98；
《展览建筑设计规范》JGJ 218—2010；
《民用建筑绿色设计规范》JGJ/T 229—2010；
《电影院建筑设计规范》JGJ 58—2008；
《交通建筑电气设计规范》JGJ 243—2011；
《金融建筑电气设计规范》JGJ 284—2012；
《医疗建筑电气设计规范》JGJ 312—2013；
国家及地方的其他有关现行规范及标准。

1.8 选用国家建筑标准设计图集：

《10/0.4kV 变压器布置及变配电所常用设备构件安装》03D201-4；
《建筑电气常用数据》04DX101-1；
《常用风机控制电路图》10D303-2；

《常用水泵控制电路图》10D303-3；

《防雷与接地安装》D501-1～4；

《民用建筑电气设计与施工》08D800-1～8。

2. 设计范围

2.1 本工程设计包括红线内的以下电气系统：

2.1.1 10/0.4kV变、配、自备应急电源系统。

2.1.2 照明系统。

2.1.3 防雷。

2.1.4 接地及安全措施。

2.1.5 电气节能和环保。

2.1.6 人防工程（见人防专篇）。

2.2 与其他专业设计的分工：

2.2.1 室外照明系统由专业厂家设计，本设计仅预留电源。

2.2.2 有特殊设备的场所(例如：厨房、电梯、扶梯、模块局、消防控制室等)，本设计仅预留配电箱，注明用电量。

2.2.3 有室内特殊装修要求的场所，由室内装修设计负责进行照明平面的设计。本设计将电源引至配电箱，预留装修照明容量(或回路)，并在本设计中确定照度标准和功率密度限值。

2.2.4 电源设计分界点：电源设计分界点为设在________层变电所高压电源进线柜内进线开关的进线端。由市政电网引入本工程配变电所的(两路10kV)电源线路、高压分界小室（备注：根据当地供电系统型式设置）属城市供电部门负责设计，其设备由供电局选型。本设计仅提供此线路进入本工程建设红线范围内的路径及高压分界小室的位置和土建条件。

3. 10/0.4kV变电、配电及自备应急电源系统

3.1 负荷等级及各级别负荷容量：

3.1.1 本工程负荷等级为：

一级负荷：消防系统（含消防控制室内的火灾自动报警及控制设备、消防泵、消防电梯、排烟风机、加压送风机、消防补风机等)、安防防范系统、应急及疏散照明指示、避难层和航空障碍的照明、擦窗机通信、计算机机房等；（注：一类高层中还包括建筑的走道照明、客梯、生活泵、污水泵。）

一级负荷中的消防系统（含消防控制室内的火灾自动报警及控制设备、消防泵、消防电梯、排烟风机、加压送风机、消防补风机等)、安防监控系统、应急及疏散照明指示、通信、计算机机房及市电停电后还需要继续工作的设备等，为特别重要负荷；

二级负荷：二类高层建筑的通道及楼梯间照明、客梯、生活泵、污水泵等；

三级负荷：其他电力负荷及一般照明。

3.1.2 各级负荷容量：

一级负荷：P_e=________kW（不含火灾时投入的消防专用设备，其中一级负荷中特别重要负荷P_e=   kW)；

二级负荷：P_e=________kW；

三级负荷：P_e=________ kW；

消防专用设备负荷：P_e=________ kW。

3.2 供电电源及电压等级：

本工程从________及35kV以上（110kV）变电站，分别引来一路10kV（非）专线电源，两路电源分别引自不会同时损坏的两个上级电源，两路10kV电源同时工作，互为备用，每路均能承担本工程全部二级及二级以上负荷。两路10kV电缆从建筑物侧穿管埋地引入设在地下一层的电缆分界室。高压采用小电阻接地（不接地）型式（备注：当建筑物最高负荷等级为二级时，可以采用由一个变电站来的两路10kV外电源）。每路高压容量为________ kVA。

3.3 自备应急电源：

3.3.1 柴油发电机组：

1）本工程为满足特别重要负荷供电要求，设置柴油发电机组，其供电范围为________，其设备容量P_e=________ kW，计算容量P_j=________ kW，选择一台主用功率为________ kW柴油发电机组作为应急电源；（若发生火灾，应切断应急母线段上的非保证负荷）

2）柴油发电机启动信号取自________，当市电因故停电时，信号延时0～10s（可调）自动启动柴油发电机组，柴油发电机组30s内达到额定转速、电压、频率后，投入额定负载运行。柴油发电机在30s内为应急负荷供电；

3）应急柴油发电机电源与市电电源之间采取防止并列运行的措施，当市电恢复30～60s（可调）后，自动恢复市电供电，柴油发电机组经冷却延时后，自动停机；

4）柴油发电机馈电线路连接后，两端的相序与原供电系统的相序一致。

3.3.2 EPS：应急照明采用作为应急电源，当市电停电后，EPS持续供电时间为30min。

3.3.3 UPS：智能化设备机房如：消防控制室、安防控制室、通信、网络机房等采用UPS作为自备电源，供电时间分别为________ min。

3.4 高、低压供电系统结线型式及运行方式：

3.4.1 高压为单母线分段运行方式，中间设联络开关，平时两路电源同时供电分列运行，互为备用，当一路电源故障时，通过手动/自动操作，另一路电源可承担全部二级及以上负荷。高压主进开关与联络开关之间设电气连锁，任何情况下只能合其中两个开关。

3.4.2 低压为单母线分段运行，联络开关设自投自复、自投手复、自投停用三种功能。联络开关自投时有一定的（可调）延时，其投入延时时间大于自动断开低压供电母线上非保证三级负荷的切断动作时间，以保证承担负载的一台变压器的正常运行。当电源主断路器因过载或短路故障分闸时，母联断路器不允许自动合闸。低压主进开关与联络开关之间设电气联锁，任何情况下只能合其中的两个开关。

3.5 配变电所、柴油发电机房的设置：

3.5.1 本工程在地下（　　）层设一座配变电所，内设高、低压配电柜、变压器及直流屏、信号屏，在值班室内设置模拟显示屏。

3.5.2 本工程设备容量为：P_e=________ kW（不含火灾时投入的消防专用设备）

(其中：照明________ kW，电力________ kW，空调________ kW)。P_j=________ kW，Q_j=________ kvar，S_j=________ kVA，消防设备________ kW。选用________台________ kVA户内型干式变压器。U_k=________%。负荷率约为：________%。

3.5.3 高压柜采用具有“五防”功能的中置式真空断路器柜，低压柜采用抽屉柜，变压器按环氧树脂真空浇注干式变压器设计，设强制风冷系统及温度监测及报警装置。接线为D，Yn11。配变电所内设备防护等级为IP20。

3.5.4 高压柜采用下（上）进下（上）出接线方式，低压柜采用上进下（上）出的接线方式。配变电所下设电缆层高2m的夹层（或配电柜下及柜后设置1m深的电缆沟）。

3.5.5 柴油发电机房设在________层，内设________台________kW柴油发电机组、启动装置、蓄电池、发电柜、日用油箱，柴油发电机为风冷型，进风采用________方式，排风、排烟分别采用________方式。

3.6 10kV继电保护：采用综合继保，实现三相定时限过流保护及电流速断保护；进线断路器采用速断、过流、零序保护，母线联络断路器采用速断、过流保护，出线断路器采用高温、超高温、过流、速断、零序保护。

3.7 电能计量：

3.7.1 本工程采用高压计费方式，在高压进线处设置当地供电局许可型号的专用计量表。采用复费率电能表，满足执行峰谷分时电价的要求。

3.7.2 在低压设电力子表，根据内部电力消耗能源管理需要，在低压进线回路、配出回路设置用能管理使用的电能计量表，对室内、室外照明、电梯、扶梯、制冷、热力、通风、给水排水、厨房等系统的用电采用分项计量。（备注：具体是否设置动力子表，工程收资之前了解）。

3.7.3 对出租的办公区及商业区按出租分割区在配电间设置分区、分户计量装置；对自用区采用在楼层照明总进线处设置总计量装置。

3.7.4 计量方式采用人工抄表或通信上传数据自动抄表方式完成对用户的耗电管理。

3.8 功率因数补偿：

3.8.1 在配变电所低压侧设功率因数集中自动补偿装置，电容器组采用自动循环投切方式，设置部分分相补偿装置，要求补偿后的功率因数不小于0.90（0.95）。

3.8.2 荧光灯功率因数不小于0.9，气体放电灯就地补偿，补偿后的功率因数不小于0.85。

3.9 谐波治理：

3.9.1 在配电设计过程中尽量使三相达到平衡。

3.9.2 设备选择时其谐波含量均符合《电磁兼容 限制 谐波电流发射限制（设备每相输入电流≤16A）》GB 17625.1—2003的规定限制值。

3.9.3 对于谐波源较大的单独设备或较集中的设备组，就地加装交流滤波装置。

3.10 操作电源及信号：

3.10.1 操作电源满足配变电所的控制、信号、保护、自动装置以及其他二次回路的工作电源，当高压断路器选用电磁操作时，操作电压应选用直流220V，选用弹簧操作系统时宜选用直流110V（或直流220V）。直流电源蓄电池容量为________ Ah。

3.10.2 信号装置具有事故信号和预告信号的报警、显示功能。

3.10.3　直流屏备用电源采用免维护铅酸电池组，直流屏和充电装置屏其防护等级不低于 IP20。

3.11　低压断路器(运行、极限）分断能力及操作方式：

500～800kVA 干式变压器，高压短路容量按 500MVA，阻抗电压 6%，短路电流（　　）kA，低压断路器运行分断能力在（25kA）及以上；

1000kVA、1250kVA 干式变压器，高压短路容量按 500MVA，阻抗电压 6%，短路电流（　　）kA，低压断路器要求运行分断能力在（35kA）及以上；

1600kVA 干式变压器，高压短路容量按 500MVA，阻抗电压 6%，短路电流（　　）kA，低压断路器运行分断能力在（45kA）及以上；

2000kVA 干式变压器，高压短路容量按 500MVA，阻抗电压 6%，短路电流（　　）kA，低压断路器运行分断能力在（50kA）及以上；

2500kVA 干式变压器，高压短路容量按 500MVA，阻抗电压 6%/8%，短路电流（　　）kA，低压断路器运行分断能力在（65kA）及以上；

低压断路器有远程操作要求时，需带电动操作机构；所有整定值≥100A 的低压断路器脱扣器额定电流与断路器的框架电流相同，整定值≤80A 的低压断路器脱扣器额定电流为 100A，且脱扣电流和动作时间可调。

3.12　低压保护装置：

低压主进、联络断路器设过载长延时、短路短延时保护脱扣器，低压配出线路断路器设过载长延时、短路瞬时、短路短延时（备注：大容量回路可通过计算确定）脱扣器，部分回路设(分励）脱扣器，当一台变压器停电时，利用分励脱扣器切断非保证三级负荷，防止另一台变压器过载。同时，对于放射式配电的非消防负荷，火灾时依据火势状况，自动/手动切断其供电电源。

3.13　智能电力监控系统：

3.13.1　智能电力监控系统为独立的子系统方式，采用分层分布式网络结构，整个系统分为现场采集层（间隔层）、通信层（中间层）及主站层（系统管理层）。

3.13.2　监测内容：

1）10kV 高压开关柜：利用 10kV 高压开关柜内设置的综合继电保护装置，可对高压侧主进、母联及馈线回路中遥测、遥信量以及故障进行信息上传至后台监控系统；

2）0.4kV 低压部分：利用 0.4kV 低压进线、母联、低压馈线回路的智能电力仪表，该仪表具备 RS485 串行通信接口，可将回路中遥测、遥信量上传至后台监控系统；

3）变压器的监测功能：温度监测及超温报警。当变压器控制系统带有通信接口时，宜与变电所智能电力监控系统；

4）对直流屏的监测功能：交流电源电压及电流、直流合闸电源电压及电流、直流控制电源电压及电流、充电机运行状态及故障报警信号；当直流屏的监测系统带有通信接口时，宜与变电所智能电力监控系统联网；

5）对应急发电机组的监测功能：应急配电系统的进线、馈出回路，监测其三相电压、三相电流、有功功率、无功功率、功率因数、频率、有功电度、无功电度等；应急配电系统所有断路器的运行、故障、脱扣器的状态信号；发电机自带微机控制系统时，宜与变电所智能电力监控系统联网；

6）各楼层照明层箱、设备配电箱进行电量消耗采集；

7）图形显示变配电系统高、低压系统电气主接线图、主要用电设备的分支接线图，主接线图集中显示变配电系统高、低压回路的监控界面，分支接线图集中显示主要用电设备的运行状态。

3.14 10/0.4kV变电、配电及发电系统设备接口要求：

3.14.1 高压开关柜预留与变压器温度传感器的信号接线、智能电力监控系统、直流操作电源、信号屏的接口条件。

3.14.2 变压器预留与高压二次接线、智能电力监控系统、信号屏的接口条件。

3.14.3 低压配电柜与智能电力监控系统、消防报警控制系统的接口条件。

3.14.4 直流操作电源及信号屏预留与智能电力监控系统、高压开关柜、变压器二次接口条件。

3.15 供电措施：

3.15.1 一级负荷（消防负荷）采用来自两台变压器不同母线段的两路电源供电并在末端互投；二级负荷采用来自两台变压器不同母线段的两路电源供电，在适当位置互投或采用单独供电回路方射式供电。三级负荷采用单电源供电。

3.15.2 一级负荷中特别重要负荷采用来自两台变压器不同母线段，其中一个母线段为应急母线段，其供电电源的切换时间，满足设备允许中断的要求。

3.15.3 对于单台容量较大的负荷或重要负荷采用放射式供电。

3.15.4 对于一般负荷采用树干式与放射式相结合的供电方式。

3.15.5 正常照明采用单电源放射式与树干式结合方式，由配电室沿电缆桥架敷设至各层电气竖井，在电气竖井对于截面大的电缆采用经T接端子接入配电箱。

3.15.6 标准层采用（封闭式插接母线或电缆T接）供电。

3.15.7 应急照明电源由不同低压母线引来的两路电源，采用放射式与树干式相结合的配线方式，经末端互投的应急照明配电箱提供，在应急照明配电箱内配置集中EPS作为应急照明的应急电源。

3.16 电动机启动及控制方式

3.16.1 本工程________kW以下的电动机采用全压启动方式，________kW及以上电动机采用软启动方式，对________负载采用变频运行方式；消防设备________kW以下的电动机采用全压启动方式，________kW及以上电动机采用星三角方式。

3.16.2 污水泵采用液位传感器就地控制，水位超高报警、水位显示及泵故障由BA系统完成。

3.16.3 冷冻机、冷冻泵、冷却泵、冷却塔、空调机、新风机、排风机、送风机等采用BA系统控制，同时设有就地手动控制。

3.16.4 消防专用设备：消火栓泵、喷淋泵、消防稳压泵、排烟风机、加压送风机等不进入BA系统，按消防控制程序进行监控。

3.16.5 排风兼排烟风机，进风兼火灾补风机平时由BA系统控制，火灾时按消防控制程序进行监控。

3.16.6 给消防电机配电回路中的热继电器保护只作用于报警，不动作，给消防设备配电的低压断路器不设置过负荷保护。

3.16.7 燃气表间、燃气锅炉房、厨房、冷冻机房等设有事故排风机房间的室内、外均应设置控制电器，控制启停风机。

3.16.8 消防泵自动巡检装置具有自动/手动巡检功能。

3.16.9 ATSE 自带通信软件并采用总线连接，ATSE 主机设于控制室内。

3.16.10 电梯的电机采用高效电机和先进的控制技术，2 台及 2 台以上电梯考虑具有集中调控和群控功能。

3.16.11 自动扶梯设置感应传感器控制电梯的运行。

3.16.12 低压交流电动机选用高效能电动机，其能效应符合现行国家标准《中小型三相异步电动机能效限定值及能效等级》GB 18613 节能评价值的规定。

4. 照明系统

4.1 照明系统包括一般正常照明、应急照明。主要场所的照度标准和功率密度限值按照《建筑照明设计标准》GB 50034—2013 规定：

场　所	照度（lx）	*UGR*	R_a	照明功率密度值（W/m^2）
办公	500	19	80	13.5（目标值）
会议室	300	19	80	8（目标值）

4.2 光源要求：

4.2.1 有装修要求的场所视装修要求商定，一般场所为节能高效荧光灯、小功率金属卤化物灯或发光二极管光源。

4.2.2 荧光灯灯管为三基色节能型（T8/T5）灯管，光通量不低于 3300（2600）lm，采用电子镇流器（或节能电感镇流器），并应符合该产品的国家能效指标的节能评价值。

4.2.3 应急照明灯具光源选用能瞬时点亮的光源。

4.3 照明配电箱设置及保护措施：

4.3.1 照明配电箱、应急照明配电箱按防火分区及功能要求设置。

4.3.2 所有插座回路、电开水器回路、室外照明灯具低于 2.4m 的回路或室外照明采用金属灯杆时，均设漏电断路器保护。漏电断路器动作电流不大于 30mA，动作时间不大于 0.1s。

4.4 应急照明：

4.4.1 配变电所、消防控制室、消防水泵房、柴油发电机房、通讯机房、保安监控中心等的备用照明保证正常工作照明的照度；防排烟机房、避难层等的备用照明________%为应急照明；其他公共场所应急照明一般按正常照明的________%设置。

4.4.2 疏散照明：一般平面疏散区域如：疏散通道、防烟楼梯间前室、消防楼梯间前室及合用前室，地面最低照度不低于 1.0lx，竖向疏散区域地面最低照度不低于 5.0lx，人员密集流动及地下疏散区域如：在疏散通道、防烟楼梯间前室、消防楼梯间前室、合用前室、多功能厅、餐厅、营业厅、办公大厅、避难区等设置火灾疏散照明，按平面疏散区域如：疏散通道地面最低照度不低于 1lx；人员密集流动及地下疏散区域如：多功能厅、餐厅、会议厅、营业厅、办公大厅、地下疏散场所，地面最低照度不低于 2.0lx；防烟楼梯间前室、消防楼梯间前室及合用前室、避难走道及竖向疏散区域地面最低照度不低于

5.0lx；避难区地面最低照度不低于3.0lx。体育场馆观众席和运动场地疏散照明平均水平照度不低于20lx，体育馆出口及疏散通道平均水平照度不低于5.0lx。

4.4.3 安全出口标志灯、疏散指示灯，疏散楼梯、走道应急照明灯采用（区域集中蓄电池式）应急照明系统供电，其他场所应急照明采用双电源末端互投供电，双电源转换时间：人员密集场所疏散照明≤0.25s，其他场所疏散照明≤5s，备用照明≤5s（备注：金融商店交易所备用照明≤1.5s）。

4.4.4 除避难层、屋顶消防用直升机停机坪应急照明持续供电时间大于（　　）min，消防控制室、电话总机房、配电室、发电站、消防水泵房、消防风机房大于（　　）min外，其他场所应急照明持续供电时间应大于（　　）min。（备注：初期安装容量持续供电时间应大于（　　）min）。

4.5 灯具要求及安装方式：

4.5.1 除50V以下低压灯具外，其他灯具均采用Ⅰ类灯具。

4.5.2 直管形荧光灯灯具开敞式灯具效率不低于75%，格栅式灯具效率不低于65%，带透明保护罩灯具效率不低于70%；紧凑型荧光灯筒灯带保护罩灯具效率不低于50%；小功率金属卤化物带保护罩灯具效率不低于55%，小功率金属卤化物开敞式灯具效率不低于60%；发光二极管筒灯带保护罩色温3000K灯具效能不低于65%，发光二极管平面灯直射式色温3000K灯具效能不低于70%。

4.5.3 有吊顶的场所选用格栅荧光灯具（反射器为雾面合金铝贴膜）或节能筒灯嵌入式安装，无吊顶处采用吸顶式安装或壁式安装，厨房应采用防水防尘灯具，储油间、燃气阀室为爆炸危险场所2区，灯具防护等级为防爆型IP（　　），电机防护等级为IP（　　），且钢管明敷，电气设备的金属外壳应可靠接地。

4.5.4 有吊顶的场所，嵌入式安装荧光灯、筒灯。无吊顶场所选用控照式(或盒式)荧光灯，链吊(或管吊)式安装，距地 2.7m 。配变电所灯具管吊式安装，距地2.8m。地下车库为管吊，距地(2.5m)。壁灯距地(　　)m。地下室机房深罩或广照灯具，管吊安装，距地4.0m。

4.5.5 出口标志灯在门上方安装时，底边距门框0.2m；若门上无法安装时，在门旁墙上安装，顶距吊顶50mm；疏散指向标志灯明装；暗装，底边距地0.3m。应急照明、出口标志灯、疏散指示灯不允许链吊，管吊时，管壁作防火处理。底边距地2.5m。应急照明灯、出口标志灯、疏散指向标志灯等应设玻璃或其他不燃材料制作的保护罩。消防应急灯具应符合《消防应急照明和疏散指示系统》GB 17945相关要求。

4.5.6 有吊顶的场所，嵌入式安装荧光灯、筒灯。无吊顶场所选用盒式荧光灯，管吊式安装，距地2.7m。配变电所灯具管吊式安装，距地2.8m。地下车库为管吊，距地2.5m。空调机房、管道密集的地下室采用壁式安装灯具，距地2.4m。

4.5.7 航空障碍物照明：根据《民用机场飞行区技术标准》要求，本工程分别在45m、90m、135m及屋顶的四角位置设置航空障碍标志灯。

4.5.8 公共场所、娱乐设施等场所，其疏散通道上设置蓄光型疏散导流标志。疏散导流标志根据环境位置采用壁装（或在地面上装设），壁装时，底边距地0.15m，间距不大于1m。

4.6 照明控制：

4.6.1 设备机房、库房、办公用房、卫生间及各种竖井等处的照明采用就地设置照明开关控制。

4.6.2 大堂、大型会议厅、宴会厅、多功能厅等照明要求较高的场所根据要求采用智能控制系统，并具有与建筑设备监控系统接口功能，与消防、安防系统联动的接口条件。

4.6.3 地下汽车库、走廊、电梯厅等公共场所的照明采用建筑设备监控系统远程控制，统一管理。

4.6.4 疏散照明、出口标志灯、疏散指向标志灯、疏散走道应急照明、封闭楼梯间及其前室、消防电梯前室等处的应急照明为________控制。（若应急照明就地加开关，则应使开关及线路均能在火灾时，由消防控制室强切自动点亮其相应部位应急照明灯。）

4.6.5 应急照明平时采用就地控制或由建筑设备自动监控系统统一管理，火灾时，由消防控制室，自动控制点亮全部应急疏散照明灯，出口标志灯、疏散指示灯、疏散走道应急照明、封闭楼梯间及其前室、消防电梯前室等处的应急照明，就地不带开关时，由配电箱内设备控制。

4.6.6 在大空间用房、走廊、楼梯间及其前室、消防电梯间及其前室、主要出入口等场所设置智能火灾疏散照明系统。信号线采用485总线。每个灯与主机联动，随时监测每个疏散照明光源工作状态，控制主机设在消防控制室。

4.6.7 室外照明的控制纳入建筑设备监控系统统一管理。

4.6.8 应急照明配电箱内留有与消防控制系统接口条件。

4.6.9 照明配电箱内留有与安全防范系统接口条件。

5. 配电设备选型及安装方式

5.1 高、低压配电柜落地安装，柜下设10号槽钢立放，槽钢与变电所内等电位连接线可靠相连，配电柜外壳与基础槽钢相连，形成整体等电位连接。

5.2 柴油发电机组安装在结构基础上，其外壳与机房内等电位连接线可靠相连。

5.3 电力箱，控制箱、各层照明配电箱均为非标产品，除竖井、机房、车库、防火分区隔墙上、剪力墙上明装外，其他均为暗装。箱体高度600mm及以下，底边距地1.5m；箱体高度600～800mm，底边距地1.2m；箱体高度800～1000mm，底边距地1.0m；箱体高度1000～1200mm，底边距地0.8m；箱体高度1200mm以上，为落地式安装，下设300mm基座。就地设置的室内隔离开关箱明装，底边距底1.5m，泵房内箱体防护等级IP55，室外隔离箱为落地式安装，下设300mm基座，防护等级IP65。

5.4 消防用电设备配电箱、柜应有明显标志，并安装在配电间、机房内，否则箱体应作防火处理。

5.5 卷帘门控制箱距顶200mm，卷帘门两侧设就地控制按钮，底距地1.4m，并设玻璃门保护。

5.6 电开水器断路器箱底边距地2.0m。

5.7 照明开关、插座均暗装，应急照明开关应带电源指示灯。除注明者外，插座均为单相两孔＋单相三孔安全型插座。开关底边距地1.3m，距门框0.15m，消防泵房、水泵房、热力机房电源插座采用防护型，底边距地1.8m；工艺用插座依据工艺要求设置；其他插座均为底边距地0.3m；（有架空地板、网络地板的房间，所有开关、插座的高度均为距架空地板、网络地板的高度。）当智能化线路采用非屏蔽线并无屏蔽措施时，电源插座与智能化插座距离应大于500mm。

5.8　卫生间小便斗感应式冲洗阀电源盒距地1.2m；坐便器感应式冲洗阀电源盒距地0.8m；蹲便器感应式冲洗阀电源盒距地0.7m；洗手盆红外感应电源盒选用防潮防溅型面板，距地0.5m；该配电回路就地设断电开关。

5.9　无障碍厕位在底距地0.5m处设求助按钮，在门外底距地2.5m设求助音响装置。专用无障碍卫生间，除上述要求外，照明开关应采用大翘板开关，中心距地0.8m。公用插座中心距地0.8m。

5.10　电气竖井做100mm高门槛，若墙为空心砖，则应每隔500mm做圈梁，以便固定设备。电气竖井门为丙级以上防火门。

6. 电缆、导线的选型及敷设

6.1　进户高压电缆规格、型号由供电部门的供电方案确定。

6.2　高压柜配出回路电缆选用WDZ-YJY-8.7/15kV交联聚乙烯绝缘、聚乙烯护套铜芯电力电缆。

6.3　低压出线火灾时非坚持工作的电缆选用WDZ-YJY-1kV低烟无卤A类阻燃电力电缆，工作温度：90℃。

6.4　低压出线火灾时坚持工作的电缆选用WDZN-YJY-1kV低烟无卤A类耐火电力电缆，工作温度：90℃。

6.5　照明、插座分别由不同的支路供电，照明、插座均为单相三线，除应急照明配电箱出线应采用WDZN-BYJ-750V-3×2.5mm^2低烟无卤耐火型导线外，其他均为WDZ-BYJ-750V-3×2.5mm^2低烟无卤阻燃导线。均穿SC20管暗敷设。

6.6　电缆明敷在电缆梯架、托盘或槽盒上，普通电缆与应急电源电缆在电缆梯架、托盘或槽盒分设路由，当局部不满足安装要求时，敷设在同一电缆梯架、托盘或槽盒中，中间采取隔离措施；不敷设在电缆梯架、托盘或槽盒上的电力电缆，穿热镀锌钢管（SC）敷设。SC32及以下管线暗敷，SC40及以上管明敷。

6.7　在电缆井内敷设的电缆。采用绝缘和护套为不延燃材料电缆，可不穿金属管，但应安装在可支撑的金属梯架或托盘内。

6.8　与消防设备无关的控制线为WDZ-KYJY聚乙烯绝缘、聚乙烯护套铜芯（阻燃）控制电缆，与消防有关的控制线为WDZN-KYJY聚乙烯绝缘、聚乙烯护套铜芯耐火控制电缆。

6.9　消防用电设备供电管线，当暗敷设时，应敷设在不燃烧体结构内，且保护层厚度不应小于30mm，当明敷时，采用金属管或电缆槽盒上涂薄涂型防火涂料保护。

6.10　非消防用电设备供电管线，当暗敷设时，应敷设在不燃烧体结构内，且保护层厚度不应小于15mm，当明敷时，应采用金属管或金属线槽保护。当采用绝缘和护套为不延燃材料电缆时，可不穿金属管，但应敷设在电缆井内。

6.11　电缆在变电所、管道井沿电缆梯架或托盘敷设，其他场所沿电缆槽盒，除配变电所、电气竖井内选用普通金属梯架或托盘敷设外，其他均选用防火桥架，耐火时间不小于1h的电缆槽盒。

6.12 建筑设备监控系统控制箱电源由(主机、旁边控制箱)供给，(采用 WDZ-BYJF-750V-3X2.5SC20 相连)。

7. 防雷

7.1 本工程建筑物预计雷击次数 $N=$____ (次/a)，按二类防雷等级设防。根据本建筑防雷装置拦截效率$E=$______，建筑物电子信息系统雷电防护等级按B级设防。本建筑的防雷措施满足防直击雷、侧击雷及雷电波的侵入。(备注：当符合规范规定以下建筑物国家级的会堂、办公建筑物、大型展览和博览建筑物、大型火车站和飞机场、国宾馆，国家级档案馆、大型城市的重要给水泵房等特别重要的建筑物。国家级计算中心、国际通信枢纽等对国民经济有重要意义的建筑物。国家特级和甲级大型体育馆，可不用计算，直接定义为二类防雷建筑物)

7.2 接闪器：在屋顶采用ϕ10 热镀锌圆钢作接闪带(网)，沿突出建筑物屋面的女儿墙(屋角、屋脊、屋檐、和檐角)设置接闪带，在屋面设置不大于(10m×10m 或 12m×8m)的避雷接闪网格。

7.3 凡突出屋面的所有金属构件，如卫星天线基座、金属通风管、屋顶风机、金属屋面、金属屋架等均应与避雷带可靠焊接。卫星天线自带避雷针保护。

7.4 引下线：利用建筑物钢筋混凝土柱子或剪力墙内两根 ϕ16 以上主筋通长(焊接、丝扣、绑扎)作为引下线(备注：采用专设引下线时，其间距沿周长计算不大于18m)，引下线上端与接闪器焊接，下端与建筑物基础底梁及基础底板轴线上的上下两层钢筋内的两根主筋焊接。外墙引下线在室外地面 1m 以下处引出与室外接地线焊接。

7.5 外墙引下线，每层外墙处预埋 100mm×100mm×5mm 镀锌钢板，作为玻璃幕墙或外挂石材的防雷接地联结预留接点，预埋的镀锌扁钢与就近引下线进行电气连通。

7.6 为防止(侧向)雷击，从 60m(　层)开始，每(三)层设(均压环)。均压环均与该层外墙上的所有金属门窗、构件、引下线连接；均压环利用圈梁内两根 ϕ16 以上主筋通长焊接连成闭合回路(或在圈梁内设一条 40mm×4mm 热镀锌扁钢)。

7.7 接地极：接地极为(建筑物桩基)基础底板轴线上的上下两层主筋中的两根通长(焊接、螺丝、绑扎)形成的基础接地网并连接室外人工接地装置(护坡桩)组成。

7.8 建筑物四角的外墙引下线在距室外地面上 0.5m 处设测试卡子。

7.9 过电压保护：在配变电所低压母线上、在引入引出建筑物的配电装置处分别装 I 级试验的电涌保护器(SPD) 10/350μs，电涌保护器的电压保护水平不大于 2.5kV，每一保护模式的冲击电流不小于 12.5kA；在下一级给设备配电的机房总配电箱、照明配电箱、电梯配电箱、室外设备配电箱等内装 I(或 II 或 III)级实验的电涌保护器(II 级实验电涌保护器，每一保护模式的放电电流不小于 5kA，电涌保护器的电压保护水平不大于 2.5kV)(备注：类别按照《建筑物防雷设计规范》GB 50057—2010 中 4.3.8、4.5.4、表 6.4.4 确定)。

7.10 计算机电源系统、有线电视系统引入端、卫星接收天线引入端、电信引入端设信号线路电涌保护器，其穿金属保护管在引入建筑物处与建筑物进行等电位联结。当电子系统的室外线路采用金属线时，其引入的终端箱处，安装D1类高能量试验类型的电涌保护器，其每一保护模式冲击电流值选用1.5kA。

8. 接地及安全措施

8.1 本工程防雷接地、变压器中性点接地、电气设备的保护接地、电梯机房、消防控制室、通信、网络机房等的接地共用统一接地体，要求消防控制室、通信机房、网络机房、安防控制室、BA监控室等的接地，设独立引下线。要求接地电阻不大于0.5Ω，实测不满足要求时，增设人工接地极。

8.2 测试点处，外墙上结构钢筋混凝土中的两根对角主钢筋（$\phi>16$），在－1.5m处采用40×4镀锌扁钢焊出，焊100mm×100mm×5mm预埋钢板，作为室外接地体的预留焊接点。

8.3 竖井内的接地线其下端应与总等电位接地装置及接地网可靠连接。

8.4 所有电气、智能化竖井内均垂直敷设一（或二）条，水平距地0.2m敷设一圈40mm×4mm热镀锌扁钢（或铜带），水平与垂直接地扁（铜）钢间应可靠焊接。且每层（或三层）与楼板钢筋做等电位联结。

8.5 金属梯架、托盘或金属线槽及其支架和引入或引出的金属电缆导管必须接地（PE）可靠。

8.6 空调系统设置电加热器的金属风管及设置电伴热装置的消防水管应可靠接地。

8.7 垂直敷设的金属管道及金属物的底端及顶端应就地与接地装置连接。

8.8 锅炉房内需设有接地端子板，做防静电措施。柴油发电机油管应做防静电接地。

8.9 机房墙上水平接地体距地0.2m，明敷。过门处埋地暗敷。

8.10 凡正常不带电，而当绝缘破坏有可能呈现电压的防电击类别为Ⅰ的电气设备金属外壳均应可靠接地，PE线不得采用串联连接。

8.11 本工程采用总等电位联结，总等电位板由紫铜板制成，应将建筑物内保护干线、设备进线总管、建筑物金属构件进行联结，总等电位联结线采用WDZ-BYJF-750V-1×25mm^{2}PC32，总等电位联结采用各种型号的等电位卡子。

8.12 带淋浴的卫生间、淋浴间采用局部等电位联结，从地板及墙上适当的地方各引出一根大于（$\phi16$）的结构钢筋至局部等电位箱LEB，局部等电位箱暗装，底距地0.3m。将卫生间内所有金属管道、构件联结。

8.13 防雷、接地的所有构件之间必须连接成电气通路。

8.14 本工程低压接地型式采用TN-S系统。其相应保护导体（即PE线）的截面S_p除图中注明外，规定为：

当相线截面积$S\leqslant16$mm^{2}时　　相应保护导体的最小截面积$S_p=S$；

当相线截面积$16<S\leqslant35$mm^{2}时　　相应保护导体的最小截面积$S_p=16$mm^2；

当相线截面积$35<S\leqslant400$mm^{2}时　　相应保护导体的最小截面积$S_p=S/2$；

当相线截面积$400<S\leqslant800$mm^{2}时　　相应保护导体的最小截面积$S_p=200$mm^2；

当相线截面积$S>800$mm^{2}时　　相应保护导体的最小截面积$S_p=S/4$。

8.15 室外用电设备接地＿＿＿＿＿＿＿＿＿＿。

9. 绿色、节能、环保

9.1 柴油发电机房的进出风道，应进行降噪处理。满足环境噪声昼间不大于55dB，夜间不大于45dB。其排烟管应高出屋面并符合环保部门的要求。

9.2 变压器选型节能变压器SCB11，使其自身空载损耗、负载损耗较小。选用三相配电变压器的空载损耗和负载损耗不高于现行国家标准《三相配电变压器能效限定值及能效等级》GB 20052规定的能效限定值。其运行和安装考虑不对周围建筑物和周边环境产生噪声。

9.3 供配电的系统设计均选用绿色、环保、节能技术且经国家认证的电气产品。

9.4 导体采用环保型低烟无卤电线、电缆、母线，避免火灾时引起二次灾害。

9.5 根据负荷容量、供电距离及分布、用电设备特点等因素合理设置变电所、配电间位置，合理设计供配电系统，使系统尽量简单可靠，系统机房和敷设通道检修、操作和更换方便。

9.6 低压配电系统采用集中自动补偿装置，电容器组采用20%的分相自动循环投切方式。

9.7 选用交流接触器的吸持功率不高于现行国家标准《交流接触器能效限定值及能效等级》GB 21518规定的能效限定值。

9.8 按照国家规范确定建筑物照明的功率密度，合理布置照明灯具数量及位置。

9.9 高效节能荧光灯配用电子镇流器。金属卤化物灯配节能型电感镇流器，并且灯具应设置就地补偿装置，补偿后功率因数大于0.9。

9.10 选用光源的能效值及与其配套的镇流器的能效因数（BEF）满足下列要求：

9.10.1 单端荧光灯的能效值不低于现行国家标准《单端荧光灯能效限定值及节能评价值》GB 19415规定的能效限定值；

9.10.2 普通照明用双端荧光灯的能效值不低于现行国家标准《普通照明用双端荧光灯能效限定值及能效等级》GB 19043规定的能效限定值；

9.10.3 管型荧光灯镇流器的能效因数（BEF）不低于现行国家标准《管型荧光灯镇流器能效限定值及节能评价值》GB 17896规定的能效限定值。

9.11 采用合理的灯具控制方式，有场景要求及工作时间段分明的地方设置智能灯光控制系统。

9.12 垂直电梯设置高、低区并设置群组控制功能。在电梯无外部召唤，且轿厢内一段时间无预置指令时，电梯自动转为节能方式。自动扶梯具有节能模式控制。

9.13 电开水器等电热设备，设置时间控制模式。

9.14 采用变频调速类设备，其变频调速器总谐波电压畸变小于2.5%。

9.15 楼内冷、热源、空调、风机、水泵等设备，均由建筑设备监控系统对其进行节能控制。

9.16 采用智能电力监控系统，对楼内各管理单元用电实行耗电监测，对照明、制冷站、热力站、给水排水设备、景观照明及其他主要用电负荷等设置独立分项电能计量装置；对制冷站、热力站内的冷热源、输配系统设置独立分项计量装置；对每个办公或商业的出租单元设置电能计量装置。

10. 主要设备材料表

主要设备材料表

序号	设备名称	规格型号	单位	数量	备注
1	高压配电柜		面	××	
2	干式变压器		台	××	
3	低压配电柜		面	××	
4	低压电容补偿柜		面	××	
5	控制箱		台	××	
6	电力配电箱		台	××	
7	双电源控制箱		台	××	
8	双电源配电箱		台	××	
9	照明配电箱		台	××	
10	应急照明配电箱		台	××	
11	应急电源		台	××	
12	应急电源		台	××	
13	应急电源		台	××	
14	柴油发电机组		台	××	
15	配变电所监控系统		套	××	
16	插接母线		米	××	
17	阻燃电力电缆		米	××	
18	阻燃电力电缆		米	××	
19	耐火电力电缆		米	××	
20	阻燃型控制电缆		米	××	

11. 施工图开始设计前需要甲方解决的问题

11.1　初步设计供电方案需报供电局审批，批准的文件作为施工图设计的依据。

11.2　在初步设计过程中甲方还没有提供齐全的设计资料（如：工艺、精装范围、建设标准等）。

9　智能化初步设计说明（公建类）

1. 设计依据

1.1　建筑概况

本工程位于__________（省市），__________（区）________（路）。总建筑面积约________ m^2。地下________层，主要为车库、各种机房、库房，地上________层，主要为办公室、餐厅、会议室等；

（备注：反映建筑规模的主要技术指标，如酒店的床位数，住宅的户数，剧院、体育场馆等的座位数，医院的门诊人数和住院部的床位数等。）

本工程属于________类（办公）建筑；

建筑主体高度________ m，裙房高度________ m。结构形式为________________，基础为__________，楼板厚________ mm，垫层厚________ mm；

建筑耐久年限：＿一＿级；

设计使用年限＿50＿年；

人防工程为＿五＿级，平战结合；

防火分类等级：＿一＿类，防火等级＿一＿级；

抗震设防烈度：＿7＿度；抗震设防分类：＿乙＿类，按＿8＿度采取抗震措施。

1.2　各专业提供的设计资料。

1.3　甲方设计任务书及设计要求。

1.4　相关专业提供给本专业的设计资料。

（备注：当电气、智能化说明不分时，以上部分可以取消）

1.5　中华人民共和国现行有关规范（备注：根据项目的类型按需要选摘）：

《消防应急照明和疏散指示系统》GB 17945—2010；

《消防控制室通用技术要求》GB 25506—2010；

《消防设备电源监控系统》GB 28184—2011；

《建筑设计防火规范》GB50016—2014；

《火灾自动报警系统设计规范》GB50116—2013；

《电力工程电缆设计规范》GB 50217—2007；

《建筑物电子信息系统防雷技术规范》GB 50343—2012；

《交流电气装置的接地设计规范》GB/T 50065—2011；

《民用建筑电气设计规范》JGJ 16—2008；

《汽车库、修车库、停车场设计防火规范》GB 50067—1997；

《消防应急照明灯具通用技术条件》GA54—1993；

《消防安全标志》GB 13495—1992；

《消防电子产品　环境试验方法及严酷等级》GB 16838—2005；

《消防应急照明和疏散指示系统》GB 17945—2000；

《消防安全疏散标志设置标准》DB 11/1024—2013；
《综合布线系统工程设计规范》GB 50311—2007；
《有线电视系统工程技术规范》GB 50200—94；
《安全防范工程技术规范》GB 50348—2004；
《入侵报警系统工程设计规范》GB 50394—2007；
《视频安防监控系统工程设计规范》GB 50395—2007；
《出入口控制系统工程设计规范》GB 50396—2007；
《人民防空地下室设计规范》GB 50038—2005；
《人民防空工程设计防火规范》GB 50098—2009；
《建筑物电子信息系统防雷技术规范》GB 50343—2012；
《建筑防火封堵应用技术规程》CECS 154：2003；
《有线电视广播系统技术规范》GY/T 106—1999；
《公共广播系统工程技术规范》GB 50526—2010；
《民用闭路监视电视系统工程技术规范》GB 50198—2011；
《智能建筑设计标准》GB/T 50314—2006；
《电子会议系统工程设计规范》GB 50799—2012；
《会议电视会场系统工程设计规范》GB 50635—2010；
《厅堂扩声系统设计规范》GB 50371—2006；
《公共广播系统工程技术规范》GB 50526—2010；
《用户电话交换系统工程设计规范》GB/T 50622—2010；
《视频显示系统工程技术规范》GB 50464—2008；
《红外线同声传译系统工程技术规范》GB 50524—2010；
《电子信息系统机房设计规范》GB 50174—2008；
《通信管道与通道工程设计规范》GB 50373—2006；
《养老设施建筑设计规范》GB 50867—2013；
《办公建筑设计规范》JGJ 67—2006；
《博物馆建筑设计规范》JGJ 66—91；
《电影院建筑设计规范》JGJ 58—2008，J 785—2008；
《飞机库设计防火规范》GB 50284—2008；
《交通客运站建筑设计规范》JGJ/T 60—2012；
《剧场建筑设计规范》JGJ 57—2000；
《旅馆建筑设计规范》JGJ 62—2014；
《汽车客运站建筑设计规范》JGJ 60—99；
《汽车库建筑设计规范》JGJ 100—98；
《商店建筑设计规范》JGJ 48—2014；
《体育建筑设计规范》JGJ 31—2003；
《铁路车站及枢纽设计规范》GB 50091—2006；
《铁路旅客车站建筑设计规范》GB 50226—2007（2011年版）；
《地铁设计规范》GB 50157—2013；

《图书馆建筑设计规范》JGJ 38—99；
《托儿所、幼儿园建筑设计规范》JGJ 39—87；
《文化馆建筑设计规范》JGJ/T 41—2014；
《饮食建筑设计规范》JGJ 64—89；
《中小学校设计规范》GB 50099—2011；
《宿舍建筑设计规范》JGJ 36—2005；
《综合医院建筑设计规范》JGJ 49—2013；
《生物安全实验室建筑技术规范》GB 50346—2011。
《交通建筑电气设计规范》JGJ 243—2011；
《教育建筑电气设计规范》JGJ 310—2013；
《医疗建筑电气设计规范》JGJ 312—2013；
《民用建筑通信及有线广播电视基础设施设计规范》DB11/T 804—2011。

1.6 选用国家建筑标准设计图集（备注：根据项目的类型按需要选摘）：
《建筑电气工程设计常用图形和文字符号》09DX001；
《火灾报警及消防联动》04X501；
《安全防范系统设计与安装》06SX503；
《智能建筑弱电工程设计与施工》09X700；
《民用建筑电气设计与安装》08D800-1～8。

2. 设计范围

本设计包括红线内的以下内容：

2.1 火灾自动报警系统。

2.2 建筑设备管理系统。

2.3 通信网络系统。

2.4 综合布线系统（语音、数据）。

2.5 有线电视系统。

2.6 安全技术防范系统。

2.7 与其他专业的分工：

2.7.1 与燃气有关的如燃气紧急切断阀等的控制，需与燃气公司配合，此部分探测器为燃气设计完成后深化设计配合。

2.7.2 室内移动通信覆盖系统由电信部门负责设计。

2.7.3 有特殊装修要求的场所，该场所内的智能化设备出线由智能化竖井经金属槽盒引至各房间门口吊顶内，房间内平面设计由室内装修单位负责完成。

2.7.4 与电信的安装界面：由电信承包商负责进户电缆的接入并将进线接至总进线配线架竖列（进线侧）及竖列/横排间跳线；设计院负责横排至综合布线总配线架间之间的连线。

2.7.5 由市政引入本工程的智能化线路，本设计提供此线路进入本工程建设红线范围内的路径。

3. 火灾自动报警系统

3.1 本工程采用集中报警系统，并设置一个消防控制室。

3.2 系统组成：

本工程电气消防系统由火灾探测器、手动报警按钮、火灾声光报警器、火灾报警控制器、消防控制室图形显示装置、消防联动控制台、火灾应急广播、消防专用电话、电梯运行监视、电气火灾漏电报警系统、应急照明控制、消防设备电源监视系统及消防系统接地组成。

3.3 消防控制室：

3.3.1 在一层设置消防控制室，有明显标志并有通向室外的安全出口；控制室隔墙的耐火极限不低于2h，楼板的耐火极限不低于1.5h；与消防控制室无关的电气线路和管路严禁穿越。

3.3.2 消防控制室内设置火灾报警控制器（包括可燃气报警器）、消防联动控制台、火灾应急广播柜、CRT 图形显示器、打印机、电梯运行监控显示盘、消防专用电话总机、火灾疏散照明系统主机、消防设备供电电源监视主机、电气火灾监控主机、电涌保护器系统主机及 UPS 电源设备等。

3.3.3 消防控制室内设有直接报警的 119 外线电话。

3.3.4 消防报警控制系统预留与远程监控系统的接口。

3.4 消防控制设备的功能：

3.4.1 消防控制室可接收感烟、感温探测器、缆式定温探测器、红外探测器、可燃气体探测器和吸气式感烟火灾探测器的火灾报警、故障信号；可接受水流指示器、检修阀、报警阀、手动报警按钮、消火栓按钮、防火阀、压力开关等的动作报警信号。

3.4.2 消防控制室可显示火灾报警、故障的部位；可显示消防水池、消防水箱水位及高低水位报警；显示消防水泵、消防风机、防火卷帘门的电源及运行状况。

3.4.3 消防控制室可联动控制所有与消防有关的设备。

3.4.4 显示保护对象的重点部位、疏散通道及消防设备所在位置的平面图或模拟图等。

3.4.5 显示系统工作电源的工作状态。

3.5 火灾自动报警系统：

3.5.1 本工程采用集中报警控制系统，系统控制主机具有多检测回路，自动测试，自动管理，自身诊断功能，同时具有过压、过流保护及短路隔离功能。系统与楼内建筑设备管理系统（BA）、安全防范系统（SPS）各子系统集成，共同完成楼内防灾监视与控制功能。

3.5.2 控制室内每台报警控制器所连接的报警器、监控模块数量总和不大于2800个，联动控制器总和不大于1400 个；每个总线回路所连接的报警器、监控模块数量总和不大于180 个，监控模块数量总和不大于90 个。

3.5.3 消防报警及自动联动控制采用两总线环路设计，网络线路中任一点有开路、短路故障时，网络可以通过另一条路径来进行完整的网络通信。

3.5.4 总线穿越防火分区和总线上连接数量达到32 点处，设置总线短路隔离器，即当某个回路点发生短路时，自动从主机上断开短路点，以保证系统的安全运行。

3.5.5 避难区内的火灾探测器、手动报警器和联动模块自成回路，线路直接与消防控制室控制器连接。

3.5.6 在燃气表间、厨房等处设置防爆燃气探测器，在厨房、油箱间等场所设置感温探测器，在柴油发电机房、变电所设置感温、感烟探测器；在客房、公寓设置带蜂鸣底座的感烟探测器，在其他一般场所设置感烟探测器，在高大空间设置线性红外探测器，在电缆托盘、梯架上设缆式感温探测器，在通信及网络机房设吸气式感烟火灾探测器。

3.5.7 在各层主要出入口、人员通道上适当位置设置手动报警按钮及消防对讲电话插口，保证每个防火分区最少一个，从一个防火分区内任何位置到最临近的一个手动报警按钮的距离不大于 30m。

3.5.8 在消防电梯前室设置区域显示盘；在各层逃生楼梯设置识别火灾层的灯光显示装置。

3.6 消防联动控制：

消防控制室内设置集中报警自动联动控制柜、手动联动控制台，其控制方式分为自动/手动控制，自动控制为通过集中报警自动联动控制柜实现对现场的消防受控设备进行自动连锁控制，手动控制线为不通过报警总线单独敷设线路直接控制。自动控制联动的触发信号需要采取两个独立的报警触发装置“与”的逻辑组合实现。

3.6.1 消火栓系统的监视与控制功能：

1）联动控制方式：由消火栓系统出水干管上设置的低压压力开关、高位消防水箱出水管上设置的流量开关或报警阀压力开关等信号作为触发信号，直接控制启动消火栓泵，联动控制不应受消防联动控制器处于自动或手动状态影响。消火栓按钮的动作信号作为报警信号及启动消火栓泵的联动触发信号，由消防联动控制器控制联动控制消火栓泵的启动。

2）手动控制方式：将消火栓泵控制箱（柜）的启动、停止按钮用专用线路直接连接至消防控制室的手动联动控制盘，直接手动控制消火栓泵的启动、停止。

3）消火栓泵的运行、故障信号、压力开关信号、消防水箱水位信号应反馈至消防联动控制器。

3.6.2 自动喷水灭火系统的监视与控制功能：

1）湿式系统和干式系统的联动控制具有下列功能：

（1）自动联动控制方式：由湿式报警阀压力开关的动作信号作为触发信号，直接控制启动喷淋消防泵，联动控制不应受消防联动控制器处于手动或自动状态影响。

（2）手动控制方式：将喷淋消防泵控制箱（柜）的启动、停止按钮用专用线路直接连接至消防控制室手动联动控制盘，直接手动控制喷淋消防泵的启动、停止。

（3）水流指示器、信号阀、压力开关、喷淋消防泵的启动和停止的动作信号应反馈至消防联动控制器。

2）预作用系统的联动控制联动控制具有下列功能：

（1）联动控制方式：由同一报警区域内两只及以上独立的感烟火灾探测器或一只感烟火灾探测器与一只手动火灾报警按钮的报警信号，作为预作用阀组开启的联动触发信号。由消防联动控制器控制预作用阀组的启动，使系统转变为湿式系统，同时联动控制排气阀前的电动阀的开启。

（2）手动控制方式：将喷淋消防泵控制箱（柜）的启动和停止按钮、预作用阀组和快速排气阀入口前的启动和停止按钮，用专用线路直接连接至消防控制室手动联动控制盘，直接手动控制喷淋消防泵的启动、停止及预作用阀组和电动阀的开启。

（3）水流指示器、信号阀、压力开关、喷淋消防泵的启动和停止的动作信号，有压气体管道气压状态信号和快速排气阀入口前电动阀的动作信号应反馈至消防联动控制器。

3.6.3　雨淋系统的监视与控制功能：

1）联动控制方式：由同一报警区域内两只及以上独立的感烟火灾探测器或一只感温火灾探测器与一只手动火灾报警按钮的报警信号，作为雨淋阀组开启的联动触发信号。由消防联动控制器控制雨淋阀组的开启。

2）手动控制方式：将雨淋消防泵控制箱（柜）的启动和停止按钮、雨淋阀组的启动和停止按钮，用专用线路直接连接至消防控制室手动联动控制盘，直接手动控制雨淋消防泵的启动、停止及雨淋阀组的开启。

3）水流指示器、压力开关、雨淋阀组、雨淋消防泵的启动和停止的动作信号应反馈至消防联动控制器。

3.6.4　水幕系统的监视与控制功能：

1）联动控制方式：由防火卷帘下落到楼板面的动作信号与本报警区域内任一火灾探测器或手动火灾报警按钮的报警信号作为水幕阀组启动的联动触发信号，并由消防联动控制器联动控制水幕系统相关控制阀组的启动；（备注：仅用水幕系统作为防火分隔时，应由该报警区域内两只独立的感温火灾探测器的火灾报警信号作为，水幕阀组启动的联动触发信号，由消防联动控制器控制水幕系统相关控制阀组的启动。）

2）手动控制方式：将水幕系统相关控制阀组和消防泵控制箱（柜）的启动、停止按钮用专用线路直接连接至消防控制室手动联动控制盘，直接手动控制消防泵的启动、停止及水幕系统相关控制阀组的开启。

3）压力开关、水幕系统相关控制阀组和消防泵的启动、停止的动作信号，应反馈至消防联动控制器。

3.6.5　消防稳压泵监视与控制功能：监视稳压泵的工作状态，消火栓加压泵运转由压力控制器控制，压力控制器设3个压力控制点，稳压泵启、停泵压力PS1、PS2和消火栓加压泵启泵压力P2（该处系统压力为P1），当消火栓加压泵启动后稳压泵停泵。

3.6.6　监视消防水池、水箱的最高、最低水位并报警。

3.6.7　专用排烟系统的监视和控制功能：

1）当发生火灾报警时，消防控制室接收到的同一防火分区的两个独立火灾探测器报警信号后，可由消防控制室联动控制器控制打开该区域的相应的24V自动排烟口，同时消防联动控制器上也能手动控制排烟口。

2）排烟口的动作信号连锁启动该系统的排烟风机。当排烟风机前的火灾温度超过280℃时，排烟风道上的防火调节阀（在排烟风机旁边）熔丝熔断，关闭自动阀门，阀门输出的辅助触点就地自动关闭该系统的排烟风机；在消防控制室可手动直控线控制排烟风机的启停。

3）排烟口的动作信号、排烟风机启、停和故障动作信号、280℃防火阀的动作信号均反馈至消防控制室。

3.6.8　排气兼排烟风机的监视和控制功能：

1）排气兼排烟风机，正常情况下为通风换气使用，火灾状态下则作为排烟风机使用。

2）平时由就地手动控制及 DDC 系统控制。

3）当发生火灾时，其控制要求见专用排烟风机 3.6.7 内的相关要求。

3.6.9　火灾补风机的监视和控制功能：

1）当发生火灾时，起动排烟风机的同时启动相对应的火灾补风机。

2）当火灾补风机前的进风温度超过 70℃时，管道上的防火调节阀熔丝熔断，关闭阀门，阀门输出的辅助触点就地自动关闭该系统的火灾补风机；在消防控制室可手动直控线控制火灾补风机的启停。

3）火灾补风机启、停和故障动作信号、70℃防火阀的动作信号均反馈至消防控制室。

3.6.10　进风兼消防补风机监视和控制功能：

1）进风兼消防补风风机，正常情况下为通风补新风使用，火灾时则作为火灾补补新风使用。

2）平时由就地手动控制及 DDC 系统控制，风机自动控制原理见智能化施工图。

3）当发生火灾时，其控制要求见火灾补风机 3.6.9 内的相关要求。

3.6.11　加压风机系统的监视和控制：

1）当发生火灾报警时，消防控制室接收到的同一防火分区的两个独立火灾探测器报警信号或一个独立火灾探测器和一个手动报警按钮报警信号后，可由消防控制室联动控制器控制打开该相关层前室的 24V 加压送风口，同时消防联动控制器上也能手动控制相关层加压送风口。

2）加压送风口的动作同时连锁启动该系统的加压风机。

3）在消防控制室可手动直控线控制加压风机的启停。

4）加压送风口的动作信号、加压风机启、停和故障动作信号均反馈至消防控制室。

3.6.12　通过各防火分区之防火墙的风道处设置 24V 电动防火阀，在消防控制室可以监视上述防火阀，当发生火灾报警时，消防控制室接收到的同一防火分区的两个独立火灾探测器报警信号后，由消防控制室联动控制器关闭防火阀，关闭的动作信号馈送消防控制室。

3.6.13　进出空调机房送回风管道的 70℃易熔防火阀，当发生火灾时，温度超过 70℃熔断关闭防火阀，连锁停止空调机组。

3.6.14　非消防动力、照明电源、防火通道出入口门的控制系统的监视和控制：

1）当火灾确认后，消防控制室可根据火灾情况，通过现场模块自动切断火灾区的非消防动力电源。

2）消防控制室接收到喷洒系统管道上水流指示器或消火栓系统的消火栓动作信号后，通过现场模块自动切断该区域的照明电源。

3）照明、空调、风机通过区域配电箱主开关分励脱扣器实现强切；当 FA 与建筑设备管理系统（BA）通信联网时，也可通过 BA 来停止空调、风机的运行。

4）当火灾确认后，消防控制室控制器打开由出入口控制系统控制的疏散通道上的门、打开停车场的出入口档杆；起动相关联区域的视频监控摄像机；当 FA 与安全防范系统（SPS）各子系统通信联网时，可由 SPS 中各子系统完成控制。

3.6.15　疏散照明监视和控制：

1）采用独立组网的控制系统，主机设在消防控制室，由消防联动控制向本系统发出火灾指令，系统按设定程序进行顺序启动，全部启动时间不大于5s。

2）系统对所有末端点进行定期巡检及状态显示。

3）系统在消防控制室能显示所有区域的末端点位工作状态。

3.6.16　电梯的监视和控制：

1）在消防控制室设置电梯监视显示盘，能显示各部电梯的运行状态：首层、转换层位置显示。

2）火灾发生时，电梯能接受消防控制室发出的信号，强制返至首层或转换层。

3）电梯运行监视显示盘及相应的控制电缆由电梯厂商提供。

4）电梯的火灾指令开关采用钥匙开关，由消防控制室负责火灾时的电梯控制。

3.6.17　防火卷帘门的控制：

1）用于防火分隔的卷帘门一步落下，由其一侧或两侧的专门用于联动防火卷帘门控制的感烟探测器自动控制。

2）用于疏散通道上的卷帘门分两步落下，由其两侧的专门用于联动防火卷帘门控制的感烟、感温探测器自动控制；感烟探测器动作卷帘门将至距地1.8m，2个感温探测器任意一个动作卷帘门将至地面。

3）设在防火卷帘门两侧墙面（或柱面）的手动控制按钮控制其升降。

4）卷帘门的动作信号、专门用于联动防火卷帘门控制的感烟、感温探测器动作信号反馈至消防控制室。

5）在卷帘门两侧均设有声光报警及启停按钮（用于高大空间的在一侧设置）。

3.6.18　防火门的控制：

1）消防控制室接收到的防火门所在的防火分区内两个独立火灾探测器报警信号或一个独立火灾探测器和一个手动报警按钮报警信号后，由火灾报警控制器发出信号关闭防火门。

2）当FA与安全防范系统（SPS）各子系统通信联网时，可由SPS中各子系统完成控制。

3）防火门的关闭、开启、故障信号送SPS中的出入口管理子系统中。

3.6.19　可燃气体探测报警系统：

1）在燃气总表间、厨房燃气阀门处、管道分支处、拐弯处、直线段每（7～8m）左右设置燃气探测器。

2）当可燃气体报警控制器接收到可燃气体探测报警信号后，开启该区域的事故排风机，关断燃气紧急切断阀。

3）该系统通过设置在现场附近的可燃气体报警控制器将动作信号接入火灾自动报警系统中。

3.6.20　日用油箱间设温感探测器，报警后，自动停供油泵，自动/手动关供油阀，开紧急泄油阀，在房间外开事故排风机。

3.6.21　消防控制室接收卫生间70℃防火阀动作信号后，通过现场控制模块关闭为卫生间排气服务的排风机；当FA与建筑设备管理系统（BA）通信联网时，也可通过BA来停止风机的运行。

3.7　气体灭火系统联动控制功能：

3.7.1　在主变电所、高层变电所、网络机房设置管网式气体灭火控制系统，气体灭火控制器可独立运行，并通过本控制器直接连接火灾探测器。系统具有自动和手动二种控制方式。

3.7.2　自动控制：

1）防护区域内两个独立火灾探测器报警信号、一个独立火灾探测器与一个手动报警按钮报警信号或防护区外的紧急启动按钮作为系统联动触发信号。

2）当设在现场的火灾联动控制器接收到第一组报警信号后，启动设在该保护区域出入口门内侧的声光报警动作；当接收到第二组报警信号后，联动停止相关的送、排风机、空调机组，关闭防火门、防火阀和窗，启动气体灭火装置，经过30s（可调）延时后喷射；当进行喷射的同时，火灾联动控制器联动启动设在该保护区域出入口门外侧的声光报警装置动作。

3.7.3　手动控制：

1）在防护区疏散门外设置手动启、停按钮，启动按钮按下，程序执行。程序执行联动停止相关的送、排风机、空调机组，关闭防火门、防火阀和窗，启动气体灭火装置，经过30s（可调）延时后喷射；当进行喷射的同时，火灾联动控制器联动启动设在该保护区域出入口外侧的声光报警装置动作。

2）在气体灭火控制器上设置手动启、停按钮，控制程序同上。

3.7.4　气体灭火控制器具有LED状态显示灯、按键、灯检、本地消音、记录首火警、启动信号、喷洒反馈时间、延时倒计时指示、线路检测、输入、输出信号检测、延时提示、喷洒预告、喷洒提示等功能并具有将气体灭火装置各阶段联动控制及系统的反馈信号，包括第一组、第二组报警信号、阀动作信号、压力开关动作信号反馈至消防控制室。

3.7.5　设在防火区内的手自动转换开关应在面板上有明显的状态显示，状态信号反馈至消防控制室。

3.7.6　待灭火后，打开排风电动阀门及排风机进行排气。

3.8　火灾应急广播系统和火灾警报装置联动控制设计：

3.8.1　火灾应急广播系统：

1）在消防控制室设置火灾应急广播机柜，功率放大器容量见火灾报警及联动控制系统图，其容量为全楼同时火灾应急广播的容量。

2）火灾应急广播按建筑自然层、防火分区和避难区划分区域；避难区独立一路。当发生火灾时，消防控制室值班人员可根据火灾发生的区域，自动或手动进行火灾广播，及时指挥、疏导人员撤离火灾现场。

3）消防控制室具有能监听消防应急广播，并对应急广播内容进行录音。

4）系统主机采用数字公共广播/消防广播，网络技术基于TCP/IP，可以满足火灾应急广播自动预警广播发布、预置语音广播、紧急呼叫、紧急呼叫语音录入、线路监控等功能，公共广播如分区背景音乐广播、分区呼叫广播、定时音乐广播、监听等功能，系统满足《消防联动控制系统》GB 16806—2006。

5）系统具有为集成度高、安全性、以太网可扩展性、支持多种音源、网络数字音频传输技术、自动音量控制功能、本地和网络监听功能、故障自动诊断技术、扬声器线路检测技术、冗余自动备份技术、定时广播、系统状态管理、系统告警功能，日志管理、语音合成等功能。

6）主机具有对本机及扬声器回路的状态进行不间断监测及自检功能，能显示广播分区工作的状态。

7）系统具备隔离功能，某一个回路扬声器发生短路，自动从主机上断开，以保证功放及控制设备的安全。

8）系统采用100V定压输出方式。要求从功放设备的输出端至线路上最远的用户扬声器的线路衰耗不大于1dB（1000Hz时）。

9）系统主机应为标准的模块化配置，并提供标准接口及相关软件通信协议，以便系统集成。

10）公共场所扬声器安装功率为3W，客房扬声器安装功率为1～3W，在冷冻站、厨房等环境噪声大于60dB的场所采用5W。

3.8.2　火灾警报装置：

1）在每个防火分区的楼梯间附近、消防电梯前室、走道拐角处明显位置、冷冻站和厨房等噪声较大的附近设置火灾警报装置。

2）火灾警报装置声压级不小于60dB；在环境噪声大于60dB的场所，声压级大于15dB。

3.8.3　播放控制：先鸣警报8～16s；间隔2～3s后播放应急广播20～40s；再间隔2～3s依次循环进行直至疏散结束。根据需要，可在疏散期间手动停止。

3.9　消防专用电话系统：

3.9.1　在消防控制室内设置消防专用直通对讲电话总机；除在手动报警按钮上设置消防专用电话塞孔外，在主、分变电所、柴油发电机房、消防水泵房、避难层、消防风机房、消防电梯轿厢、消防电梯机房、冷冻机房、建筑设备监控中心、管理值班室等场所还设有消防专用电话分机；

3.9.2　消防控制室设置可直接报警的外线电话，避难层应每隔20m设置一个消防专用电话分机。

3.9.3　消防专用电话网络为独立的消防通信系统。

3.10　消防设备电源监控系统：

3.10.1　本工程设置消防设备电源监控系统，对电源的配电回路进行日常的巡检工作。

3.10.2　在消防控制室设置消防设备电源监控主机，对楼内所有消防设备的主、备电源的工作状态、欠电压和故障报警进行监视。

3.10.3　系统由监视主机、电压电流信号传感器、上位机、区域分机、系统监视软件等组成。

3.10.4　系统采用CAN总线传输，自成系统。输出接口为RS485，电源线NHBV-2×2.5mm^2，通信线NHRVS-2×1.5mm^2。

3.11　电气火灾监控系统：

3.11.1　在消防控制室内设置电气火灾监控系统，系统由火灾控制器、剩余电流式火灾监控探测器、测温式电气火灾监控探测器组成。

3.11.2　在变电所内低压配出回路设置剩余电流式火灾监控探测器，在各层总配电箱的进线电源开关处均设置测温式电气火灾监控探测器。

3.11.3　电气火灾监控系统可检测剩余电流并发出声光报警信号，报出故障位置，监视故障点变化，存储各种故障信号。报警信号仅作用于报警，不切断电路。

3.11.4　选用的剩余电流保护装置的额定剩余不动作电流，应不小于被保护电气线路和设备的正常运行时泄漏电流最大值的2倍，探测器报警值按300～500mA选定。

3.11.5　本系统从消防控制室至各变电所、各配电箱及各配电箱之间的通信线路均采用穿可挠电气导管敷设。

3.12　消防报警系统的供电、布线及接地：

3.12.1　火灾自动报警系统应设有主电源和直流备用电源。

3.12.2　火灾自动报警系统的主电源采用消防电源，直流备用电源采用专用UPS，UPS内设的蓄电池其持续供电时间大于3h。

3.12.3　系统接地：消防系统接地利用大楼综合接地装置作为其接地极，设独立引下线。引下线采用BV-1×35穿PC40管暗敷；要求综合接地电阻不大于1Ω；消防控制室内电气设备、敷设金属管、金属槽均进行等电位连接，连接线路采用铜芯，截面积不小于$4mm^2$。

3.12.4　消防系统线路的选型及敷设方式：

1）信号传输干线采用ZRRVS-2×$0.8mm^2$，电源干线采用NH-BYJ-2×$2.5mm^2$，电源支线采用NH-BYJ-2×$1.5mm^2$，电话线采用RVVP-2×$1.5mm^2$，广播线采用ZRRVS-2×$0.8mm^2$。

2）传输干线采用防火金属线槽在智能化间、吊顶内明敷，支线采用可挠性金属电线管保护暗敷于不燃烧体的结构层内，且保护层厚度不应小于30mm。由顶板接线盒至消防设备一段线路穿可挠性阻燃金属电线管。采用明敷设时，应采用可挠性阻燃金属电线管或具有防火保护措施金属线槽保护。

3）不同电压等级的线路在同一槽盒敷设的，采用隔板进行分隔。

4）金属槽盒穿过防烟分区、防火分区、楼层时应在安装完毕后，用防火堵料密实封堵。

3.13　设备安装：

3.13.1　探测器与灯具的水平净距应大于0.2m；与送风口边的水平净距应大于1.5m；与多孔送风顶棚孔口的水平净距应大于0.5m；与嵌入式扬声器的净距应大于0.1m；与自动喷淋头的净距应大于0.3m；与墙或其他遮挡物的距离应大于0.5m。精装部位探测器的具体定位以精装图为安装依据。

3.13.2　手动报警按钮、对讲电话插孔、专用电话分机及区域显示盘底距地1.4m。

3.13.3　设在防火门、电动门两侧的控制按钮底距地1.4m。

3.13.4　接入消火栓的报警信号线预留的接线盒设在消火栓的顶部，底距地1.9m。

3.13.5　设置在气体灭火防护区内外的声光报警装置安装在门框上，中心距门框0.1m，明装；紧急启、停按钮、手/自动转换开关底边距地1.4m安装。

3.13.6 扬声器安装分为壁装式、嵌入式、管吊式、床头柜等。游泳池内扬声器选用防潮型。壁装扬声器底边距地 2.4m。车库内扬声器壁装，底距地 2.4m。扬声器安火灾警报装置距地 2.4m。

3.14 消防设备的供电电源、应急照明系统

3.14.1 变电所和柴油发电机房的设置

变电所设置在________层，变电所内的高压断路器采用真空断路器，变压器采用干式变压器。所有连接消防系统设备的电缆均选低烟无卤耐火型矿物绝缘型，电线均选低烟无卤耐火型。其他为非消防设备供电的电缆、电线均选低烟无卤阻燃型。柴油发电机房设置在层，采用耐火极限不低于 2h 的隔墙和 1.5h 的楼板与其他部位隔开，采用甲级防火门。机房内设置的各日用油箱间，总量为 1m^3，油箱间采用防火墙和甲级防火门与发电机房隔开。

3.14.2 供电电源：本工程采用双重 10kV 电源供电，另外设置应急柴油发电机组作为消防负荷的自备电源，两路市电故障时，柴油发电机对它们提供电力保障。当市电恢复 30～60s（可调）后，自动恢复市电供电，柴油发电机组经冷却延时后，自动停机。

3.14.3 非消防电源的切除：本工程利用非消防设备配电箱、配电柜主断路器设置的分励脱扣器按消防程序自动联动断电，也可当消防控制室确认火灾后根据火情在变电所手动切断相关非消防电源。

3.14.4 消防设备的供电电源：

1）消防控制室、消防水泵、消防电梯、排烟风机、加压送风机、漏电火灾报警系统、自动灭火系统、火灾应急照明、疏散照明和电动的防火门、窗、卷帘、阀门等消防用电等为一级负荷，按一级负荷要求供电，采用专用双重电源供电末端互投。

2）用电设备应有明显标志。配电线路和控制回路按防火分区划分。消防用电设备的配电线路应满足火灾时连续供电的要求，供电干线采用防火金属线槽，支线采用穿钢管保护暗敷于不燃烧体的结构层内，且保护层厚度不宜小于 30mm。由顶板接线盒至消防设备一段线路穿可挠性阻燃金属电线管。采用明敷设时，应采用可挠性阻燃金属电线管或具有防火保护措施金属线槽保护。

3.14.5 火灾应急照明的设置：

1）疏散楼梯间及其前室、消防电梯前室、配变电所、消防控制室、消防水泵房、柴油发电机房、防排烟机房、疏散走廊、通信机房、安防监控中心等的应急照明与正常工作照明的照度一致；避难区域的应急照明为正常工作照明的 50%。

2）一般平面疏散区域如：疏散通道、防烟楼梯间前室、消防楼梯间前室及合用前室，地面最低照度不低于1lx，竖向疏散区域、人员密集流动及地下疏散区域如：多功能厅、餐厅、会议厅、营业厅、办公大厅、避难区、地下疏散场所，地面最低照度不低于5lx。

3）火灾应急照明采用双重电源末端互投供电，双重电源转换时间：疏散照明≤5s，备用照明≤5s（金融商店交易所≤1.5s）。

4）疏散照明配电系统配置区域集中蓄电池，当供电电源停止供电时，蓄电池为其提供供电电源，其持续供电时间40min。

5）疏散指示灯和标志照明灯应设玻璃或其他不燃材料制作的保护罩。并符合现行国家标准《消防安全标志》GB 13495 和《消防应急照明和疏散指示系统》GB 17945 相关要求。

3.15 其他：

3.15.1 开关、插座和照明器靠近可燃物时，应采取隔热、散热等保护措施。卤钨灯和超过 100W 的白炽灯泡的吸顶灯、槽灯、嵌入式灯的引入线应采取保护措施。白炽灯、卤钨灯、金卤灯、镇流器等不应直接设置在可燃装修材料或可燃构件上。

3.15.2 爆炸和火灾危险环境电力装置的设计应满足国家规范《爆炸危险环境电力装置设计规范》GB 50058—2014。

3.15.3 本工程的柴油发电机房内的照明灯具、照明开关、插座选用防爆型。

4. 建筑设备监控系统（BAS）

4.1 本系统监控中心设在一层，同时在 地下一层 冷冻机房设置分站，对楼内所有的空调设备进行监视和控制。

4.2 本工程建筑设备监控系统（BAS），采用直接数字控制技术，对建筑内的供水、排水、冷水、热水系统及设备、公共区域照明、空调设备及供电系统和设备进行监视及节能控制。本工程中的空调系统、通风系统、冷热源及空调水系统均采用直接数字集散式控制系统。

4.3 控制系统由微机控制中心、分布式直接数字控制器、通信网络、传感器、执行器及控制软件等组成。

4.4 每个单独机房均设置 DDC 控制箱。

4.5 与其他系统的界面关系：

4.5.1 电梯监控、配变电所监控、柴油发电机、智能照明监控、冷水机组等自成系统，并留有与 BA 系统的接口。

4.5.2 消防专用设备：消火栓泵、喷洒泵、消防稳压泵、排烟风机、加压风机等不进入建筑设备监控系统。

4.6 本系统包括：

4.6.1 压缩式制冷系统应具有下列功能：

1）启停控制和运行状态显示；

2）冷冻水进出口温度、压力测量；

3）冷却水进出口温度、压力测量；

4）过载报警；

5）水流量测量及冷量记录；

6）运行时间和启动次数记录；

7）制冷系统启停控制程序的设定；

8）冷冻水旁通阀压差控制；

9）冷冻水温度再设定；

10）台数控制；

11）制冷系统的控制系统应留有通信接口。

4.6.2 蓄冰制冷系统应具有下列功能：

1）运行模式（主机供冷、溶冰供冷与优化控制）参数设置及运行模式的自动转换；
2）蓄冰设备溶冰速度控制，主机供冷量调节，主机与蓄冷设备供冷能力的协调控制；
3）蓄冰设备蓄冰量显示，各设备启停控制与顺序启停控制；
4）冰槽入口温度；
5）冰槽入口调节阀；
6）液位监测；
7）冰槽入口三通阀调节。
4.6.3 热力系统应具有下列功能：
1）热水出口压力、温度、流量显示；
2）顺序启停控制；
3）热交换器能按设定出水温度自动控制水量；
4）热交换器进水阀与热水循环泵连锁控制；
5）冬、夏转换蝶阀控制；
6）软化水箱液位；
7）供、回水旁通压差；
8）热水循环泵状态显示、故障报警、启停控制、频率监测控制；
9）热力系统的控制系统应留有通信接口。
4.6.4 冷冻水系统应具有下列功能：
1）水流、阀门状态显示；
2）水泵过载报警；
3）水泵启停控制及运行状态显示。
4.6.5 冷却系统应具有下列功能：
1）水流状态显示；
2）冷却水泵过载报警；
3）冷却水泵启停控制及运行状态显示；
4）冷却塔风机运行状态显示；
5）进出口水温测量及控制；
6）水温再设定；
7）冷却塔风机启停控制；
8）冷却塔风机过载报警；
9）冷却塔高、低水位状态；
10）蝶阀开关控制；
11）冬季冷却塔防冻启、停；故障报警；
12）冷却塔风机台数控制。
4.6.6 空气处理系统应具有下列功能：
1）风机状态显示；
2）送回风、新风、混风温度、湿度测量（以原理图为准）；
3）室内温、湿度测量；
4）过滤器状态显示及报警；

5）净化装置控制、状态、报警；
6）风道风压测量；
7）启停控制；
8）过载报警；
9）冷热水流量调节；
10）加湿控制；
11）风阀调节；
12）风机转速控制；
13）风机、风门、调节阀之间的连锁控制；
14）寒冷地区换热器防冻控制；
15）送回风机与消防系统的联动控制；
16）防冻报警、焓值控制、显示报警打印。
4.6.7 排风系统应具有下列功能：
1）风机状态显示；
2）启停控制；
3）过载报警。
4.6.8 风机盘管应具有下列控制功能：
1）室内温度测量；
2）冷、热水阀开关控制；
3）风机变速与启停控制。
4.6.9 给水系统应具有下列功能：
1）变频给水自成系统并预留通信接口；
2）水泵运行状态显示；
3）水泵过载报警；
4）水箱高低液位显示及报警；
5）地下水池水位的显示和报警。
4.6.10 排水系统应具有下列功能：
1）水泵运行状态显示；
2）污水池高低液位显示及报警；
3）水泵过载报警；
4）排水系统留有通信接口。
4.6.11 开水器：时间程序控制其电源的通断。
4.6.12 与其他系统的接口：
1）供配电设备监视系统：配变电所监控系统为BA系统的子系统，该系统留有与BA系统的通信接口；
2）柴油发电机组的监测系统为BA系统的子系统，该系统留有与BA系统的通信接口；
3）智能照明控制系统为BA系统的子系统，该系统留有与BA系统的通信接口；
4）对电梯、自动扶梯的运行状态进行监视，并留有与BA系统的接口；

5）中水系统为BA系统的子系统，预留通信接口；

6）预留与火灾自动报警系统、公共安全防范系统和车库管理系统通信接口。

4.7 线路选型及线路敷设：

4.7.1 DDC控制器之间采用总线方式连接。DDC控制器之间采用1根（18AWG）通信线。

4.7.2 每个数字量（DI/DO）信号线采用RVV-2×1.0；配电箱内开关量信号线采用RVV-2×1.0；每个模拟量（AI/AO）信号线采用RVVP-3×1.0；流量开关信号线采用RVV-2×1.0；流量计信号线采用RVVP-4×1.0；送回风温度信号线采用RVVP-2×1.0；电动调节阀采用RVVP-3×1.0；开关量风阀、水阀控制采用RVV-3×1.0。

4.7.3 建筑设备监控系统从控制室至控制器的每条线路以及控制器之间的通信线路，均预留管线2SC20热镀锌钢管。

4.7.4 控制器至现场各种传感器、变送器、阀门等的控制线、信号线、电源线等采用穿管或采用金属槽盒明敷。

5. 通信网络系统

5.1 本工程设置程控数字电话交换机，为本楼工作人员提供与外部、与内部的通信交流。同时根据业务需要设置直拨外线。

5.2 程控交换机设置在一层电话机房，容量暂定为4000门，中继线为400对（双向）；直拨外线为400对。

5.3 由市政引来的外线电话电缆及中继线电缆，由北侧进入设在一层的电话机房。

5.4 在本工程电信引入端设置过电压保护装置。

5.5 从程控交换机主配线架出线，利用金属线槽将电话干线送至各智能化间，再由智能化间沿公共区金属线槽或穿管引至出线点。

5.6 电话干线及水平线路的选型见综合布线系统。

6. 综合布线系统（不涉及用户交换机、网络设备）

6.1 本工程综合布线设备间机房设在地下一层，进线间设在地下一层，与设备间机房共用。智能化配线间分别设置在各楼层。系统布线主要分为工作区子系统、配线子系统、干线子系统、设备间子系统、进线间子系统。本系统满足通信系统、信息网络系统（计算机网络系统）、信息引导及发布系统的布线要求，支持语音、数据、图像等多媒体业务信息的传输。

6.2 工作区信息点的设置：

1）信息点分类：

Z2为双口面板，安装有两个信息模块，包括1个数据点，1个语音点；Z1H/Z1J为单口面板安装有一个信息模块，1个数据点或1个语音点；AP为无线上网点；DT为信息导引点；XS为信息发布点。

2）信息点设置原则：

大开间开敞式办公区，按1个Z2/5m^{2}设计，区域做CP箱预留，每个CP箱最多12个双口信息点；

办公室按每个工位1个Z2类信息点；

每个领导办公位置2个个Z2类信息点；

会议室、宴会厅、多功能厅按功能设置Z2类和AP类信息点；
大堂及有需要的区域设置1个DT类信息点；
在电梯前室设置1个XS为信息点；
管理用房按需要布置数据点和语音点。

6.3　水平配线子系统均采用六类非屏蔽线缆。

6.4　配线设备规格：

楼层配线设备规格：支持语音配线架采用3类100对IDC模块型（与干线子系统连接侧）+6类24口RJ45模块型（与配线子系统连接侧）。支持数据与配线子系统连接侧的配线架采用6类24口RJ45模块型，与干线子系统连接侧的配线架采用24口光纤配线架。

语音主配线架采用3类100对IDC模块型，信息主配线架采用24口光纤配线架。

6.5　网络机房与各层布线间的干线子系统数据主干采用万兆多模光纤，语音主干线采用三类UTP大对数电缆。

6.6　综合布线系统产品为标准化产品，全系列产品的端到端只允使用同一种类的产品，包括各种线缆、配线架、模块和面板、跳线、连接器等。

6.7　出线插座墙面出线时，底边距地0.3m（有架空地板的房间，底边距架空地板0.3m），AP无线上网点，在吊顶或墙上安装。

6.8　干线子系统及公共区集中配出的配线子系统采用金属槽盒敷设，每个双口面板（Z2）穿SC25/JDG32/KZ24镀锌钢管，每个单口面板（Z1）穿SC15/JDG20/KZ17镀锌钢管。

6.9　电缆进入建筑物时，应采取过压、过流保护装置并符合相关规定。

7. 有线电视系统

7.1　能接收当地电视频道，并预留两个频道自办电视节目。

7.2　机房设在地下一层，由市政引来信号接入机房内电视前端箱。

7.3　系统采用862MHz双向隔离度的邻频双向传输系统，用户分配系统采用分配-分支-分配形式。

7.4　在________场所设置了有线电视出线口，用户出线口共计________出线口。用户电平要求（69±6）dBμV，图像清晰度不低于四级。

7.5　相邻频道间：≤2；任意频道间：≤12；频道频率稳定度±25kHz，图像/伴音频率间隔稳定度±5kHz。

7.6　电视系统在传输过程中所采用的干线放大器、均衡器等有源设备，均设置在智能化竖井内，竖井外均为无源器件。

7.7　干线电缆采用SYWV-75-9P4双向系统四屏蔽电缆，穿SC32/JDG40/KZ30镀锌钢管敷设；支线电缆采用SYWV-75-5P4四屏蔽电缆，穿SC25/JDG32/KZ24镀锌钢管敷设。

8. 安全技术防范系统

本工程属通用型公共建筑安防工程，防护标准按基本型（提高性/先进型）设计，机房设在一层禁区，设有自身安全防护措施和与外部通信的设备，并设置紧急报警装置和向上一级接处警中心报警的通信接口。系统由如下子系统组成：

8.1　入侵报警系统：

8.1.1 入侵报警系统由________组成，系统具备入侵探测报警、紧急报警及报警通信等功能，根据楼内的使用功能，对设防区域的非法入侵、盗窃、破坏和抢劫等，进行实时有效的探测与报警。

8.1.2 系统特点：

1）入侵探测器可根据实际需要设置不同时段、不同地点的报警功能，在设定区域进行探测，并与监视器进行联动，发现异常情况可随时报警并在监视屏幕显示；

2）紧急报警按钮可为重要办公区域的人员提供紧急报警，设置在工作人员手能触及的地方。装置设有防误动功能。

8.1.3 系统功能：

1）系统根据建筑特点，对楼内部及周界区进行重点防范，不同的防范区域运用不同的防范手段，达到交叉管理，重点防范，并且系统能独立运行，可实现异地报警，并与视频安防监控系统，出入口控制系统等可靠联动，实时记录；

2）系统采用集成式安全管理，实现系统的自动化管理与控制；

3）系统能按时间、区域、防范部位任意进行设防和撤防编程；

4）系统可对设备运行状态和信号传输进行检测，并对故障及时报警；

5）系统具有防破坏报警功能；

6）系统能显示和记录报警部位和有关警情数据，并提供与其他子系统的控制接口信号。

8.1.4 系统要求：

1）探测设备电源由主机统一供给；当系统供电暂时中断，恢复供电后，系统不需要设置即能恢复原来工作状态；

2）每个报警点相互隔离，互不影响。任一探测器故障，应在安防控制中心发出声、光报警信号，并能自动调出报警平面，显示故障点位置；

3）系统对报警事件具有记录功能；

4）系统管线，每一点预留 SC20 热镀锌钢管。

8.1.5 具体设置部位：

1）一层与室外有相接的窗户处，设置微波/被动红外双鉴探测器；

2）重要机房设置微波/被动红外双鉴探测器；

3）办公区域的出入口设置微波/被动红外双鉴探测器；

4）在领导办公室、大堂值班室、财务室等设置紧急报警按钮；

5）逃生楼梯间每五层设置一个紧急报警按钮。

8.2 视频安防监控系统：

视频安防监控系统由前端设备、传输设备、处理/控制设备和记录/显示设备四部分__________组成（备注：由于按模拟系统和数字系统组成完全不同，故应按选定的系统写以上四部分内容）。系统具有与火灾自动报警系统、入侵报警、出入口管理系统、巡更系统、车库管理系统联动的软硬件接口，当上述系统向其发出联动信号时，应通过联动接口直接联动到视频通道，联动响应时间不大于 4s。

8.2.1 本工程的安防监控中心设在一层，内设视频存储器、监视器、摄像机及附属设备、操作键盘等。

8.2.2 视频系统对建筑的公共区的主要出入口及通道及建筑周界进行监视，现场摄像机的设置点位及监测方式：

1）彩色半球摄像机：在所有楼出入口、楼梯间出入口、电梯厅出入口处设置摄像机；

2）电梯专用摄像机：在各电梯轿厢内，门侧顶部安装，全天监测进出人员情况，其输出图像显示楼层信息及电梯运行状态信息；

3）彩色枪式摄像机：在地下车库内每层设置摄像机，全天监测车库车辆的进出情况；

4）室外全方位摄像机：在建筑室外周界处设置，全天监测办公楼外进出人员及周围情况。

8.2.3 图像记录存储功能满足以下要求：

1）具有以太网接口，支持 TCP/IP 协议，提供二次开发软件接口；

2）画面上有摄像机的编号、部位、地址和时间、日期显示；

3）监视图像信息和声音信息具有原始完整性；

4）重要场所的录像具有对录像文件采取防篡改或完整性检查功能；

5）回放效果满足原始资料的完整性；

6）报警录像可提供报警前的图像记录；

7）每路存储图像分辨率不低于352×288，每路存储时间不少于7×24h；

8）文字显示为简体中文。操作员按用户自定义的区域或预定顺序快速选择摄像机而非通过编号选择摄像机（组切、群切），以提高操作效率。系统可以设置安全电子巡查路由，使切换序列可以跟踪工作人员的巡逻过程。

8.2.4 在摄像机标准照度下，模拟（或数字）电视图像质量和技术指标符合以下规定：

1）图像质量按五级损伤制评定，图像质量不低于 4 分。

2）随机信噪比：≥37dB（黑白），≥36dB（彩色）。[数字：峰值信噪比（PSNR）≥32dB]

单频干扰信噪比：≥40dB（黑白），≥37dB（彩色）。（备注：数字无）

电源干扰信噪比：≥40dB（黑白），≥37dB（彩色）。（备注：数字无）

脉冲干扰信噪比：≥40dB（黑白），≥37dB（彩色）。（备注：数字无）

3）实时显示黑白电视水平清晰度：≥420 线。

4）实时显示彩色电视水平清晰度：≥330 线。

5）图像画面灰度等级：≥8 级。

6）系统各路视频信号输出电平值：$1V_{P\text{-}P}$±3dBVBS；（备注：数字无）

8.2.5 在监控室的显示设备的分辨率不低于系统对采集规定的分辨率。

8.2.6 固定监视器显示分辨率不低于1024×768；拼接显示器的拼接缝不大于22mm。

8.2.7 所有摄像机的电源均由控制室统一供电。主机自带 UPS 电源，工作时间≥30min。

8.2.8 系统具有系统信息存储功能，在电源中断或关机后，对所有编程信息和时间信息均应保持。

8.2.9 系统控制方式为编码控制。

8.2.10 摄像机采用 CCD 电荷耦合式摄像机，带自动增益控制、逆光补偿、电子高亮度控制等。

8.2.11　系统采用模拟视频摄像机，信号采用同轴电缆SYV-75-5传输，(或模拟视频摄像机+数字传输或数字视频摄像机，信号采用多芯光纤传输)，中心主机系统采用全数字方式，所有视频信号可手动/自动切换。

8.2.12　设备安装及管线敷设：

1）室内摄像机安装高度：走道内安装在吊顶下，无吊顶处底距地2.5m。室外摄像机底距地3.5m；

2）由竖井至末端点位的公共区采用金属槽盒敷设，由金属槽盒引至普通监视点设2SC20热镀锌钢管，引至带云台监视点设3SC20热镀锌钢管。

8.3　出入口控制系统：

8.3.1　功能需求：

1）本工程在非对外区域、重点房间等处设置出入口管理系统；

2）系统对设防的区域进行位置、人员、时间上的实时记录和控制，并对意外情况进行报警；

3）系统对持卡人员进行身份识别，根据持卡人的身份和持有卡所具有的权限，来设定持卡人在建筑物内可到达的地点；

4）系统能独立运行，配置独立的I/O控制系统，并能与火灾自动报警系统、视频监视系统、入侵报警系统联动。当发生火灾时与火灾自动报警系统联动控制，确保释放建筑物内的消防疏散通道、安全出口处的出入口控制装置；

5）系统控制主机设在保安消防监控中心内，监控中心可对系统进行多级控制和集中管理。

8.3.2　系统特点：

1）系统管理方式：本系统采用非接触式IC卡方式。对大楼内不同的区域和特定的通道进行进出管制，并进行实时联网记录监控；

2）系统控制方式：

单门单控：单门单向控制，进门刷卡、出门按钮开门；

双门单控：双门单向控制，进门刷卡、出门按钮开。

3）系统组成：每个出入口控制点主要由控制器、读卡器、电控锁、出门按钮、门磁开关、紧急出门按钮及电源等组成。读卡器采用感应式，以感应卡为通行证，通过门磁感应器，控制门的开/关，同时管理主机将门开/关的时间、状态、门地址记录在管理机硬盘中予以保存。

8.3.3　系统功能：

1）权限管理功能：进出通道时间的权限：对所需通道设置允许进出时间段。如下班后的某时间段，不允许人员出入某处区域，有特殊要求时，可经过批准，特殊处理。卡的权限可以根据需要由管理中心进行设定，合法用户可随时更新卡的信息，可设置持卡人拥有不同的权限，不同权限的人可进入的区域不同，也可以指定不同权限进入各个门的时效；

2）实时监控功能：系统管理人员可以通过计算机实时查看每个出入口控制点人员的进出情况、每个设置出入口控制位置门的状态，也能在紧急状态下打开或关闭出入口控制点处的门；

3）出入记录查询功能：系统可存储所有的进出记录、状态记录，可按不同的查询条件查询。如：某人在某个时间段，行动流程；某扇门在某个时间段，何人何时进入等；

4）异常报警功能：出入口控制系统实时监控各控制点的门的开关情况，异常情况（开门超时、强行开门、非授权开门等）自动报警，系统电缆、电源、模块等受到破坏时具有自动报警功能；

5）预定通道功能：持卡人必须依照预先设定好的路线进出（主要针对外面来访人员），不能进入没有授权的通道。本功能可以防止持卡人尾随他人进入；

6）模块结构功能：系统采用分级和模块化结构，局部的损坏不会影响其他部分的正常工作；

7）扩展功能：系统具有可扩展性好的功能，用户可轻易在原系统基础上进行系统扩展，而不必重新对系统作过大的改造；

8）消防联动功能：在紧急状态或火灾情况下，系统可以自动打开所有疏散通道上的电子锁，确保人员的疏散；

9）子系统控制功能：出入口控制系统的控制器在与中心控制室软件失去通信的异常情况下，读卡器与控制器仍可独立工作。每个智能控制器可同时支持读卡器及输入/输出点，设有配置端口，以便于使用计算机直接对单个智能控制器进行配置和编程；

10）出入口控制系统联动功能：系统与视频监视系统、入侵报警系统联动，当发生异常情况时，可进行电视监控，进行实时控制；

11）兼容功能：系统兼容于一卡通管理系统，个人识别卡同时用于车库管理系统、考勤管理系统、消费管理系统、会议签到管理系统、图书管理系统，并兼容电子巡查系统。

8.3.4　出入口控制点设置：与对外开放的公共分割的所有出入口、内部重要的房间。

8.3.5　预留与其他系统的接口条件。

8.3.6　设备安装及管线敷设：

1）出入口控制器及网络控制器均装在出入口控制控制箱内。出入口控制控制箱在智能化竖井内底边距地 0.5m 挂墙明装；

2）读卡器与控制器间采用RVSP6×1.0，穿JDG25/KZ24 管，ACC/WC。读卡器底沿距地 1.3m，墙上安装；

3）出门按钮墙上安装，底沿距地 1.3m，采用RVV2×1.0，穿JDG20/KZ17 管，ACC/WC。

8.4　电子巡查管理系统：

8.4.1　本工程电子巡查管理系统由________组成，采用在线电子巡查系统的方式，利用出入口控制系统的读卡器编辑电子巡查路线，做到了出入口控制系统的扩展；部分孤立地点可增加独立的电子巡查读卡器。

8.4.2　在线电子巡查系统可以编辑多条电子巡查路线，使大楼内的电子巡查更合理、更安全。电子巡查人员的现场电子巡查信息可实时传到电子巡查工作站。保证财产安全和电子巡查人员的人身安全。

8.4.3　在主要通道及安防巡逻路由处设置电子巡查站，安排保安人员定时巡视，在第一时间报告警情，同时避免了保安人员的消极怠工。系统采用智能离线式电子巡查方式，电子巡查开关采用非接触式感应识别技术方式。报到时，手持电子巡查巡检器，在电子巡查点前 5～8cm 处自动感应巡检器。电子巡查点使用塑料制造。管理人员只需在主控室通过电子巡查管理电脑连接的高速传输器下载电子巡查记录，查询保安电子巡查的时间记录信息，便可查阅、打印、实现对安保的现代化规范管理。

8.4.4 所有电子巡查自动感应巡检器明敷于墙上。

8.5 汽车库管理系统：

8.5.1 汽车库管理系统采用内部车辆持远距离卡出入库、时租/月租车持近距离卡出入库、临时车取临时 IC 卡出入车库，管理系统采用智能化管理方式，识别卡内信息，自动开/关闸机、自动储存记录、显示车库内情况，并配备相应的收费设施。对车辆资料进行存档，保证车辆停放的安全。

8.5.2 入口部分：

在建筑主入口设置显示各车库满位、空位显示屏，设置入口卡箱（内含感应式 IC 卡读卡器、IC 卡出卡机、LED 显示屏、对讲分机、内部长期用户使用的远距离读卡器等）、自动道闸、车辆检测线圈、满位显示屏、彩色摄像机等组成。

1）内部车辆进入实行凭卡进入；

2）时租/月租卡车辆实行凭时租/月租进入；

3）当临时车辆接近入口时，如入口满位显示屏显示车位“满位”则不得进入，并自动关闭入口处读卡系统，不再发卡或读卡。如入口车位显示屏显示未满时，入口处的吐卡机箱显示屏（设有语音系统，同时语音响起）提示司机按键取卡，司机按键取卡，司机取卡后，自动闸机起栏放行车辆，车辆通过栏杆车辆检测线圈后，自动放下栏杆。并将车辆进入的时间记录至电脑数据库中。

8.5.3 出口部分：

出口部分主要由出口卡箱（内含感应式 IC 卡读卡器、LED 显示屏、对讲分机、远距离读卡器等）、自动路闸、车辆检测线圈、彩色摄像机等组成。

1）内部车辆驶出实行凭卡驶出；

2）时租/月租卡车辆实行凭时租/月租驶出；

3）当外部临时车辆驶出时，通过入口卡经管理人员结账后驶出。

8.6 安全管理系统：

8.6.1 安全管理需对入侵报警系统、视频安防监控系统、出入口控制系统、电子巡查系统、停车库管理系统进行集成，实现对各系统有效的联动，见安全管理信息化平台框图。具体功能如下：

1）视频安防监控系统可以接受入侵报警系统、出入口控制系统、电子巡查系统、消防报警系统等信号，启动相应录像机，并根据现场情况通过与 BA 或智能照明系统集成，向照明系统发出指令，打开报警区域照明；

2）出入口控制系统收到消防报警信号，打开所有疏散受控门；

3）入侵报警系统报警或摄像机发现有人闯入，通过安防集成联动相关通道门进行管制，限制这些区域的进出人员。

8.6.2 需集成的各系统通过网关或网桥及相关硬件，与楼内其他安全防范系统直接联网通信，并提供集成软件，并在此基础上实现信息共享、联动控制等集成功能，以提高建筑安全性。

9. 主要设备材料表

主要设备材料表

序号	设备名称	规格型号	单位	数量	备注
1	火灾集中报警控制器		台	××	
2	消防联动控制台	非标	台	××	含电脑打印机、CRT
3	复示盘		台	××	
4	地址感烟探测器		个	××	
5	地址感温探测器		个	××	
6	煤气探测器		个	××	
7	红外对射感烟探测器		对	××	
8	地址手动报警按钮（含对讲电话插孔）		个	××	
9	声光报警装置		套	××	
10	消防专用电话主机	××门	套	××	分机××个
11	消防专用电话主机	××门	套	××	分机××个
12	控制器		个	××	
13	火灾应急广播设备	××W/100V	台	××	
14	火灾应急广播设备	××W/100V	台	××	
15	火灾应急广播设备	××W/100V	台	××	
16	火灾应急广播设备	××W/100V	台	××	
17	火灾应急广播扬声器	××W	个	××	
18	火灾应急广播扬声器	××W	个	××	
19	火灾应急广播扬声器	××W	个	××	
20	建筑设备监控系统		点	见系统	
21	DDC 控制箱		个	××	
22	电话交换机	××门	个	××	
23	综合布线总配线架	××	套	××	
24	综合布线分配线架	19”机柜	套	××	
25	数据出线口	六类	个	××	
26	语音出线口	六类	个	××	
27	有线电视光端机及前端设备		套	××	
28	天线分支分配器箱		个	××	
29	天线出线口		个	××	
30	视频监控主机设备及配套设备		套	××	
31	摄像机（固定）		台	××	
32	带云台摄像机（固定）		台	××	
33	入侵报警系统		套	××	
34	红外探测器		个	××	
35	手动报警按钮		个	××	
36	出入口管理系统		套	××	
37	出入口控制器		个	××	
38	出入口控制点		个	××	
39	车库管理系统		套	××	

10　人防初步设计说明（公建类）

1. 设计依据

1.1　工程概况

本工程修建的防空地下室建筑面积为＿＿＿＿m^2，设置在地下＿＿＿＿层，平战结合。平时用途为＿＿＿＿；

战时功能为＿＿＿＿，抗力级别为常＿＿＿＿级和核＿＿＿＿级；

战时分为＿＿＿＿个防护单元。

1.2　相关专业提供给本专业的设计资料。

1.3　＿＿＿＿市人防地下室建设意见征询单（编号：2009-160）。

1.4　甲方提供的设计任务书及设计要求。

1.5　方案设计批复意见。

1.6　设计深度：依照中华人民共和国住房和城乡建设部《建筑工程设计文件编制深度规定》（2008 年版）的规定执行。

1.7　主要设计规范及标准（备注：根据项目类型按需要选摘）：

《人民防空地下室设计规范》GB 50038—2005；

《人民防空工程设计防火规范》GB 50098—2009；

《人民防空工程施工及验收规范》GB 50134—2004；

《民用建筑电气设计规范》JGJ 16—2008；

《供配电系统设计规范》GB 50052—2009；

《低压配电设计规范》GB 50054—2011；

《建筑照明设计规范》GB 50034—2013。

1.8　选用国家建筑标准设计图集（备注：根据项目类型按需要选摘）：

《防空地下室电气设计示例》07FD01；

《防空地下室电气设备安装》07FD02；

《人民防空地下室设计规范》图示-电气专业 05SFD10；

《建筑电气常用数据》04DX101-1；

《常用风机控制电路图》10D303-2；

《常用水泵控制电路图》10D303-3；

《防雷及接地安装》D501-1～4；

《民用建筑电气设计与施工》D800-1～8。

2. 设计范围

2.1　本工程包括人防范围内平时和战时的以下电气系统设计：

1）0.23/0.4kV 低压配电系统；

2）照明和动力系统；

3）战时通信电源、电话系统；

4）接地及安全措施。

2.2　本工程电力系统电源（0.23/0.4kV）的分界点为人防电源配电箱内进线开关进线端。进线的防护密闭管由本设计提供。

2.3　电力系统电源进线的电费计量电度表由地面建筑设计单位设置，人防内只设电源进线开关和内、外电源的转换开关。不设电费计量电度表。

3. 负荷分级及容量

3.1　平时消防负荷为一级负荷，其他负荷为三级负荷。

3.2　战时应急通信设备、应急照明、排水泵为一级负荷，战时使用的正常照明、重要的风机、三种通风方式装置为二级负荷，其他负荷为三级负荷。

3.3　平时电力负荷计算汇总：

一级负荷：安装容量：P_e＝　kW，K_x＝1，计算容量 P_j＝　kW；

三级负荷：安装容量：P_e＝　kW，K_x＝0.9，计算容量 P_j＝　kW；

合计：安装容量：P_e＝　kW，计算容量 P_j＝　kW。

3.4　战时电力负荷计算汇总：

1）防护分区一：

一级负荷：安装容量：P_e＝　kW，K_x＝1，计算容量 P_j＝　kW；

二级负荷：安装容量：P_e＝　kW，K_x＝1，计算容量 P_j＝　kW；

合计：安装容量：P_e＝　kW，计算容量 P_j＝　kW。

2）防护分区二：

一级负荷：安装容量：P_e＝　kW，K_x＝1，计算容量 P_j＝　kW；

二级负荷：安装容量：P_e＝　kW，K_x＝1，计算容量 P_j＝　kW；

合计：安装容量：P_e＝　kW，计算容量 P_j＝　kW。

3）防护分区三：

一级负荷：安装容量：P_e＝　kW，K_x＝1，计算容量 P_j＝　kW；

二级负荷：安装容量：P_e＝　kW，K_x＝1，计算容量 P_j＝kW；

合计：安装容量：P_e＝　kW，计算容量 P_j＝　kW。

4. 供配电系统

4.1　本工程电源引自本建筑配变电所，共4路，一路作为平时和战时负荷的常用电力电源，另一路作为平时和战时负荷的常用照明电源，另外两路作为消防负荷的专用电源，战时预留一路内部电源。应急照明由 EPS 作为备用电源。

4.2　人防工程战时二级负荷由区域电源作为备用电源，战时一级负荷由 EPS 作为备用电源。

4.3　本工程采用放射式与树干式相结合的配电方式，消防负荷采用双电源末端自动切换方式供电，战时二级负荷采用双电源侧切换或负荷侧手动切换，三级负荷采用单回路供电。

4.4　本工程内所有电动机均采用全压直接启动方式，污水泵采用液位传感器就地自动、手动控制。

4.5　战时风机为手动控制。消防补风机、排烟风机采用就地控制、自动控制与消防中心远程集中手动控制三种控制方式。

5. 导线选择及线路敷设

5.1 低压出线电缆选用 WDZ-YJY-1kV 低烟无卤 A 类阻燃电力电缆，工作温度：90℃；配变电所消防双电源出线电缆，末端双电源出线选用 WDZAN-YJY-1kV 低烟无卤 A 类耐火电力电缆，温升：105℃。

5.2 除应急照明配电箱出线应采用 WDZN-BYJ-750V-3×2.5mm² SC20 低烟无卤耐火型导线，明敷时穿金属管并作防火处理。其他均为 WDZ-BYJ-750V-3×2.5mm² SC15 低烟无卤阻燃导线。

5.3 由照明配电箱引至单相插座均为 WDZ-BYJ-750V-3×2.5mm² 铜芯导线穿 SC15。

5.4 焊接钢管沿墙、地板（建筑垫层）内暗敷设。当电气管线暗敷设埋地距离较长，或弯曲超过 2 个，将直径放大一级或在适当位置加装过路盒。

5.5 穿越围护结构、防护密闭隔墙、密闭隔墙的电气管线及预留备用穿线钢管，应进行防护密闭或密闭处理，管材应选用管壁厚度不小于 2.5mm 的热镀锌钢管，管线应设置抗力片。防护密闭或密闭处理的具体做法见 07FD02 第 18、23、32 页次。在人防出入口处顶板下 200mm 预留密闭套管。

5.6 凡穿越临空墙、防护密闭隔墙、密闭隔墙的电缆管线，均采取密闭措施。

6. 照明设计

6.1 照明光源，一般场所均选用Ⅰ类带电子镇流器高效节能荧光灯和其他节能型灯具，简易洗消选用防潮防水灯。

6.2 照度要求：

	场　所	照度（lx）	R_a	照明功率密度限值（W/m²）
战时	值班室、配电室	100	80	5
	掩蔽室	150		
	风机室、水泵房、滤毒室	100		
	通道	75		
平时	风机室、水泵房	100		
	配电室	200		
	车库	50		

6.3 本工程按平时、战时照明共用配电回路设计，战时摘除平时照明用电负荷，确保战时一级、二级负荷用电。

6.4 照明和插座回路分别由不同的配电回路供电，插座回路均设剩余电流断路器保护。

6.5 人员出入口、通道、防化通信值班室设置应急照明。应急照明采用集中式 EPS 作为备用电源，平时 EPS 持续供电时间不小于30min，战时 EPS 连续供电时间不小于防空地下室的隔绝防护时间6h。

6.6 照明宜选用重量较轻的线吊或链吊灯具。

6.7 从人防内部至防护密闭门外的照明线路，在防护密闭门内侧（防护密闭门与密闭门之间），距地 2.3m 处，单独设置熔断器做短路保护。单独回路可不设熔断器保护。

7. 设备安装

7.1 本工程人防电源配电箱、控制箱、信号箱应选用具有无油、防潮、防霉性能好的产品。

7.2　人防电源配电箱采取落地式安装，箱底应高出地面100mm以上，可采用槽钢框架或混凝土作箱体基础。

7.3　控制箱、信号箱明装，箱底距地1.2m。

7.4　通风方式信号控制箱AC1～3设在防化值班室内，通风方式信号箱AS1～3设在战时进风机房、人员出入口最里一道密闭门内侧，有防护能力的音响信号按钮设在战时人员主要出入口防护密闭门外侧，音响信号装置设在AC1～3箱内。红色灯光表示隔绝式，黄色灯光表示滤毒式，绿色灯光表示清洁式。

7.5　引入人防的所有管线，宜暗敷在楼板内或墙内，暗配管在穿越防护密闭隔墙或密闭隔墙时，在墙体厚度的中间设置密闭肋且在墙的两侧设置过线盒，盒内不应有接线头。过线盒穿线后应密封，并加盖板。

7.6　引入人防的所有管线（包括接地干线），若明敷，则在穿过围护结构、临空墙、防护密闭隔墙时，必须预留带有密闭翼环和防护抗力片的密闭穿墙短管，在穿过密闭隔墙时，必须预留带有密闭翼环的密闭穿墙短管。密闭穿墙短管要求壁厚大于3mm且两边伸出墙面30～50mm。密闭穿墙短管作套管时，套管与管道之间应采用密封材料填充密实，并在管口两端进行密闭处理。密闭穿墙短管应在朝向核爆冲击波端加装防护抗力片，抗力片宜采用厚度大于6mm的钢板制作。抗力片上槽口宽度应与所穿越的管线外径相同；两块抗力片的槽口必须对插。

8. 接地

8.1　在防化通信值班室内应设LEB局部等电位联结端子板。

8.2　金属管道、人防门、门的金属框等均应作等电位联结。

9. 通信

9.1　在各防护单元内防化通信值班室内的人防电源配电箱内留有电源开关回路，容量按6kW设计。

9.2　在防化通信值班室设有电话出线口，留有电话线路与市话网络联通。

10. 平战转换

10.1　本工程专为战时一级负荷供电设置的EPS自备电源，设计到位，平时不安装，在临战30d转换时限内完成安装和调试。

10.2　本工程电气、智能化管线穿过临空墙、防护密闭隔墙、密闭隔墙，除平时消防有要求采取封堵外，可不做密闭处理，在临战30d转换时限内完成。

10.3　防空地下室战时不使用的电气设备应在3d转换时限内全部接地。战时使用的电子、电气设备应在30d转换时限内加装氧化锌避雷器，其转换开关应为4P。

10.4　平时设计选用的吸顶灯，应在临战时加设防掉落保护网罩，荧光灯的灯管两端应在临战时采用尼龙丝绳绑扎。

11 电气施工图设计说明（公建类）

1. 设计依据

1.1 建筑概况：

本工程位于_________（省市），_________（区）_________（路）。总建筑面积约________ m^2。建筑性质为：_______________。地下________层，主要功能为车库、各种机房、库房，地上________层，主要功能为办公室、餐厅、会议室等；

（备注：反映建筑规模的主要技术指标，如酒店的床位数，剧院、体育场馆等的座位数，医院的门诊人数和住院部的床位数等。）

本工程属于________类(办公）建筑；

建筑主体高度________ m（地上________ m，地下________ m)，裙房高度________ m。结构形式为________，基础为________，楼板厚________ mm，垫层厚________ mm；

建筑耐火等级：一级；防火分类等级：(一）类，防火等级(一）级；

建筑设计使用年限：50 年；

人防工程为五级，平战结合；

抗震设防烈度： 7 度；抗震设防分类： 乙 类，按 8 度采取抗震措施。

1.2 相关专业提供给本专业的设计资料。

1.3 市政主管部门和评审专家对初步设计的审批意见。

1.4 甲方提供对设计任务书及设计要求的补充文件。

1.5 设计深度依照中华人民共和国住房和城乡建设部《建筑工程设计文件编制深度规定》(2008 年版）的规定执行。

1.6 中华人民共和国现行主要标准及规范（备注：根据项目类型按需要选摘）：

《民用建筑电气设计规范》JGJ 16—2008；

《供配电系统设计规范》GB 50052—2009；

《20kV 及以下变电所设计规范》GB 50053—2013；

《低压配电设计规范》GB 50054—2011；

《建筑物防雷设计规范》GB 50057—2010；

《建筑物电子信息系统防雷技术规范》GB 50343—2012；

《通用用电设备配电设计规范》GB 50055—2011；

《交流电气装置的接地设计规范》GB 50065—2011；

《建筑设计防火规范》GB 50016—2014；

《电力工程电缆设计规范》GB 50217—2007；

《人民防空地下室设计规范》GB 50038—2005；

《建筑照明设计标准》GB 50034—2013；

《医疗建筑电气设计规范》JGJ 312—2013；

《教育建筑电气设计规范》JGJ 310—2013；

《交通建筑电气设计规范》JGJ 243—2011；
《金融建筑电气设计规范》JGJ 284—2012；
《会展建筑电气设计规范》JGJ 333—2014；
《城市夜景照明设计规范》JGJ/T 163—2008；
《爆炸危险环境电力装置设计规范》GB 50058—2014；
《人民防空工程设计防火规范》GB 50098—2009；
《施工现场临时用电安全技术规范》JGJ 46—2005；
《博物馆照明设计规范》GB/T 23863—2009；
《办公建筑设计规范》JGJ 67—2006；
《博物馆建筑设计规范》JGJ 66—91；
《电影院建筑设计规范》JGJ 58—2008，J 785—2008；
《飞机库设计防火规范》GB 50284—2008；
《交通客运站建筑设计规范》JGJ/T 60-2012；
《剧场建筑设计规范》JGJ 57—2000；
《老年人建筑设计规范》JGJ 122—99；
《老年人居住建筑设计标准》GB/T 50340-2003；
《旅馆建筑设计规范》JGJ 62—2014；
《汽车客运站建筑设计规范》JGJ 60—99；
《汽车库建筑设计规范》JGJ 100—98；
《商店建筑设计规范》JGJ 48—2014；
《体育建筑设计规范》JGJ 31—2003；
《铁路车站及枢纽设计规范》GB 50091—2006；
《铁路旅客车站建筑设计规范》GB 50226—2007（2011 年版）；
《地铁设计规范》GB 50157—2013；
《图书馆建筑设计规范》JGJ/T 38—99；
《托儿所、幼儿园建筑设计规范》JGJ 39—87；
《文化馆建筑设计规范》JGJ/T 41—2014；
《饮食建筑设计规范》JGJ 64—89；
《中小学校设计规范》GB 50099—2011；
《宿舍建筑设计规范》JGJ 36—2005；
《综合医院建筑设计规范》JGJ 49—88；
《生物安全实验室建筑技术规范》GB 50346—2011；
《民用建筑绿色设计规范》JGJ/T 229—2010；
《公共建筑节能设计标准》DB 11/687—2009；
《绿色建筑评价标准》DB11/T 825—2011；
《绿色建筑设计规范》DB 11/938—2012；
《居住建筑节能设计标准》DB 11/891—2012（2013 版）；
《消防安全疏散标志设置标准》DBJ 01-611-2002；
《建筑工程施工质量验收统一标准》GB 50300—2013；

《建筑电气工程施工质量验收规范》GB 50303—2002。

国家及地方其他现行有关规范及标准。

1.7 选用国家建筑标准设计图集：

《10/0.4kV 变压器布置及配变电所常用设备构件安装》03D201-4；

《常用风机控制电路图》10D303-2；

《常用水泵控制电路图》10D303-3；

《防雷及接地安装》03D501-1～4；

《民用建筑电气设计与施工》D800-1～8。

1.8 为设计方便，设计所选设备型号仅供参考，不作为招标依据，招标所确定的设备规格、性能等技术指标，不应低于设计的要求。

2. 设计范围

2.1 本工程设计包括红线内的以下电气系统：

2.1.1 10/0.4kV 变配电系统。

2.1.2 电力配电系统。

2.1.3 照明系统。

2.1.4 防雷、接地系统及安全措施。

2.1.5 人防工程。

2.2 与其他单位专业设计的分工：

2.2.1 室外照明系统，由专业厂家设计，本设计仅预留电源，并预留与灯光控制系统或楼宇自控系统的接口条件。

2.2.2 有特殊设备的场所(例如：厨房、电梯、模块局、消防控制室等)，本设计仅预留配电箱，注明用电量。

2.2.3 有特殊装修要求的场所，由室内装修设计负责照明平面及系统的设计。本设计将电源引至配电箱，预留装修照明容量(及回路)，并在本设计中确定照度标准和功率密度限值，同时审核装修施工图与电气预留接口条件的符合性。

2.2.4 电源分界点：电源分界点为地下(一) 层高压配电室电源进线柜内进线开关的进线端。由城市电网引入本工程配变电所的两路 10kV 电源(专线) 线路、高压分界小室(备注：根据当地供电系统型式设置）属城市供电部门负责设计，其设备由供电局选型。本设计提供此线路进入本工程建设红线范围内的路径及高压分界小室的位置。

3. 10/0.4kV 变、配、发电系统

3.1 负荷等级及各级别负荷容量：

3.1.1 本工程负荷等级为：

一级负荷：消防系统（含消防控制室内的火灾自动报警及控制设备、消防泵、消防电梯、排烟风机、加压送风机、消防补风机等)、安防监控系统、应急及疏散照明指示、通信、计算机机房、停电后须坚持工作的设备等用电负荷；机械停车、事故风机；一类高层建筑的走道楼梯间照明、客梯、生活泵、污水泵。

一级负荷中的消防系统（含消防控制室内的火灾自动报警及控制设备、消防泵、消防电梯、排烟风机、加压送风机、消防补风机等)、安防监控系统、应急及疏散照明指示、通信、计算机机房等用电负荷，为特别重要负荷。

二级负荷：二类高层建筑的通道及楼梯间照明、客梯、生活泵、污水泵等；大堂用电、多功能厅用电、展厅用电、报告厅用电。

三级负荷：其他电力负荷及一般照明。

3.1.2　各类负荷容量：

一级负荷：P_e=________ kW；(不含火灾时投入的消防专用设备)

二级负荷：P_e=________ kW；

三级负荷：P_e=________ kW；

消防专用设备：P_e=________ kW。

3.2　供电电源及电压等级：

本工程从________及________35kV以上（110kV）变电站，分别引来一路10kV（非）专线电源，两路电源分别引自不会同时损坏的两个上级电源，即一个电源发生故障时，另一路电源不同时受到损坏。每路均能承担本工程全部二级以上负荷，两路10kV电源同时工作，互为备用，两路10kV电缆从建筑物（西侧穿导管）埋地引入设在地下一层的电缆分界室。高压采用小电阻（不接地）接地型式。每路高压容量为________ kVA。

3.3　自备备用电源：

本工程选用(一）台柴油发电机组，主用功率为________ kW作为第三路备用电源。柴油发电机组的供电范围：__________。（若发生火灾，应切断应急母线段上的非保证负荷。）

当10kV市电停电、缺相、电压或频率超出范围，或同一配变电所两台变压器同时故障时，可从(各配变电所）及(水泵房控制室）的自动互投开关ATS处拾取柴油发电机的延时启动信号并采用(NHKYJY-8×2.5SC40)，送至柴油发电机房，信号延时0～10s（可调）自动启动柴油发电机组，柴油发电机组30s内达到额定转速、电压、频率后，分步投入负载运行。

柴油发电机馈电线路连接后，两端的相序与原供电系统的相序一致。

柴油发电机电源与市电电源之间采取防止并列运行的措施，当市电恢复30～60s（可调）后，自动恢复市电供电，柴油发电机组经冷却延时后，自动停机。

3.4　高、低压供电系统结线型式及运行方式：

3.4.1　高压为单母线分段运行方式，中间设联络开关，平时两路电源分列运行，互为热备用，当一路电源故障时，通过手/自动操作联络开关，另一路电源可承担全部二级以上负荷。高压主进开关与联络开关之间设电气连锁，任何情况下只能合其中的两个开关。

3.4.2　低压为单母线分段运行，联络开关设自投自复/自投不自复/手动转换。自投时有一定的（可调）延时，当电源主断路器因过载或短路故障分闸时，母联断路器不允许自动合闸，另外自投时还应自动断开非保证负荷，以保证另一台变压器承担全部二级及以上负荷。低压主进开关与联络开关之间设电气连锁，任何情况下只能合其中的两个开关。

3.5　配变电所、柴油发电机房的设置：

本工程在地下(　　）层设(一座）配变电所。值班室内设模拟显示屏；

本工程设备容量为：

P_e=________ kW（不含火灾时投入的消防专用设备）；（其中：照明________ kW，

电力________ kW，空调________ kW）P_j =________ kW，Q_j =________ kvar，S_j =________ kVA；

消防设备________ kW；

选用________台________ kVA 户内型干式变压器。接线为 D，Yn11。U_k =________%；

负荷率约为：________%。

3.6 10kV 继电保护：采用综合继保，实现三相三继定时限过流保护及电流速断保护；进线增加零序保护，变压器出线增加零序保护、单相接地信号装置、温度保护及信号装置。

分配变电所内高压设备只作隔离不作保护。

3.7 电能计量：本工程采用高压计量方式，低压设电力分表（备注：依据供电方案确定或初步设计审批文件确定是否设动力子表）。

3.8 功率因数补偿：在配变电所低压侧设功率因数集中自动补偿装置，电容器组采用自动循环投切方式，设置20%左右分相补偿装置，要求补偿后的功率因数不小于0.90(0.95)。荧光灯、气体放电灯等灯具单灯就地补偿，补偿后的功率因数不小于0.90。不大于5W 的 LED 灯，功率因数不小于0.50，大于5W 的 LED 灯，功率因数不小于0.90。

3.9 谐波治理：

3.9.1 在配电设计过程中尽量使三相达到平衡。

3.9.2 设备选择时其谐波含有值均不超过《电磁兼容限值谐波电流发射限值（设备每相输入电流≤16A）》GB 17625.1—2012 的规定限制值。

3.9.3 对于谐波源较大的单独设备或较集中的设备组，就地留有加装交流滤波装置的位置。

3.10 10kV 高压柜操作电源及信号电源：

3.10.1 操作电源满足变电所的控制、信号、保护、自动装置以及其他二次回路的工作电源，当高压断路器选用电磁操作时，操作电压应选用直流 220V（110V），选用弹簧操作系统时宜选用直流 110V 或直流 220V。直流电源蓄电池容量为________ Ah。

3.10.2 信号装置具有事故信号和预告信号的报警、显示功能。

3.10.3 直流屏备用电源采用免维护铅酸电池组，直流屏和充电装置屏其防护等级不低于 IP20。

3.11 低压断路器(运行、极限）分断能力要求：

500～800kVA 干式变压器，变压器阻抗电压 6%，低压断路器要求运行分断能力：(25kA）及以上；

1000kVA、1250kVA 干式变压器，变压器阻抗电压 6%，低压断路器要求运行分断能力：(35kA）及以上；

1600kVA 干式变压器，变压器阻抗电压 6%，低压断路器要求运行分断能力：(45kA）及以上；

2000kVA 干式变压器，变压器阻抗电压 6%，低压断路器要求运行分断能力：(60kA）及以上；

2500kVA 干式变压器，变压器阻抗电压 6%（8%），低压断路器要求运行分断能力：(65kA）及以上。

3.12　低压保护装置：

低压主进、联络断路器设（过载长延时、短路短延时）保护脱扣器，其他低压断路器设［过载长延时、短路瞬时、短路短延时（大容量开关回路）］脱扣器，部分回路设（分励）脱扣器，这些带（分励）脱扣器的回路既可以在自动互投时，卸载部分非保证负荷，防止变压器过载，同时，对于放射式配电的非消防负荷，火灾时依据火势状况，切断相应供电电源；断路器脱扣器为电子脱扣器。

低压断路器有远程操作要求时，需断路器带电动操作机构。

3.13　智能电力监控系统：

3.13.1　系统结构

监控系统采用分散、分层、分布式结构设计，从整个网络结构上，分为三层结构：即间隔层、通信管理层及所级监控管理层；

间隔层：所有10kV高压保护测控装置、400V低压电力监控仪表和监控单元按一次设备对应分布式配置，就地安装在高、低压开关柜内，各装置、仪表和测控单元相对独立，完成保护、测量、通信等功能，同时具有动态实时显示电气设备工作状态、运行参数、故障信息和事件记录、保护定值等功能；

通信管理层：完成现场控制层和监控管理层之间的网络连接、转换和数据、命令的交换，将现场实时数据和事件信息经网络上传到所级监控管理层，支持各种标准通信规约；

监控管理层：集中监控主机采用高性能工业计算机，所有监控后台设备安装在主控制室，实现整个变配电系统高、低压电气设备及主要用电设备的遥信、遥测、遥调功能，系统选用专业组态监控软件，对变配电系统电气设备的运行状态进行实时监控、电气参数实时监测、事故异常报警、事件记录和打印、电能管理和负荷控制、故障录波和分析、统计报表自动生成和打印、事故异常报警等综合功能。

3.13.2　系统功能

1）图形显示变配电系统高、低压系统电气主接线图、主要用电设备的分支接线图，主接线图集中显示变配电系统高、低压回路的监控界面，分支接线图集中显示主要用电设备的运行状态；

2）动态刷新显示工况图：包括高、低压电气测量参数、运行参数和状态量参数，日常数据电度显示等；

3）模拟量显示：三相电流、电压、功率（有功、无功）、电度（有功、无功）、频率、功率因数等；

4）开关量显示当前运行状态；

5）连续记录显示：负荷曲线、电压曲线、温度曲线、故障数据追忆曲线、电流电压棒图等，具有安全参数、危险参数、报警参数界限；

6）事故顺序记录显示：将保护动作和开关跳、合闸等事件按动作顺序进行记录，在报警窗里显示保护动作，断路器、刀闸状态量的变位情况，模拟量的越限值等。

3.14　10/0.4kV变、配、发电系统设备接口要求：

3.14.1　高压开关柜预留与变压器温度传感器的信号接线、智能电力监控系统、直流操作电源、信号屏的接口条件，高压出线与变压器的进线的接线方式订货时应按图纸要求进行。

3.14.2　变压器预留与高压二次接线、智能电力监控系统、信号屏的接口条件，变压器进、出线与高、低压的进、出线的接线方式，订货时应按图纸要求进行。

3.14.3　低压配电柜与智能电力监控系统、消防报警控制系统的接口条件，低压配电柜进线与变压器出线的接线方式，订货时应按图纸要求进行。

3.14.4　直流操作电源及信号屏预留与智能电力监控系统、高压开关柜、变压器二次接口条件。

3.15　其他要求：

3.15.1　要求所有整定值≥100A的低压断路器脱扣器额定电流与断路器的框架电流相同，整定值≤80A的低压断路器脱扣器额定电流为100A，且脱扣电流和动作时间可调。

3.15.2　高、低压柜二次线应为(阻燃、耐105℃、耐火）导线。

4. 电力配电系统

4.1　低压配电系统采用220/380V放射式与树干式相结合的方式，对于单台容量较大的负荷或重要负荷采用放射式供电；对于照明及一般负荷采用树干式与放射式相结合的供电方式。

4.2　一级负荷：

一级负荷中特别重要负荷：采用来自两台变压器不同母线段，其中一个母线段为应急母线段；其供电电源的切换时间，满足设备允许中断的要求。

消防负荷、电梯、智能化机房等采用来自两台变压器不同母线段的两路电源供电并在末端互投。

其他一级负荷采用双电源互投或独立供电回路。

二级负荷：采用来自两台变压器不同母线段的两路电源供电，在适当位置互投/在末端互投。

三级负荷：采用单电源供电。

4.3　本工程＿37＿kW及以下的电动机采用全压启动方式；＿37kW＿及以上的非消防电动机采用软起动器启动方式（带变频控制的除外)，消防设备采用星三角启动。

4.4　污水泵采用液位传感器就地控制，水位超高报警、水位显示及泵故障由BA系统完成。

4.5　冷冻机、冷冻泵、冷却泵、冷却塔、空调机、新风机、排风机、送风机、热水循环泵等采用BA系统控制，同时设有就地手动控制。

风冷热泵冷水机组、VRV变频机组等自带启动控制设备，本设计仅提供供电电源，但需将机组运行信号接入BA系统显示，要求机组控制柜提供通信接口。

4.6　消防专用设备：消火栓泵、喷淋泵、消防稳压泵、排烟风机、加压送风机等不进入BA系统。

4.7　排风兼排烟风机，进风兼补风风机：平时由BA系统控制，火灾时由消防控制室控制并具有优先权。

4.8　消防设备的热继电器过负荷保护只作用于报警，不动作，给消防设备配电的低压断路器不设置过负荷保护。

4.9　本设计水泵、风机均按1500转/分的额定电流的1.05倍整定热脱扣器的动作电流，若水泵、风机订货时，转速、功率变化，则应按实际额定电流的1.05倍整定热脱扣器的动作电流。

4.10　燃气表间、燃气锅炉房、厨房等设有事故排风机房间的室内、外均应设置控制电器，控制启停风机。

4.11　太阳能热水系统使用的电器设备除了一般保护外，应增加剩余电流保护及接地保护、无水断电保护等。

4.12　冷冻机房内设备配电电缆均为电缆托盘（或槽盒）敷设。当冷冻机采用变频/星三角启动，启动柜由厂家配套，其进出线方式等应符合本设计要求。

5. 照明系统

5.1　照明系统包括一般正常照明和应急照明，平均照度一般指距地面 0.75m 的水平面。当房间或场所的室形指数值等于或小于 1 时，其照明功率密度限值可增加，但增加值不应超过限值的 20%。本工程照明密度不应大于表 11-1～表 11-9 规定的限值。

办公建筑照明功率密度限值　　表 11-1

房间或场所	照度标准值（lx）	照明功率密度限值（W/m²）	
		现行值	目标值
普通办公室	300	≤9.0	≤8.0
高档办公室、设计室	500	≤15.0	≤13.5
会议室	300	≤9.0	≤8.0
服务大厅	300	≤11.0	≤10.0

注：此表适用于所有类型建筑的办公室和类似用途场所的照明。

商店建筑照明功率密度限值　　表 11-2

房间或场所	照度标准值（lx）	照明功率密度限值（W/m²）	
		现行值	目标值
一般商店营业厅	300	≤10.0	≤9.0
高档商店营业厅	500	≤16.0	≤14.5
一般超市营业厅	300	≤11.0	≤10.0
高档超市营业厅	500	≤17.0	≤15.5
专卖店营业厅	300	≤11.0	≤10.0
仓储超市	300	≤11.0	≤10.0

旅馆建筑照明功率密度限值　　表 11-3

房间或场所	照度标准值（lx）	照明功率密度限值（W/m²）	
		现行值	目标值
客　房	—	≤7.0	≤6.0
中餐厅	200	≤9.0	≤8.0
西餐厅	150	≤6.5	≤5.5
多功能厅	300	≤13.5	≤12.0
客房层走廊	50	≤4.0	≤3.5
大　堂	200	≤9.0	≤8.0
会议室	300	≤9.0	≤8.0

医疗建筑照明功率密度限值 **表 11-4**

房间或场所	照度标准值（lx）	照明功率密度限值（W/m²）	
		现行值	目标值
治疗室、诊室	300	≤9.0	≤8.0
化验室	500	≤15.0	≤13.5
候诊室、挂号厅	200	≤6.5	≤5.5
病房	100	≤5.0	≤4.5
护士站	300	≤9.0	≤8.0
药房	500	≤15.0	≤13.5
走廊	100	≤4.5	≤4.0

教育建筑照明功率密度限值 **表 11-5**

房间或场所	照度标准值（lx）	照明功率密度限值（W/m²）	
		现行值	目标值
教室、阅览室	300	≤9.0	≤8.0
实验室	300	≤9.0	≤8.0
美术教室	500	≤15.0	≤13.5
多媒体教室	300	≤9.0	≤8.0
计算机教室、电子阅览室	500	≤15.0	≤13.5
学生宿舍	150	≤5.0	≤4.5

会展建筑照明功率密度限值 **表 11-6**

房间或场所	照度标准值（lx）	照明功率密度限值（W/m²）	
		现行值	目标值
会议室、洽谈室	300	≤9.0	≤8.0
宴会厅、多功能厅	300	≤13.5	≤12.0
一般展厅	200	≤9.0	≤8.0
高档展厅	300	≤13.5	≤12.0

交通建筑照明功率密度限值 **表 11-7**

房间或场所		照度标准值（lx）	照明功率密度限值（W/m²）	
			现行值	目标值
候车（机、船）室	普通	150	≤7.0	≤6.0
	高档	200	≤9.0	≤8.0
中央大厅、售票大厅		200	≤9.0	≤8.0
行李认领、到达大厅、出发大厅		200	≤9.0	≤8.0
地铁站厅	普通	100	≤5.0	≤4.5
	高档	200	≤9.0	≤8.0
地铁进出站门厅	普通	150	≤6.5	≤5.5
	高档	200	≤9.0	≤8.0

金融建筑照明功率密度限值 **表 11-8**

房间或场所	照度标准值（lx）	照明功率密度限值（W/m²）	
		现行值	目标值
营业大厅	200	≤9.0	≤8.0
交易大厅	300	≤13.5	≤12.0

公共通用房间或场所照明功率密度限值 **表 11-9**

房间或场所		照度标准值（lx）	照明功率密度限值（W/m²）	
			现行值	目标值
走　廊	一般	50	≤2.5	≤2.0
	高档	100	≤4.0	≤3.5
厕　所	一般	75	≤3.5	≤3.0
	高档	150	≤6.0	≤5.0
试验室	一般	300	≤9.0	≤8.0
	精细	500	≤15.0	≤13.5
检验	一般	300	≤9.0	≤8.0
	精细，有颜色要求	750	≤23.0	≤21.0
计量室、测量室		500	≤15.0	≤13.5
控制室	一般控制室	300	≤9.0	≤8.0
	主控制室	500	≤15.0	≤13.5
电话站、网络中心、计算机站		500	≤15.0	≤13.5
动力站	风机房、空调机房	100	≤4.0	≤3.5
	泵房	100	≤4.0	≤3.5
	冷冻站	150	≤6.0	≤5.0
	压缩空气站	150	≤6.0	≤5.0
	锅炉房、煤气站的操作层	100	≤5.0	≤4.5
仓库	大件库	50	≤2.5	≤2.0
	一般件库	100	≤4.0	≤3.5
	半成品库	150	≤6.0	≤5.0
	精细件库	200	≤7.0	≤6.0
公共车库		50	≤2.5	≤2.0
车辆加油站		100	≤5.0	≤4.5

典型房间照度计算见节能篇/照明平面图。

5.2　光源要求：

5.2.1　有装修要求的场所视装修要求选用节能光源，一般场所为节能高效荧光灯、金属卤化物灯或其他节能光源。光源显色指数R_a≥80，色温应在2800～4500K之间。

5.2.2　荧光灯为三基色节能型（T8.T5）灯管，光通量不低于3200（2600）lm以上，配用电子式镇流器。

5.2.3　应急照明必须选用能瞬时点亮的光源。

5.2.4　安全出口标志灯、疏散指示灯采用LED灯。

5.3　照明配电系统

5.3.1　正常照明采用单电源放射式与树干式结合方式，由配电室沿电缆槽盒敷设至各层电气竖井，在电气竖井对于截面大的电缆采用经T接端子接入配电箱。

5.3.2 标准层采用（封闭式插接母线或电缆T接）供电。

5.3.3 照明配电箱、应急照明配电箱按防火分区及功能要求设置。

5.3.4 所有插座回路、电开水器回路、低于2.4m的照明回路或室外照明采用金属灯杆时，均设漏电断路器保护。插座回路、电开水器回路的漏电断路器动作电流不大于30mA，动作时间不大于0.1s。

5.4 应急照明

5.4.1 （配变电所、消防控制室、消防水泵房、柴油发电机房、通信机房、保安监控中心、避难层疏散区域、锅炉房）等的备用照明保证正常工作照明的照度；（防排烟机房、避难层）等的照明______（%）为备用照明；其他公共场所备用照明一般按正常照明的（______）%设置。

5.4.2 疏散照明：

水平疏散通道不应低于1.0lx；（如：疏散通道）

人员密集场所、避难层（间）不应低于3.0lx；（人员密集场所如：观众厅、展览厅、多功能厅、餐厅、宴会厅、会议厅、候车（机）厅、营业厅办公大厅等）；

垂直疏散区域、楼梯间、前室或合用前室、避难走道，人员密集流动疏散区域（民规）、地下室疏散通道（民规）不应低于5.0lx；

体育场馆观众席和运动场地疏散照明照度不低于20lx，体育馆出口及疏散通道照度不低于5lx；

疏散通道中心线的最大值与最小值之比不应大于40：1；

寄宿制幼儿园和小学的寝室、老年公寓、医院等需要救援人员协助疏散的场所不应低于5lx。

对于病房楼或手术部的避难间，不应低于10.0lx。

5.4.3 应急照明电源由不同低压母线引来的两路电源，采用放射式与树干式相结合的配线方式，经末端互投的应急照明配电箱提供，在应急照明配电箱内配置集中EPS作为应急照明的备用电源。

5.4.4 安全出口标志灯、疏散指示灯，疏散楼梯、走道应急照明灯采用（区域集中蓄电池式）应急照明系统供电，其他场所应急照明采用双电源末端互投供电，双电源转换时间：疏散照明≤5s，备用照明≤5s（金融商店交易所≤1.5s）；

5.4.5 应急照明连续供电时间，建筑高度100m以上建筑不小于90min医疗建筑、老年人建筑、总建筑面积大于10万m^2和总建筑面积大于2万m^2的地下、半地下建筑不小于60min。其他建筑不小于30min。

5.5 灯具要求及安装方式：

5.5.1 荧光灯灯具的效率，开敞式不低于75%，格栅式不低于65%，带透明保护罩的不低于70%，带棱镜保护罩的不低于55%。有装修要求的场所视装修要求选用高效灯具。有吊顶的场所，选用嵌入式格栅荧光灯（反射器为雾面合金铝贴膜）。

5.5.2 高强度气体放电灯灯具效率，开敞式不低于75%，格栅或透光罩不低于60%。

小功率金属卤化物灯筒灯灯具的效率开敞式不低于60%，格栅不低于50%，保护罩不低于55%。

紧凑型荧光灯筒灯灯具的效率开敞式不低于55%，格栅不低于45%，保护罩不低于50%。

5.5.3 发光二极管筒灯灯具的效能（4000K）时，格栅不应低于65lm/W，带保护罩不应低于70lm/W。

发光二极管平面灯灯具的效能（4000K）时，反射式70lm/W，直射式751m/W。

5.5.4 厨房应采用防水防尘灯具。

5.5.5 储油间、燃气阀室为爆炸危险场所2区，灯具防护等级为（防爆型IP　　　），电机防护等级为（IP　　　　），且钢导管明敷，电气设备的金属外壳应可靠接地。

5.5.6 景观照明灯具每套灯具的导电部分对地绝缘电阻值应大于＿2＿MΩ。

5.5.7 除50V以下低压灯具，一般灯具均选用Ⅰ类灯具，所有Ⅰ类灯具均增加一根PE线。Ⅰ类灯具的外露可导电部分必须接地（PE）可靠，并应有专用接地螺栓，且有标识。

5.5.8 有吊顶的场所，嵌入式安装荧光灯、筒灯。无吊顶场所选用控照式(或盒式)荧光灯，链吊（管吊）式安装，距地(2.7m)。配变电所灯具管吊式安装，距地(2.8m)。地下车库为管吊，距地(2.5m)。壁灯距地(　　) m。地下室机房（深罩、广照灯，管吊）安装，距地（4.0m）。

5.5.9 出口标志灯在门上方安装时，底边距门框0.2m；若门上无法安装时，在门旁墙上安装，顶距吊顶50mm；疏散指向标志灯（明）装；（暗）装，底边距地(0.3m)。应急照明、出口标志灯、疏散指示灯不允许链吊，管吊时，管壁作防火处理。底边距地（2.5m）。应急照明灯、出口标志灯、疏散指向标志灯等应设玻璃或其他不燃材料制作的保护罩。消防应急灯具应符合《消防应急照明和疏散指示系统》GB 17945相关要求。

5.5.10 （　　）公共场所、娱乐设施场所，其疏散通道上设置蓄光型疏散导流标志。疏散导流标志根据设置位置，壁装或在地面上装设，(采用蓄光自发光型导流标志)，壁装时，底边距地（0.15m）。间距不大于（1m）。

5.6 照明控制：

5.6.1 设备机房、库房、办公用房、卫生间及各种竖井等处的照明采用就地设置照明开关控制。

5.6.2 大堂、大型会议厅、宴会厅、多功能厅等照明要求较高的场所根据要求采用智能控制系统。

5.6.3 走廊、电梯厅、楼梯间、卫生间等公共场所的一般照明采用感应装置就地控制。

5.6.4 地下汽车库设置无车2W，有车15W自动感应的LED照明。

5.6.5 出口标志灯、疏散指向标志灯、走道疏散照明、封闭楼梯间及其前室、消防电梯前室、主要出入口等处的疏散照明为集中控制型智能疏散照明系统。信号线采用485总线。每个灯与主机联动，随时监测每个疏散照明灯具工作状态，控制主机设在消防控制室。(若应急照明就地加开关，则应使开关及线路均能在火灾时，由消防控制室强切自动点亮其相应部位应急照明灯）。

5.6.6　应急照明平时采用就地控制或由建筑设备自动监控系统统一管理（火灾时（由消防控制室）自动控制点亮全部应急照明，就地不带开关时，由配电箱内设备控制）。

5.6.7　室外照明的控制纳入建筑设备监控系统统一管理。

5.7　照明开关、插座均为（　　）系列，暗装，除注明者外，均为250V，10A，应急照明开关应带电源指示灯，开关断开时，电源指示灯亮，以显示开关位置。除注明者外，插座均为单相两孔＋单相三孔安全型插座；

卫生间小便斗感应式冲洗阀防水电源接线盒底边距地1.35m，该配电回路就地设断电开关；

卫生间蹲便器感应式冲洗阀防水电源接线盒底边距地0.7m，该配电回路就地设断电开关；

洗手盆下红外感应龙头防水电源接线盒及洗手热水器防水电源接线盒，底边距地0.55m，该配电回路就地设断电开关；

电开水器插座或断路器箱底边距地2.0m；

电热水器插座或断路器箱底边距地2.3m；

烘手器电源插座底边距地1.2m；

消防泵房、水泵房、热力机房电源插座采用防护型（或密封式）底边距地1.8m；

工艺用插座底边距地0.5m（或依据工艺要求设置）；

其他插座均为底边距地0.3m；

开关底边距地1.3m，距门框0.15m（有架空地板、网络地板的房间，所有开关、插座的高度均为距架空地板、网络地板的高度）；

有淋浴、浴缸的卫生间内开关、插座及其他电器设备及管线均设在Ⅱ区以外；

电源插座与智能化插座距离应大于(500mm)。

5.8　照明其他要求：

5.8.1　装饰用灯具需与装修设计及甲方商定，功能性灯具如：荧光灯、出口标志灯、疏散指向标志灯需有国家主管部门的检测合格报告，达到设计要求的方可投入使用。

5.8.2　装修场所照明设计考核照明功率密度限值时，将实际采用的装饰性灯具总功率的50%计入照明功率密度限值的计算。并应考虑部分应急照明。

5.8.3　无障碍厕位、无障碍淋浴间，在底距地0.4～0.5m处设求助按钮（无障碍淋浴间求助按钮要求IP65），在门外底距地2.5m设求助音响装置。专用无障碍卫生间、无障碍淋浴间，除上述要求外，照明开关应采用大翘板开关（无障碍淋浴间大翘板开关要求IP65），中心距地0.9～1.1m。公用插座，中心距地0.7～0.8m。

5.8.4　航空障碍物照明：根据《民用机场飞行区技术标准》要求，本工程分别在45m、90m及屋顶，四角位置设置航空障碍标志灯，航空障碍标志灯的控制纳入建筑设备监控系统统一管理，并根据室外光照及时间自动控制。

6. 电缆、导线的选型及敷设

6.1　进户高压电缆规格、型号由供电部门的供电方案确定。

6.2　高压柜配出回路电缆选用 WDZ-YJY-8.7/15kV 交联聚乙烯绝缘、聚乙烯护套铜芯电力电缆。

6.3　低压出线火灾时非坚持工作的电缆选用 WDZ-YJFE-1kV 低烟无卤 A 类阻燃电力电缆，工作温度：90℃。

6.4　低压出线火灾时坚持工作的电缆选用 WDZN-YJFE-1kV/NG-A（BTLY）/（BTTZ）电缆，工作温度：90℃。保证火灾时 750℃（950℃），3h 正常工作。

6.5　照明、插座分别由不同的支路供电，照明、插座均为单相三线，除应急照明配电箱出线应采用 WDZN（BYJF）-750V-3×2.5mm^2 SC20 低烟无卤耐火型导线外，其他均为 WDZ（BYJF）-750V-3×2.5mm^2 SC20 低烟无卤阻燃导线。应急照明、疏散照明指示灯支线应穿热镀锌钢导管暗敷在楼板或墙内，且保护层厚度不应小于 30mm，由顶板接线盒至吊顶灯具一段线路，长度不超过 1.2m，穿可挠金属导管，普通照明支线穿热镀锌钢导管暗敷在楼板或吊顶内。

6.6　电缆所有支线除双电源互投箱出线选用 WDZN-BYJF-750V-3×2.5mm^2 SC20 低烟无卤辐照耐火型导线外，至污水泵出线自带防水电缆外，其他均选用 WDZ-BYJF-750V-3×2.5mm^2 SC20 低烟无卤阻燃导线，穿热镀锌钢导管 SC 暗敷。

6.7　明敷在电缆梯架、托盘或槽盒上，普通电缆与消防备用电源电缆应分设电缆梯架、托盘或槽盒路由或采取隔离措施，若不敷设在电缆梯架、托盘或槽盒上，应穿热镀锌钢导管（SC）敷设。SC32 及以下导管线暗敷，SC40 及以上导管明敷。垂直敷设管线，应在适当位置加拉线盒。50mm^2 及以下，每 30m 设一拉线盒；70～95mm^2，每 20m 设一拉线盒；120～240mm^2，每 18m 设一拉线盒。

6.8　控制线为（WDZ-）KYJY 聚乙烯绝缘，聚乙烯护套铜芯（阻燃）控制电缆，与消防有关的控制线为 WDZN-KYJY 聚乙烯绝缘，聚乙烯护套铜芯耐火控制电缆。

6.9　消防用电设备供电管线，当暗敷设时，应敷设在不燃烧体结构内，且保护层厚度不应小于 30mm，当明敷时，应采用金属导管或电缆槽盒上涂薄涂型防火涂料保护。当采用绝缘和护套为不延燃材料电缆时，可不穿金属导管，但应敷设在电缆井内。

6.10　非消防用电设备供电管线，当暗敷设时，应敷设在不燃烧体结构内，且保护层厚度不应小于 15mm，当明敷时，应采用金属导管或电缆槽盒保护。当采用绝缘和护套为难燃性材料的电缆时，可不穿金属导管保护，但应敷设在电缆井内。

6.11　在楼板、混凝土结构内暗敷的 SC 导管为热镀锌钢导管或 KZ 可挠金属导管。在吊顶内敷设的直径为 40mm 以下的镀锌钢导管可为冷镀锌套接紧定式壁厚 1.6～1.75mm 的 JDJ 钢导管电线管或 KZ 可挠金属导管。

6.12　电缆梯架、托盘或槽盒

6.12.1　地下室电缆梯架、托盘或槽盒穿越卷帘门时，应上翻至卷帘门上。

6.12.2　电缆梯架、托盘或槽盒施工时要注意与其他专业的配合。（管道综合图详见建筑图纸）

6.12.3　电力平面图、照明平面图中表示的电缆梯架、托盘或槽盒为同一槽盒，若有不同，以电力平面图为准。

6.12.4　敷设消防设备用电缆的金属槽盒，应考虑槽盒、支架的耐火特性，其耐火时间不少于1h。消防设备用电缆应单独设置金属槽盒，与其他电缆分开敷设。

6.12.5　在电缆槽盒上的导线应按回路穿阻燃热塑导管或绑扎成束或采用（ZR-）BVV-750V型导线。

6.13　插接母线选用三相五线密集型铜制母线(4＋1型　　　　)，在竖井内明敷，插接箱内断路器(或楼层总断路器）均设分励脱扣装置。在自动喷洒可及处，封闭母线防护等级不低于（IP64)，在配电室及竖井内，封闭母线防护等级不低于（IP40)。利用分励脱扣器，由消防控制室控制停相关区域非消防电源。插接母线始端箱参考尺寸(　　　)，插接箱参考尺寸(　　　)。插接母线终端头应封闭，插接母线或水平封闭母线每50～60m处，设置膨胀节（每层为双插口)。铜排镀锡，其纯度为99.99%以上（提供检测报告)。铜排采用绝缘材料整块包裹处理，绝缘材料耐热等级B级（103℃）以上。母线连接处采用单螺栓紧固端子，并且采用带有力矩指示的紧固螺栓连接。插接箱与母线之间采用安全连锁，其接地保证先接触，后断开。插接箱底距地1.4m，带防插错装置，并带分合闸指示，插接口设封闭装置。

6.14　电缆布线的防火、防护措施：

6.14.1　电缆穿过竖井、墙壁、楼板或进入配电箱、柜的孔洞处，电缆管孔采用防火堵料密实封堵。

6.14.2　电缆井在每层楼板处用相当于楼板耐火极限的不燃烧体或防火封堵材料作防火分隔。电缆井与房间、走道等相连通的孔洞，其空隙采用防火封堵材料封堵。

6.14.3　电缆布线经过下列部位孔洞时设置防火封堵：

1）电缆由室外进入室内和电缆进出竖井的出入口处；

2）电缆构筑物中电缆引至电气柜、箱或控制屏、台的开孔部位；电缆贯穿隔墙、楼板的孔洞处；

3）变电所与电缆夹层之间；跨越防火分区以及竖井内跨越楼层的电线导管两端导管口处。

6.14.4　给一级及特别重要负荷供电回路的电缆，单独敷设在专用的耐火封闭槽盒内/采取在电缆上施加防火涂料、防火包带。

6.14.5　在电力电缆接头两侧及相邻电缆2～3m长的区段施加防火涂料或防火包带/采用高强度防爆耐火槽盒进行封闭。

6.14.6　防火封堵要求：

1）根据《建筑防火封堵应用技术规程》，重要公共建筑和人员密集、对烟气较敏感场所中的防火封堵，宜采用阻烟效果良好的贯穿防火封堵组件，并具有相应的烟密和抗烟毒性能报告，无粉尘及挥发性毒害物质等。

2）对防火封堵材料有特殊要求的房间或区域，如：实验室、长期潮湿环境区域、洁净室、有防水或防爆要求的房间的防火封堵材料必须具有特殊认证的报告，如：防水性报告、洁净性能报告、无挥发性报告等。

3）用于建筑缝隙的防火封堵产品，拉伸标准为出现褶皱而无裂纹，必须采用不低于25%的位移能力的弹性密封胶。

4）用于建筑外的防火材料应保证在长期的日光照射下，不发生显著的物理、化学变化，不降低耐火性能。

5）用于建筑内电缆处的防火材料不得含有卤素和挥发性有机溶剂，以免对电缆造成腐蚀和损害，且防火材料必须具备10倍以上的膨胀率。

6.15 PE线必须用绿/黄导线或标识。

6.16 电缆（T、π）接或分支处，采用T接端子，并达到良好的电气接触及绝缘、防水、防腐蚀的要求。

6.17 平面图中所有回路均按回路单独穿导管，不同支路不应共导管敷设。各回路N、PE线均从箱内引出。

6.18 机房内管线在不影响使用及安全的前提下，可采用热镀锌钢导管、金属槽盒或电缆槽盒明敷设；屋顶管线（暗）敷。

6.19 建筑设备监控系统控制箱电源由（主机、旁边控制箱）供给，（采用WDZ-BYJF-750V-3×2.5SC20相连）。

6.20 污水坑液位传感器信号线至污水泵控制箱暗敷，防水控制线8×1.0SC32。

6.21 所有穿过建筑物伸缩缝、沉降缝、后浇带的管线应按《建筑电气安装工程图集》中有关作法施工。

6.22 本工程电线电缆载流量均按照《建筑电气常用数据》选择，甲方订货后，需根据订货厂家，核对电线电缆载流量。

7. 设备选择及安装

7.1 变压器按(环氧树脂真空浇注）干式变压器设计，设强制风冷系统及温度监测及报警装置。接线为D，Yn11。保护罩由厂家配套供货，防护等级为IP20。变压器应设防止电磁干扰的措施，(保证变压器不对该环境中的任何事物构成不能承受的电磁干扰)。

7.2 高压配电柜按(　　）五防开关柜设计，电缆上/下进上/下出，柜上设电缆梯架（或电缆托盘）(柜下设电缆沟、夹层)；直流屏按免维护铅酸电池组成套柜设计，信号屏与之配套。

7.3 低压配电柜按(　　）型设计，(固定柜，抽插式开关，柜内母线为4+1，落地式安装)。电缆上/下进上/下出，柜上部设电缆梯架（或电缆托盘），柜下设电缆沟/夹层。母线分段处设置防火隔板。

7.4 柴油发电机为风冷型，其进、出风及基础以(　　）产品参数为设计依据。(遥置散热器冷却)，机组为应急自启动型，应急起动电源切换装置及相关设备由厂家成套供货。订货前由厂家配合审核土建条件及机房的进、排风条件，必须保证满足机组的正常运行。(遥置散热器及）机房消音处理由厂家负责完成，应保证达到《声环境质量标准》GB 3096—2008的Ⅰ类（昼间55dB（A），夜间45dB（A））要求。施工时，应注意预留运输通道及柴油发电机吊装孔的预埋件。

7.5 各层照明配电箱，除竖井、防火分区隔墙上、人防防护墙上、剪力墙上明装外，其他均为暗装；安装高度为底边距地1.5m且顶距地不超过2.2m。（配电箱吊顶内明装时，此处吊顶留检修口。）有装修场所设置的配电箱，其外观由装修公司处理。

消防用电设备配电箱及应急照明配电箱应有明显标志，安装在配电间、机房内、否则应进行防火处理。

照明配电箱内留有与安全防范系统接口条件。

应急照明配电箱内留有与消防控制系统接口条件。

7.6 电力配电箱，控制箱除竖井、机房、车库、防火分区隔墙上、人防防护墙上、剪力墙上明装外，其他均为暗装，箱体高度600mm及以下，底边距地1.5m；箱体高度600～800mm，底边距地1.2m；箱体高度800～1000mm，底边距地1.0m；箱体高度1000～1200mm，底边距地0.8m；箱体高度1200mm以上，为落地式安装，下设300mm基座。

卷帘门控制箱距顶200mm，卷帘门两侧设就地控制按钮，底距地1.4m，并设透明材料（玻璃）门保护。控制按钮至控制箱设WDZN-BYJF-750V-6×1.0SC25，平面图中不再表示。卷帘门下降时，在门两侧顶部应有声、光警报装置。施工单位应配合厂家预留导管。卷帘门应设熔片装置及断电后的手动装置。

7.7 照明开关、插座均为(　　　)系列，暗装，除注明者外，均为250V，10A，应急照明开关应带电源指示灯，开关断开时，电源指示灯亮，以显示开关位置。除注明者外，插座均为单相两孔＋单相三孔安全型插座。

7.8 电缆梯架、托盘和槽盒：

7.8.1 电缆在变电所、管道井沿电缆梯架或托盘敷设，其他场所沿电缆槽盒敷设。除配变电所、电气竖井内选用普通电缆梯架或托盘外，其他均选用有防火保护的电缆槽盒，耐火极限不小于1h。

7.8.2 平面图中未注明的电缆槽盒均为CT-100×100。竖井内竖向电缆梯架或托盘应与平面图中水平电缆槽盒连接。竖井内由竖向电缆梯架或托盘至竖井内配电箱的电缆用电缆梯架、托盘或槽盒敷设。

7.8.3 电缆梯架、托盘或槽盒直线长度大于30m时，设置伸缩节。跨越建筑物变形缝时，设置补偿装置。

7.8.4 电缆梯架、托盘或槽盒水平安装时，支架间距不大于1.5m；垂直安装时，支架间距不大于2m；首端、终端、进出接线盒、转角处，0.5m内设置支架。

7.8.5 平面图中电缆梯架、托盘或槽盒所注安装高度为最低高度，安装时若上部无设备应尽量往上抬，但要满足安装电缆所需空间，在吊顶内安装时，底距吊顶应大于50mm。

7.9 吊顶内风机盘管（VAV、VRV）电源均预留在吊顶内，其至空调调速开关的管线均为WDZ-BYJF-750V-2×2.5＋5×1.0）SC25。调速开关底边距地1.3m。

7.10 变频调速器：要求总谐波电压畸变小于2.5%，且采用双直流输入电抗器，内置输出电抗器，由变频器配套。

7.11 消防水泵房电源信号，由ATSE提供给消防控制室，消防泵自动巡检装置应具有自动/手动巡检功能，自动巡检周期应能够按需要设定；消防泵逐台启动运行，每台泵运行时间不少于2min。设备应能保证在巡检过程中如遇消防信号应能退出巡检，进入消防状态，即消防有优先权。巡检过程中若发现问题，应能声、光报警，并可以记录故障的类型、时间。自动巡检时，水系统不应增压。采用电动阀门调节给水压力的设备，所使用的电动阀门应参与巡检。自动巡检装置可以监测消防泵压力及流量。

7.12 冷冻机房内电缆、导线均为槽盒敷设。冷冻机（变频）启动，启动柜由厂家配套，提供其进出线方式等应符合本设计要求。

7.13 ATSE自带通信软件并采用总线连接，ATSE主机设于控制室内。ATSE主机至ATSE数据信号采用双绞线RVSP-2×1.5mm²，沿智能化槽盒或穿KZ20导管敷设。实现集中管理。

7.14 水泵、空调机、新风机等各类风机及设备电源出线口的具体位置，以设备专业图纸为准。

7.15 本工程所有控制箱均为非标产品，由生产厂家根据设计要求及平面位置，经相关专业风机、水泵订货确认容量后，参照国标完成原理图、设备材料表等，方可订货、加工。控制要求详见电力配电箱控制要求图纸。工艺专用配电控制箱，由工艺设计提出制作要求。

7.16 所有设备主要技术要求详见主要设备表及主要技术指标表。

7.17 电气竖井做100mm高门槛，若墙为空心砖，则宜每隔500mm做圈梁，以便固定设备。电气竖井门为丙级以上防火门。竖井内设备布置以竖井放大图为准。

7.18 注意照明配电箱、应急照明箱、控制箱电源需π接时，留出母线或电缆π接空间。

7.19 UPS机房设备及空调布置仅为示意，待确定产品后调整。

7.20 就地隔离开关箱明装，底边距底1.5m。

7.21 配变电所的设备安装通道应与地下室填充墙墙体的施工相配合。

7.22 室外照明配电箱、电力配电箱、控制箱、隔离开关箱，防护等级为（IP54）。

7.23 消防水泵控制柜设置在专用消防水泵控制室，防护等级不低于IP30。（消防水泵控制柜与消防水泵在同一空间，防护等级不低于IP55）

7.24 本工程要求所有设备电压总谐波畸变率不大于(5%)，否则应加谐波控制器。

7.25 锅炉房配电箱设置在房间外，电气设备线路均应满足相关规范（水煤气钢管明敷、连接螺纹不少于5扣等）。

8. 建筑物防雷、接地及安全措施

8.1 建筑物防雷：

8.1.1 本工程建筑物预计雷击次数 $N=$________（次/a），防雷等级按(二)类设防。建筑的防雷装置满足防直击雷、侧击雷及雷电波的侵入，（提示：当符合规范规定以下建筑物国家级的会堂、办公建筑物、大型展览和博览建筑物、大型火车站和飞机场、国宾馆，国家级档案馆、大型城市的重要给水泵房等特别重要的建筑物。国家级计算中心、国际通信枢纽等对国民经济有重要意义的建筑物。国家特级和甲级大型体育馆，可不用计算，直接定义为二类防雷建筑物）并应采取防雷击电磁脉冲的措施。

8.1.2 接闪器：二类防雷建筑物外部防雷的措施，在屋顶采用（ϕ10）热镀锌圆钢设置接闪网、接闪带。接闪网、接闪带（沿屋角、屋脊、屋檐和檐角等部位敷设），并在整个屋面组成不大于10m×10m或12m×8m的网格。

当建筑物高度超过45m时，首先沿屋顶周边敷设接闪带，接闪带应设在外墙外表面或屋檐边垂直面上。

二类防雷建筑物，金属屋面的建筑物可以利用其屋面作为接闪器，但板间的连接应是持久的电气贯通。金属板下面无易燃物品时，铅板的厚度不应小于2mm，不锈钢、热镀锌钢、钛和铜板的厚度不应小于0.5mm，铝板的厚度不应小于0.65mm，锌板的厚度不应小于0.7mm。金属板应无绝缘被覆层（薄的油漆保护层或1mm厚沥青层或0.5mm厚聚氯乙烯层均不属于绝缘被覆层）。

接闪器之间互相连接。

8.1.3 引下线：利用建筑物所有钢筋混凝土柱子或剪力墙拐角内两根ϕ16以上主筋通长（绑扎、螺丝、对焊、搭焊）作为防雷引下线（外墙上作为防雷引下线的钢筋需尽量靠近外墙选取），引下线上端与接闪器焊接，下端与建筑物基础底梁及基础底板轴线上的上下两层钢筋内的两根主筋焊接。外墙引下线在室外地面1m以下处引出与室外接地线焊接。

其中外墙沿周长计算间距不大于18m的柱内两根主筋要求通长焊接作接地引下线。

8.1.4 为防止（侧向）雷击，二类防雷建筑物高度超过45m时，对水平突出外墙的物体，当滚球半径45m球体从屋顶周边接闪带外向地面垂直下降接触到突出外墙的物体时，应采取相应的防雷措施。

二类防雷建筑物高度超过60m时，其上部占高度20%并超过60m的部位设防侧击措施，在建筑物上部占高度20%并超过60m的部位，各表面上的尖物、墙角、边缘、设备以及显著突出的物体，按屋顶上的保护措施处理，即利用布置在建筑物垂直边缘处的外部引下线作为接闪器，此外墙引下线与楼板外墙圈梁内两根ϕ16以上主筋通长焊接，使整个外墙面组成不大于10m×10m或12m×8m的网格。

8.1.5 二类防雷建筑物除8.1.4条以外的部位设均压环，外墙引下线与楼板外墙圈梁内两根ϕ16以上主筋通长焊接形成均压环，且每层外墙窗户处预埋100mm×100mm×5mm镀锌钢板，作为玻璃幕墙或外挂石材的防雷接地预留联结。

8.1.6 接地极：接地极为(建筑物桩基、)基础底板轴线上的上下两层主筋中的两根通长（焊接、绑扎）形成的基础接地网并连接室外人工接地装置（护坡桩）组成。

8.1.7 建筑物四角的外墙引下线在距室外地面上0.5m处设测试卡子。

8.1.8 在屋面接闪器保护范围之外的非金属物体应装接闪器，并和屋面防雷装置相连。卫星天线锅顶端自带避雷针。

8.1.9 凡突出屋面的所有金属构件，如卫星天线基座（电视天线金属杆）、金属通风管、屋顶风机、金属屋面、金属屋架等均应与避雷带可靠焊接。

8.1.10 防雷、接地装置凡焊接处均应刷沥青防腐。

8.2 接地及安全：

8.2.1 外部防雷装置的接地和防雷电感应、内部防雷装置、电气和电子系统等接地共用接地装置，并与引入的金属管线做等电位连接。外部防雷装置的专设接地装置，围绕建筑物敷设成环形接地体。

8.2.2 本工程防雷接地、变压器中性点接地、电气设备的保护接地、电梯机房、消防控制室、通信机房、计算机房等的接地共用统一接地体，要求消防控制室、通信机房、计算机房等的接地，设独立引下线。

8.2.3 要求接地电阻不大于(0.5)Ω，实测不满足要求时，增设人工接地极。室外人工接地极距建筑物大于(3m)，距室外地面1m。用40mm×4mm热镀锌扁钢连接成水平接地装置，垂直接地极为(ϕ50热镀锌钢导管或ϕ19热镀锌圆钢)，长2.5m，每5m设一根。

8.2.4 当结构基础采用塑料、橡胶等绝缘材料做外防水时，应在高出地下水位0.5m

处，将引下线引出防水层做预留室外接地用。

8.2.5 测试点处，外墙上结构钢筋混凝土中的两根对角主钢筋（ϕ>16），在－1.5m处采用40×4镀锌扁钢焊出（或采用螺栓紧固的卡夹器连接），焊100mm×100mm×5mm预埋钢板，作为室外接地体的预留焊接点。

8.2.6 竖井内的接地线其下端应与总等电位接地装置及接地网可靠连接。

8.2.7 所有电气、智能化竖井内均垂直敷设一（二）条，水平距地0.2m敷设一圈40mm×4mm热镀锌扁（铜）钢，水平与垂直接地扁（铜）钢间应可靠焊接。且每层（或三层）与楼板钢筋做等电位联结。

8.2.8 金属电缆槽盒及其支架和引入或引出的金属电缆导管必须接地可靠，且必须符合下列规定：

1）金属电缆槽盒及其支架全长不少于2处与接地（PE）干线相连接；

2）非镀锌电缆槽盒间连接板的两端跨接铜芯接地线，接地线最小允许截面积不小于$4mm^2$；

3）镀锌电缆槽盒间连接板的两端不跨接接地线，但连接板两端不少于2个有防松螺帽或防松垫圈的连接固定螺栓。

8.2.9 不间断电源设有隔离变压器的输出端的中性线，必须与由接地装置直接引来的接地干线相连接，做重复接地。

8.2.10 空调系统设置电加热器的金属风管及设置电伴热装置的消防水管、太阳能热水器中电加热设备应可靠接地。电加热器与相应送风机进行连锁。

8.2.11 锅炉房内需设有接地端子板，做防静电措施。柴油发电机油管应做防静电接地。排除有燃烧或爆炸危险气体、蒸粉和粉尘的排风系统应设置导除静电的接地装置；燃油或燃气锅炉的事故排风机，应设置导除静电的接地装置。消防水泵房、冷冻机房等电机应做好接地。

8.2.12 垂直敷设的金属管道及金属物的底端及顶端应就地与接地装置连接。且每三层与局部等电位联结端子板做等电位联结。

8.2.13 室内墙上水平接地体距地0.2m，明敷。过门处埋地暗敷。

8.2.14 凡正常不带电，而当绝缘破坏有可能呈现电压的防电击类别为Ⅰ的电气设备金属外壳均应可靠接地，PE线不得采用串联联结。

8.2.15 本工程采用总等电位联结，总等电位板由紫铜板制成，应将建筑物内保护干线、设备进线总管、建筑物金属构件进行联结，总等电位联结线采用WDZ-BYJF-750V-1×$25mm^2$PC32，总等电位联结采用各种型号的等电位卡子。

8.2.16 带淋浴的卫生间、淋浴间采用局部等电位联结，从地板及墙上适当的地方各引出一根大于（ϕ16）的结构钢筋至局部等电位箱LEB，局部等电位箱暗装，底距地0.3m。将卫生间内所有金属管道、构件联结。具体做法参考《等电位联结安装》02D501-2。

8.2.17 过电压保护：本项目采用D，Yn11型接线的配电变压器，在变压器高压侧装设避雷器；在配变电所低压母线上装设Ⅰ类试验（10/350μs）的一级电涌保护器(SPD)，电涌保护器的电压保护水平不大于2.5kV，当无法确定时冲击电流时，每一保护模式的冲击电流不小于12.5kA。

雷电防护等级为A级的建筑物，楼层配电箱内装设Ⅱ类试验（8/20μs）的二级电涌保护器（SPD）；（设备耐冲击电压额定值 4kV）。

雷电防护等级为A级的建筑物，中心机房、消防控制室、各智能化机房配电箱内装设Ⅱ类试验（8/20μs）的二级电涌保护器（SPD）；（电涌保护器的标称放电电流不小于 5kA，设备耐冲击电压额定值 1.5kV）。

雷电防护等级为A级的建筑物，屋顶室外风机、室外照明配电箱内装设Ⅱ类试验（8/20μs）的第一级电涌保护器（SPD），电压保护水平不大于 2.5kV，每一保护模式的冲击电流不小于　　　　kA。

8.2.18 计算机电源系统、有线电视系统引入端、卫星接收天线引入端、电信引入端设过电压保护装置。当电子系统的室外线路采用金属线时，其引入的终端箱处，安装 DⅠ类高能量试验类型的电涌保护器，其短路电流选用 1.5kA。若电子系统的室外线路采用光缆，其引入的终端箱处的电气线路侧，当无金属线路引出本建筑物至其他有自己接地装置设备时，安装 B2 类慢上升率试验类型的电涌保护器，其短路电流选用 75A。

8.2.19 防雷、接地的所有构件之间必须连接成电气通路。

8.2.20 本工程接地型式采用(TN-S) 系统，其相应保护导体（即 PE 线）的截面 S_p 除图中注明外，规定为：

当相线截面积 $S \leqslant 16mm^2$ 时　　相应保护导体的最小截面积 $S_p = S$；
当相线截面积 $16 < S \leqslant 35mm^2$ 时　　相应保护导体的最小截面积 $S_p = 16mm^2$；
当相线截面积 $35 < S \leqslant 400mm^2$ 时　　相应保护导体的最小截面积 $S_p = S/2$；
当相线截面积 $400 < S \leqslant 800mm^2$ 时　　相应保护导体的最小截面积 $S_p = 200mm^2$；
当相线截面积 $S > 800mm^2$ 时　　相应保护导体的最小截面积 $S_p = S/4$。

8.2.21 室外用电设备接地采用________。

9. 环保篇

9.1 柴油发电机房的进出风道，应进行降噪处理。满足《声环境质量标准》GB 3096-2008，Ⅰ类环境噪音昼间不大于55dB（A），夜间不大于45dB（A）。其排烟管应高出屋面并符合环保部门的要求。

9.2 本工程均采用环保型低烟无卤电线、电缆。

10. 节能设计

10.1 合理设置配变电所，使其位于负荷中心。

10.2 采用新型节能变压器 SCB11（或非晶合金铁芯变压器），使其自身空载损耗、负载损耗较小。选用三相配电变压器的空载损耗和负载损耗不高于现行国家标准《三相配电变压器能效限定值及能效等级》GB 20052 规定的能效限定值（或节能评价值）。

10.3 选用交流接触器的吸持功率不高于现行国家标准《交流接触器能效限定值及能效等级》GB 21518 规定的能效限定值（或 1 级能效值）。

10.4 选用光源的能效值及与其配套的镇流器的能效因数（BEF）满足下列要求：

1）单端荧光灯的能效值不低于现行国家标准《单端荧光灯能效限定值及节能评价值》GB 19415 规定的能效限定值（或节能评价值）；

2）普通照明用双端荧光灯的能效值不低于现行国家标准《普通照明用双端荧光灯能效限定值及能效等级》GB 19043 规定的能效限定值（或节能评价值）；

3）管型荧光灯镇流器的能效因数（BEF）不低于现行国家标准《管型荧光灯镇流器

能效限定值及节能评价值》GB 17896 规定的能效限定值（或节能评价值）。

10.5 合理使用变频器，使电机工作在最佳状态，以达到节能的目的。

10.6 采用功率因数高的（T5）三基色荧光灯配电子镇流器、气体放电灯末端单灯补偿、配变电所设电容自动补偿装置等措施，降低无功损耗。选用荧光灯和气体放电灯应配电子镇流器，或配节能电感镇流器并加电容补偿，功率因数≥0.9。不大于 5W 的 LED 灯，功率因数不小于 0.50，大于 5W 的 LED 灯，功率因数不小于 0.90。

10.7 对于长期连续工作并稳定的负荷，按经济电流密度合理选择电线、电缆截面，降低线路损耗。

10.8 采用高效、节能照明光源、高效灯具和附件。使各房间、场所单位功率密度限值低于标准规定的限值，合理进行灯光控制，大空间采用智能照明控制系统；走廊、楼梯间、门厅等公共场所的照明，采用集中控制（或节能自熄或节能光暗调节的自动控制）。

10.9 照度计算及功率密度计算（计算表）：

一层办公室（70m²），位于 2/3 轴～F/G 轴，采用三基色 T5 荧光灯（28＋4.2）×3×6W，计算照度：300lx±10％，照明功率密度小于：11W/m²；

地下一层人防（70m²），位于 2/3 轴～F/J 轴，采用三基色 T5 荧光灯，（28＋4.2）×2×4W，计算照度：75lx±10％，照明功率密度小于：4W/m²。

照明节能设计表见表 11-10。

10.10 出租空间单独设置计费电表，锅炉房电力、水泵、照明分别计费。

10.11 旅馆建筑的每间/套客房，设置节能控制型总开关。

10.12 多台电梯集中排列时，设置群控功能。电梯无外部召唤，且轿厢内一段时间无预置指令时，电梯自动转为节能方式。

10.13 电开水器等电热设备，设置时间控制模式。

10.14 不采用间接照明/漫射发光顶棚的照明方式。

10.15 大型用电设备、大型舞台可控硅调光设备，当谐波不满足现行国家标准《电能质量公用电网谐波》GB/T 14549 有关要求时，就地设置谐波抑制装置。

11. 抗震设计

11.1 地震时正常人流疏散所需的应急照明及相关设备的供电、通信设备的电源供电、消防设备的电源供电均进行抗震设防。

11.2 工程内设备安装如：柴油发电机组、高低压配电柜、变压器、配电箱、控制箱等均应满足抗震设防规定。

11.3 垂直电梯应具有地震探测功能，地震时电梯能够自动停于就近平层并开门停运。

11.4 对于内径大于等于 60mm 的电气配管、电缆梯架、电缆槽盒、母线槽等的敷设均应满足抗震设防规定，即水平与竖向敷设需要与楼板、墙面固定连接，地震时不能脱离，水平与垂直连接要考虑偏移度，对不允许损坏的导体需做抗震加强处理。

11.5 导体穿越抗震缝的两端应设置抗震支承节点并与结构可靠连接。

11.6 每段水平直管道应在两端设置侧向抗震支吊架，当两个侧向抗震支吊架间距超过最大设计间距时，应在中间增设侧向抗震支吊架，水平管线在转弯处 0.6m 范围内设置侧向抗震支吊架。

表 11-10

照明节能设计表

序号	场所	楼层	房间号或轴线	光源类型	净面积(m^2)	灯具安装高度(m)	参考平面高度(m)	灯具类型		单套灯具光源参数			灯具数量	总安装容量(W)	计算照度(lx)	计算LPD(W/m^2)	标准照度(lx)	标准LPD限值(W/m^2)	备注
								灯型	效率	光源(W)	镇流器(W)	光通量(lm)							
1	普通办公室	三层	1-2/A-B	直管荧光灯	60	2.70	0.75	格栅	60%										
2	高档办公室	五层	508	直管荧光灯															
3	商场	首层	3-4/G-H	紧凑型荧光灯															
				直管荧光灯															
4	会议室	六层	7-9/A-C	紧凑型荧光灯															
5	档案室	地下一层	B109	直管荧光灯															

注:该表可以也可以在平面图中表示,当在平面表示时,可以直接引用平面中的场所、房间名称和轴线号。

11.7　当金属导管、刚性塑料导管、电缆梯架或电缆槽盒穿越防火分区时，在贯穿部位附近设置抗震支承。

11.8　当水平管线通过垂直管线与地面设备连接时，管线与设备之间应采用柔性连接，水平管线距垂直管线600mm范围内设置侧向抗震支吊架，垂直管线底部距地面超过0.15m应设置抗震支承。

11.9　安装在吊顶上的灯具与楼板应牢固连接，利用建筑龙骨作为承重形式的，灯具应采取与龙骨支撑杆牢固连接的措施，防止地震时因吊顶与楼板的相对位移而引起灯具脱漏伤人情况。

11.10　设在建筑物裙房上的卫星天线，设置防止因地震导致设备损坏后部件坠落伤人的安全防护措施。

11.11　楼内所有抗震支吊架产品须有由专业公司提供，其支吊架的布置间距需由专业公司现场复核、计算，其结果经设计确认后，方可实施。

12. 其他

12.1　凡与施工有关而又未说明之处，参见《建筑电气安装工程图集》，《建筑电气通用图集》及国家相关规范施工，或与设计院协商解决。

12.2　本工程所选设备、材料，必须具有国家级检测中心的检测合格证书，需经强制性认证的，必须具备3C认证；必须满足与产品相关的国家标准；供电产品、消防产品应具有入网许可证。

12.3　所有设备确定厂家后均需建设、施工、设计、监理四方进行技术交底。

12.4　给水排水专业及暖通专业自带的控制箱，从控制箱至风机、水泵、阀门的所有管线，由设备厂家负责提供，施工单位施工。

12.5　电气施工单位在施工中应满足的要求：

12.5.1　所有上岗人员，必须具有相关岗位的上岗证。

12.5.2　施工时需满足相关施工验收规范，并按照《施工现场临时用电安全技术规范》JGJ46-2005、《建筑施工安全检查评分标准》、《建设工程施工现场供电安全技术规范》GB 500194施工。

12.5.3　电气施工应防止漏电危害及电火花引燃可燃物。

12.5.4　施工单位应仔细阅读设计文件，按照《建设工程安全生产管理条例》的要求，在工程施工中对所有涉及施工安全的部位进行全面、严格的防护，并严格按安全操作规程施工，以保证现场人员的安全。

12.6　根据国务院签发的《建设工程质量管理条例》，应按照下列执行：

12.6.1　本设计文件需报县级以上人民政府建设行政主管部门、施工图审查部门及其他有关部门审查批准后，方可使用。

12.6.2　建设方必须提供电源等市政原始资料，原始资料必须真实、准确、齐全。

12.6.3　由各单位采购的设备、材料，应保证符合设计文件和合同的要求。

12.6.4　施工单位必须按照工程设计图纸和施工技术标准施工，不得擅自修改工程设计。施工单位在施工过程中发现设计文件和图纸有差错的，应当及时提出意见和建议。

12.6.5　建设工程竣工验收时，必须具备设计单位签署的质量合格文件。

12 智能化施工图设计说明（公建类）

1. 设计依据

1.1 建筑概况

本工程位于________（省市），（区）（路）。总建筑面积约________ m²。地下层主要为车库、各种机房、库房，地上层主要为办公室、餐厅、会议室等；

（备注：反映建筑规模的主要技术指标，如酒店的床位数，住宅的户数，剧院、体育场馆等的座位数，医院的门诊人数和住院部的床位数等，各种机房包括主要的智能化机房。）

本工程属于类（办公）建筑。建筑主体高度________ m，裙房高度________ m。结构形式为________，基础为________，楼板厚________ mm，垫层厚________ mm；

建筑耐久年限：一级；

设计使用年限50 年；

人防工程为五级，平战结合；

防火分类等级：一 类，防火等级一 级；

抗震设防烈度：（7）度；抗震设防分类：：（乙）类，按（8）度采取抗震措施。

1.2 各专业提供的设计资料。

1.3 甲方设计任务书及设计要求。

1.4 相关专业提供给本专业的设计资料。

（备注：当电气、智能化说明不分时，以上部分可以取消。）

1.5 为设计方便，设计所选设备型号仅供参考，不作为招标依据，招标所确定的设备规格、性能等技术指标，不应低于设计的要求。

1.6 中华人民共和国现行有关规范（备注：根据需要选摘）：

《火灾自动报警系统设计规范》GB 50116—2013；

《建筑设计防火规范》GB 50016—2014；

《汽车库、修车库、停车场设计防火规范》GB 50067—97；

《民用建筑电气设计规范》JGJ 16—2008；

《智能建筑设计标准》GB/T 50314—2006；

《综合布线系统工程设计规范》GB 50311—2007；

《有线电视系统工程技术规范》GB 50200—94；

《安全防范工程技术规范》GB 50348—2004；

《入侵报警系统工程设计规范》GB 50394—2007；

《视频安防监控系统工程设计规范》GB 50395—2007；

《民用闭路监视电视系统工程技术规范》GB 50198—2011

《出入口控制系统工程设计规范》GB 50396—2007；

《人民防空地下室设计规范》GB 50038—2005；

《人民防空工程设计防火规范》GB 50098—2009；

《建筑物电子信息系统防雷技术规范》GB 50343—2012；
《建筑防火封堵应用技术规程》CECS 154：2003；
《施工现场临时用电安全技术规范》JGJ 46—2005，J 405—2005；
《厅堂扩声系统设计规范》GB 50371—2006；
《会议电视会场系统工程设计规范》GB 50635—2010；
《公共广播系统工程技术规范》GB 50526—2010；
《用户电话交换系统工程设计规范》GB/T 50622—2010；
《视频显示系统工程技术规范》GB 50464—2008；
《电子信息系统机房设计规范》GB 50174—2008；
《医疗建筑电气设计规范》JGJ 312—2013；
《教育建筑电气设计规范》JGJ 310—2013；
《金融建筑电气设计规范》JGJ 284—2012；
《办公建筑设计规范》JGJ 67—2006；
《博物馆建筑设计规范》JGJ 66—91；
《电影院建筑设计规范》JGJ 58—2008，J 785—2008；
《飞机库设计防火规范》GB 50284—2008；
《交通客运站建筑设计规范》JGJ/T 60-2012；
《剧场建筑设计规范》JGJ 57—2000；
《老年人建筑设计规范》JGJ 122—99；
《旅馆建筑设计规范》JGJ 62—2014；
《汽车客运站建筑设计规范》JGJ 60—99；
《汽车库建筑设计规范》JGJ 100—98；
《商店建筑设计规范》JGJ 48—2014；
《体育建筑设计规范》JGJ 31—2003；
《铁路车站及枢纽设计规范》GB 50091—2006；
《铁路旅客车站建筑设计规范》GB 50226—2007（2011 年版）；
《地铁设计规范》GB 50157—2013；
《图书馆建筑设计规范》JGJ 38—99；
《托儿所、幼儿园建筑设计规范》JGJ 39—87；
《文化馆建筑设计规范》JGJ/T 41—2014；
《饮食建筑设计规范》JGJ 64—89；
《中小学校设计规范》GB 50099—2011；
《宿舍建筑设计规范》JGJ 36—2005；
《综合医院建筑设计规范》JGJ 49—88；
《生物安全实验室建筑技术规范》GB 50346—2011；
《交通建筑电气设计规范》JGJ 243-2011；
《民用建筑通信及有线广播电视基础设施设计规范》DB11/T 804-2011；
《建筑工程施工质量验收统一标准》GB 50300-2013；
《建筑电气工程施工质量验收规范》GB 50303-2002

1.7　选用国家建筑标准设计图集

《建筑电气工程设计常用图形和文字符号》09DX001；

《火灾自动报警系统设计规范》图示 14X505-1；

《火灾报警及消防联动》04X501；

《安全防范系统设计与安装》06SX503；

《智能建筑弱电工程设计与施工》09X700；

《民用建筑电气设计与安装》08D800-1～8。

2. 设计范围

本设计包括红线内的以下内容：

2.1　火灾探测报警系统。

2.2　智能化系统：

2.2.1　建筑设备管理系统。

2.2.2　通信网络系统。

2.2.3　综合布线系统（语音、数据）。

2.2.4　有线电视系统。

2.2.5　安全技术防范系统。

2.3　专业分工：

2.3.1　由市政引入本工程的智能化线路，本设计提供此线路进入本工程建设红线范围内的路径，预留进建筑物管线。

2.3.2　与燃气有关的如燃气紧急切断阀等的控制，需与燃气公司配合，此部分探测器为燃气设计完成后深化设计配合。

2.3.3　与电信的安装界面：由电信承包商负责进户电缆的接入、并将进线接至总进线配线架竖列（进线侧）及竖列/横排间跳线；设计院负责横排至综合布线总配线架间之间的连线路由。

2.3.4　室内移动通信覆盖系统由电信部门负责设计。

2.3.5　有装修要求的场所，将该场所内的智能化设备引出线的金属槽盒由智能化竖井引至各房间门口吊顶内，房间内平面设计由室内装修单位负责完成。

2.3.6　智能化部分设计系统，预留机房、竖井及竖井板洞。

3. 火灾自动报警系统

3.1　本工程耐火等级为一级（地下或半地下建筑（室）和一类高层建筑）。二级（单、多层重要公共建筑和二类高层建筑）。

3.2　系统组成：

3.2.1　火灾探测报警系统；

3.2.2　消防联动控制系统；

3.2.3　消防应急广播系统及火灾警报系统；

3.2.4　消防专用电话系统；

3.2.5　消防应急照明及疏散指示标志系统；

3.2.6　电梯的联动控制；

3.2.7　电气火灾监控系统；

3.2.8 防火门监控系统；

3.2.9 可燃气体探测报警系统；

3.2.10 消防设施电源监控系统。

3.3 消防控制室：

3.3.1 本工程消防控制室设在一层，并设有直接通往室外的出口。本工程在______场所设置火灾报警控制器，在________场所设置消防联动控制器。在________场所有人值班，在________场所无人值班。

3.3.2 消防控制室内设置火灾报警控制器、消防联动控制器、消防控制室图形显示装置、消防专用电话总机、消防应急广播主机及控制装置、消防应急照明和疏散指示系统控制装置、消防电源监控器、可燃气体探测报警监控器、防火门监控器、电梯控制器。

消防控制室设有用于火灾报警的外线电话。

消防控制室可显示消防水池、消防水箱水位并有最高、最低水位报警。

消防控制室必须具有相应的竣工图纸、各分系统控制逻辑关系说明、设备使用说明书、系统操作规程、应急预案、值班制度、维护保养制度及值班记录等文件资料。

消防控制室图形显示装置与火灾报警控制器、消防联动控制器、电气火灾监控器、可燃气体报警控制器等消防设备之间，应采用专用线路连接。

消防控制室内严禁穿过与消防设施无关的电气线路及管路。

3.3.3 消防控制室图形显示装置显示火灾报警、建筑消防设施运行状态信息如表 12-1：

火灾报警、建筑消防设施运行状态 **表 12-1**

设施名称		内容
火灾探测报警系统		火灾报警信息、可燃气体探测报警信息、电气火灾监控报警信息、屏蔽信息、故障信息
消防联动控制系统	消防联动控制器	动作状态、屏蔽信息、故障信息
	消火栓系统	消防水泵电源的工作状态，消防水泵的启、停状态和故障状态，消防水箱（池）水位、管网压力报警信息及消火栓按钮的报警信息
	自动喷水灭火系统、水喷雾（细水雾）灭火系统（泵供水方式）	喷淋泵电源工作状态，喷淋泵的启、停状态和故障状态，水流指示器、信号阀、报警阀、压力开关的正常工作状态和动作状态
	气体灭火系统、细水雾灭火系统（压力容器供水方式）	系统的手动、自动工作状态及故障状态，阀驱动装置的正常工作状态和动作状态，防护区域中的防火门（窗）、防火阀、通风空调等设备的正常工作状态和动作状态，系统的启、停信息，紧急停止信号和管网压力信号
	泡沫灭火系统	消防水泵、泡沫液泵电源的工作状态，系统的手动、自动工作状态及故障状态，消防水泵、泡沫液泵的正常工作状态和动作状态
	干粉灭火系统	系统的手动、自动工作状态及故障状态，阀驱动装置的正常工作状态和动作状态，系统的启、停信息，紧急停止信号和管网压力信号

续表

设施名称		内容
消防联动控制系统	防烟排烟系统	系统的手动、自动工作状态，防烟排烟风机电源的工作状态，风机、电动防火阀、电动排烟防火阀、常闭送风口、排烟阀（口）、电动排烟窗、电动挡烟垂壁的正常工作状态和动作状态
	防火门及卷帘系统	防火卷帘控制器、防火门监控器的工作状态和故障状态。卷帘门的工作状态，具有反馈信号的各类防火门、疏散门的工作状态和故障状态等动态信息
	消防电梯	消防电梯的停用和故障状态
	电梯	电梯运行状态信息和停于首层或转换层的反馈信号
	消防应急广播	消防应急广播的启动、停止和故障状态
	消防应急照明和疏散指示系统	消防应急照明和疏散指示系统的故障状态和应急工作状态信息
	消防电源	系统内各消防用电设备的供电电源和备用电源工作状态和欠压报警信息

3.3.4 消防控制室图形显示装置显示的消防安全管理信息如表 12-2：

消防安全管理信息 **表 12-2**

序号	名称		内容
1	基本情况		单位名称、编号、类别、地址、联系电话、邮政编码，消防控制室电话；单位职工人数、成立时间、上级主管（或管辖）单位名称、占地面积、总建筑面积、单位总平面图（含消防车道、毗邻建筑等）；单位法人代表、消防安全责任人、消防安全管理人及专兼职消防管理人的姓名、身份证号码、电话
2	主要建、构筑物等信息	建（构）筑物	建筑物名称、编号、使用性质、耐火等级、结构类型、建筑高度、地上层数及建筑面积、地下层数及建筑面积、（隧道高度及长度）等、建造日期、主要储存物名称及数量、建筑物内最大容纳人数、建筑立面图及消防设施平面布置图；消防控制室位置，安全出口的数量、位置及形式（指疏散楼梯）；毗邻建筑的使用性质、结构类型、建筑高度、与本建筑的间距
		堆场	堆场名称、主要堆放物品名称、总储量、最大堆高、堆场平面图（含消防车道、防火间距）
		储罐	储罐区名称、储罐类型（指地上、地下、立式、卧式、浮顶、固定顶等）、总容积、最大单罐容积及高度、储存物名称、性质和形态、储罐区平面图（含消防车道、防火间距）
		装置	装置区名称、占地面积、最大高度、设计日产量、主要原料、主要产品、装置区平面图（含消防车道、防火间距）
3	单位（场所）内消防安全重点部位信息		重点部位名称、所在位置、使用性质、建筑面积、耐火等级、有无消防设施、责任人姓名、身份证号码及电话

续表

序号	名称		内容
4	室内外消防设施信息	火灾自动报警系统	设置部位、系统形式、维保单位名称、联系电话；控制器（含火灾报警、消防联动、可燃气体报警、电气火灾监控等）、探测器（含火灾探测、可燃气体探测、电气火灾探测等）、手动火灾报警按钮、消防电气控制装置等的类型、型号、数量、制造商；火灾自动报警系统图
		消防水源	市政给水管网形式（指环状、支状）及管径、市政管网向建（构）筑物供水的进水管数量及管径、消防水池位置及容量、屋顶水箱位置及容量、其他水源形式及供水量、消防泵房设置位置及水泵数量、消防给水系统平面布置图
		室外消火栓	室外消火栓管网形式（指环状、支状）及管径、消火栓数量、室外消火栓平面布置图
		室内消火栓系统	室内消火栓管网形式（指环状、支状）及管径、消火栓数量、水泵接合器位置及数量、有无与本系统相连的屋顶消防水箱
		自动喷水灭火系统（含雨淋、水幕）	设置部位、系统形式（指湿式、干式、预作用，开式、闭式等）、报警阀位置及数量、水泵接合器位置及数量、有无与本系统相连的屋顶消防水箱、自动喷水灭火系统图
		水喷雾（细水雾）灭火系统	设置部位、报警阀位置及数量、水喷雾（细水雾）灭火系统图
		气体灭火系统	系统形式（指有管网、无管网，组合分配、独立式，高压、低压等）、系统保护的防护区数量及位置、手动控制装置的位置、钢瓶间位置、灭火剂类型、气体灭火系统图
		泡沫灭火系统	设置部位、泡沫种类（指低倍、中倍、高倍，抗溶、氟蛋白等）、系统形式（指液上、液下，固定、半固定等）、泡沫灭火系统图
		干粉灭火系统	设置部位、干粉储罐位置、干粉灭火系统图
		防烟排烟系统	设置部位、风机安装位置、风机数量、风机类型、防烟排烟系统图
		防火门及卷帘	设置部位、数量
		消防应急广播	设置部位、数量、消防应急广播系统图
		应急照明及疏散指示系统	设置部位、数量、应急照明及疏散指示系统图
		消防电源	设置部位、消防主电源在配电室是否有独立配电柜供电、备用电源形式（市电、发电机、EPS 等）
		灭火器	设置部位、配置类型（指手提式、推车式等）、数量、生产日期、更换药剂日期
5	消防设施定期检查及维护保养信息		检查人姓名、检查日期、检查类别（指日检、月检、季检、年检等）、检查内容（指各类消防设施相关技术规范规定的内容）及处理结果，维护保养日期、内容
6	日常防火巡查记录	基本信息	值班人员姓名、每日巡查次数、巡查时间、巡查部位
		用火用电	用火、用电、用气有无违章情况
		疏散通道	安全出口、疏散通道、疏散楼梯是否畅通，是否堆放可燃物；疏散走道、疏散楼梯、顶棚装修材料是否合格

续表

序号	名称		内容
6	日常防火巡查记录	防火门、防火卷帘	常闭防火门是否处于正常工作状态，是否被锁闭；防火卷帘是否处于正常工作状态，防火卷帘下方是否堆放物品影响使用
		消防设施	疏散指示标志、应急照明是否处于正常完好状态；火灾自动报警系统探测器是否处于正常完好状态；自动喷水灭火系统喷头、末端放（试）水装置、报警阀是否处于正常完好状态；室内、室外消火栓系统是否处于正常完好状态；灭火器是否处于正常完好状态
7	火灾信息		起火时间、起火部位、起火原因、报警方式（指自动、人工等）、灭火方式（指气体、喷水、水喷雾、泡沫、干粉灭火系统，灭火器，消防队等）

3.4　火灾自动报警系统：

3.4.1　本工程按集中报警（区域报警、控制中心报警）系统设计。[控制中心报警系统的主消防控制室显示所有火灾报警信号和联动控制状态信号，并控制共用的消防设备（如消防泵房设备）；各分消防控制室内消防设备之间互相传输、显示状态信息，但不互相控制]。

3.4.2　系统组成：火灾探测器、手动火灾报警按钮、火灾声光警报器、消防应急广播、消防专用电话、消防控制室图形显示装置、火灾报警控制器、消防联动控制器等组成；这些设备均设置在消防控制室内。

3.4.3　火灾探测器：

1）火灾初期有阴燃阶段，产生大量的烟和少量的热，很少或没有火焰辐射的一般场所，如下场所：________设置感烟探测器。

2）燃气站、燃气表间、存储液化石油气罐、厨房、燃气锅炉房、燃气冷冻机房等处具有可燃气体或可燃蒸气的场所，设置（防爆）可燃气体探测器。

3）（厨房、锅炉房、发电机房、日用油箱间、烘干车间、吸烟室等）场所及需要联动熄灭“安全出口”标志灯的安全出口内侧设置感温探测器。

4）对火灾发展迅速，可产生大量热、烟和火焰辐射的场所，如：________场所，选择感温火灾探测器、感烟火灾探测器、火焰探测器或其组合。

5）对火灾发展迅速，有强烈的火焰辐射和少量的烟、热的场所，如：________场所，选择火焰探测器。

6）电缆隧道、电缆竖井、电缆夹层、电缆桥架设缆式线型感温探测器。

7）通信及计算机机房设置空气采样极早期烟雾探测报警系统。

8）对火灾初期产生一氧化碳的场所，设置点型一氧化碳火灾探测器。

9）高度大于12m的空间场所，火灾初期产生大量烟的场所，如：________场所，选择线型光束感烟火灾探测器及管路吸气式感烟火灾探测器或图像型感烟火灾探测器。（火灾初期产生少量烟并产生明显火焰的场所，选择1级灵敏度的点型红外火焰探测器或图像型火焰探测器。）（探测器的光束轴线至顶棚的垂直距离宜为0.3～1.0m，距地高度不宜超过20m；相邻两组探测器的水平距离不应大于14m，探测器至侧墙水平距离不应大于7m，且不应小于0.5m，探测器的发射器和接收器之间的距离不宜超过100m。建筑高度不超过16m时，宜在6～7m增设一层探测器；建筑高度超过16m但不超过26m时，宜在6～7m

和11～12m处各增设一层探测器。)

10） ________场所，选择点型火焰探测器或图像型火焰探测器。

3.4.4 任一台火灾报警控制器所连接的火灾探测器、手动火灾报警按钮和模块等设备总数和地址总数，均不能超过3200点，其中每一总线回路联结设备的总数不能超过200点，且要预留有不少于额定容量10%的余量；任一台消防联动控制器地址总数或火灾报警控制器（联动型）所控制的各类模块总数不能超过1600点，每一联动总线回路联结设备的总数不能超过100点，且要预留有不少于额定容量10%的余量。高度超过100m的建筑中，除消防控制室内设置的控制器外，每台控制器直接控制的火灾探测器、手动报警按钮和模块等设备不得跨越避难层。

3.4.5 系统总线上设置总线短路隔离器，每只总线短路隔离器保护的火灾探测器、手动火灾报警按钮和模块等消防设备的总数不应超过32点；总线穿越防火分区时，在穿越处设置总线短路隔离器。

3.4.6 探测器与其他设备的水平间距要求：

1）点型探测器至墙壁、梁边的水平距离，不小于0.5m。

2）点型探测器周围0.5m内，应无遮挡物。

3）点型探测器至空调送风口边的水平距离不小于1.5m，并宜接近回风口安装。

4）探测器至多孔送风顶棚孔口的水平距离不小于0.5m。

5）探测器与灯具的水平净距大于0.2m。

6）与嵌入式扬声器的净距大于0.1m。

7）与自动喷淋头的净距大于0.3m。

8）探测器的具体定位，以建筑吊顶综合图为准。（备注：当有综合吊顶时。）

3.5 消防联动控制系统：

1）消防联动控制器按琴台式设计，其设定的控制逻辑能向各相关的受控设备发出联动控制信号，并接受相关设备的联动反馈信号。

2）消防联动控制器的电压控制输出采用直流24V，其电源容量满足受控消防设备同时启动且维持工作的控制容量要求。

3）各受控设备接口的特性参数与消防联动控制器发出的联动控制信号相匹配。

4）消防水泵、防烟和排烟风机，除采用联动控制方式外，还在消防控制室内的消防联动控制器的手动控制盘上设置手动硬线直接控制，且不论现场控制箱（柜）上的转换开关在何位置。设备就地控制箱（柜）上均可手动启动、停止。

5）所有消防水泵、防烟和排烟风机，平时均处于自动启动状态。

6）消防水泵不设置自动停泵的控制功能。

7）消防水泵控制柜的机械应急起泵供能，由消防水泵控制柜生产企业自带，且消防水泵控制柜应具有CCCF认证。

8）消防水泵设置可以监测水泵压力及流量的自动巡检装置。消防泵自动巡检装置应具有自动/手动巡检功能，自动巡检周期不大于7d且能按需要设定；消防泵逐台启动运行，每台泵运行时间不少于2min。设备应保证在巡检过程中如遇消防信号应立即退出巡检，进入消防状态，即消防有优先权。巡检过程中若发现问题，应能声、光报警，并可以记录故障的类型、时间。自动巡检时，水系统不应增压。采用电动阀门调节给水压力的设备，所使用的电动阀门应参与巡检。

9）启动电流较大的消防设备分时启动。

10）需要火灾自动报警系统联动控制的消防设备，其联动触发信号采用两个报警触发装置报警信号的“与”逻辑组合。

3.5.1　自动喷水灭火系统的联动控制

1）本工程在________场所，设置湿式系统（干式）系统，其联动控制：

（1）采用以下2种通过消防联动控制器模块总线联动方式，启动喷淋消防泵；

① 报警阀压力开关的动作信号与该报警阀防护区域内的任一火灾探测器或手动报警按钮的报警信号的“与”信号作为触发信号。

② 干式系统需联动控制快速排气阀入口前的电动阀开启。

（2）采用以下2种专用硬线连锁控制：

① 湿式（干式）报警阀压力开关的动作信号作为触发信号，专用硬线直接控制启动喷淋消防泵，联动控制不应受消防联动控制器处于自动或手动状态影响；

② 消防控制室内的消防联动控制器的手动控制盘，专用硬线手动控制喷淋消防泵的启动和停止。

（3）以下5种信号反馈至消防联动控制器：

水流指示器、信号阀、压力开关、喷淋消防泵的启动和停止的动作信号。

2）本工程在________场所，设置预作用系统，其联动控制：

（1）采用以下3种通过消防联动控制器模块总线联动方式，启动喷淋消防泵：

① 同一报警区域内两只及以上独立的感烟火灾探测器或一只感烟火灾探测器与一只手动火灾报警按钮的报警信号，作为预作用阀组开启的联动触发信号。由消防联动控制器控制预作用阀组的开启，使系统转变为湿式系统；

② 当系统设有快速排气装置时，联动控制排气阀前的电动阀的开启，变为湿式系统；

③ 报警阀压力开关的动作信号与该报警阀防护区域内的任一火灾探测器或手动报警按钮的报警信号的“与”信号作为触发信号，启动喷淋消防泵。

（2）消防控制室内的消防联动控制器的手动控制盘，专用硬线连锁控制以下设备：

① 预作用阀组的启动；

② 快速排气阀入口前的电动阀的启动；

③ 喷淋消防泵的启动和停止。

（3）以下7种信号反馈至消防联动控制器：

水流指示器、信号阀、压力开关、喷淋消防泵的启动和停止的动作信号，有压气体管道气压状态信号和快速排气阀入口前电动阀的动作信号。

3）本工程在________场所，设置雨淋系统，其联动控制：

（1）采用以下2种通过消防联动控制器模块总线联动方式，启动雨淋消防泵：

① 同一报警区域内两只及以上独立的感烟火灾探测器或一只感烟火灾探测器与一只手动火灾报警按钮的报警信号，作为雨淋阀组开启的联动触发信号。

② 报警阀压力开关的动作信号与该报警阀防护区域内的任一火灾探测器或手动报警按钮的报警信号的“与”信号作为触发信号，启动雨淋消防泵。

（2）消防控制室内的消防联动控制器的手动控制盘，专用硬线连锁控制以下设备：

① 雨淋阀组的启动；

② 雨淋消防泵的启动和停止。

（3）以下 5 种信号反馈至消防联动控制器：

水流指示器，压力开关，雨淋阀组、雨淋消防泵的启动和停止的动作信号。

4）本工程在________场所，设置自动控制的水幕系统，其联动控制：

（1）通过消防联动控制器模块总线联动方式，启动水幕消防泵。（用于防火卷帘和用于防火分隔启动方式不同）

当自动控制的水幕系统用于防火卷帘的保护时，由防火卷帘下落到楼板面的动作信号与本报警区域内任一火灾探测器或手动火灾报警按钮的报警信号作为水幕阀组启动的联动触发信号，联动控制水幕系统相关控制阀组的启动。报警阀压力开关的动作信号与该报警阀防护区域内的任一火灾探测器或手动报警按钮的报警信号的“与”信号作为触发信号，启动水幕消防泵。

水幕系统作为防火分隔时，由该报警区域内两只独立的感温火灾探测器的火灾报警信号作为水幕阀组启动的联动触发信号，联动控制水幕系统相关控制阀组的启动。报警阀压力开关的动作信号与该报警阀防护区域内的任一火灾探测器或手动报警按钮的报警信号的“与”信号作为触发信号，启动水幕消防泵。

（2）消防控制室内的消防联动控制器的手动控制盘，专用硬线连锁控制以下设备：

① 水幕系统相关控制阀组的启动；

② 水幕消防泵的启动、停止。

（3）以下 4 种信号反馈至消防联动控制器：

压力开关、水幕系统相关控制阀组和消防泵的启动、停止的动作信号。

3.5.2　本工程在________场所，设置消火栓泵系统，其的联动控制：

1）采用以下通过消防联动控制器模块总线联动方式，启动消火栓泵：

消火栓按钮的动作信号与消火栓按钮所在报警区域的任一火灾探测器或手动报警按钮的报警信号。在消火栓箱内设消火栓启泵按钮。接线盒设在消火栓开门侧的顶部，底距地1.9m。

2）消火栓泵采用以下 4 种专用硬线连锁控制方式：

（1）消火栓系统出水干管上设置的低压压力开关，专用硬线直接控制启动消火栓泵。联动控制不受消防联动控制器处于自动或手动状态影响。

（2）高位消防水箱出水管上设置的流量开关，专用硬线直接控制启动消火栓泵。联动控制不受消防联动控制器处于自动或手动状态影响。

（3）报警阀压力开关，专用硬线直接控制启动消火栓泵。联动控制不受消防联动控制器处于自动或手动状态影响。

（4）消防控制室内的消防联动控制器的手动控制盘，专用硬线手动控制消火栓泵的启动和停止。

3）以下 2 种信号反馈至消防联动控制器：

消火栓泵的启动、停止的动作信号。

3.5.3　气体（泡沫）灭火系统的联动控制

本工程根据给排水专业要求，在________场所，设置气体（泡沫）灭火系统。气体

（泡沫）灭火系统由专用的气体（泡沫）灭火控制器控制。

1）本工程采用气体（泡沫）灭火控制器直接连接火灾探测器方式。气体（泡沫）灭火系统的自动控制方式如下（若不是直接连接火灾探测器，则控制方式不同）：

（1）由同一防护区域内两只独立的火灾探测器的报警信号、一只火灾探测器与一只手动火灾报警按钮的报警信号或防护区外的紧急启动信号，作为系统的联动触发信号，探测器的组合采用感烟火灾探测器和感温火灾探测器。

（2）气体（泡沫）灭火控制器在接收到满足联动逻辑关系的首个联动触发信号后，启动设置在该防护区内的火灾声光警报器，该火灾声光警报器挂墙明装，中心距地 2.4m；且联动触发信号为任一防护区域内设置的感烟火灾探测器、其他类型火灾探测器或手动火灾报警按钮的首次报警信号；在接收到第二个联动触发信号后，发出联动控制信号，且联动触发信号为同一防护区域内与首次报警的火灾探测器或手动火灾报警按钮相邻的感温火灾探测器、火焰探测器或手动火灾报警按钮的报警信号。

（3）联动控制信号包括下列内容：

关闭防护区域的送、排风机及送排风阀门；

停止通风和空气调节系统及关闭设置在该防护区域的电动防火阀；

联动控制防护区域开口封闭装置的启动，包括关闭防护区域的门、窗；

启动气体（泡沫）灭火装置，气体（泡沫）灭火控制器设定不大于 30s 的延迟喷射时间。

（4）平时无人工作的防护区，设置为无延迟的喷射，且在接收到满足联动逻辑关系的首个联动触发信号后：

关闭防护区域的送、排风机及送排风阀门；

停止通风和空气调节系统及关闭设置在该防护区域的电动防火阀；

联动控制防护区域开口封闭装置的启动，包括关闭防护区域的门、窗；

在接收到第二个联动触发信号后，启动气体（泡沫）灭火装置。

（5）气体灭火防护区出口外上方设置表示气体喷洒的火灾声光警报器，该火灾声光警报器安装在门框上，中心距门框 0.1m，明装，指示气体释放的声信号与该保护对象中设置的火灾声警报器的声信号有明显区别。启动气体（泡沫）灭火装置的同时，启动设置在防护区入口处表示气体喷洒的火灾声光警报器；组合分配系统首先开启相应防护区域的选择阀，然后启动气体（泡沫）灭火装置。

2）气体（泡沫）灭火系统的手动控制方式如下：

（1）在防护区疏散出口的门外设置气体（泡沫）灭火装置的手动启动和停止按钮，手动启动按钮按下时，气体（泡沫）灭火控制器必须完成上述第（3）款和第（5）款的联动操作；手动停止按钮按下时，气体（泡沫）灭火控制器停止正在执行的联动操作；手动启动和停止按钮底边距地1.5m 安装。

（2）气体（泡沫）灭火控制器上设置对应于不同防护区的手动启动和停止按钮。

3）气体（泡沫）灭火装置启动及喷放各阶段的联动控制及系统的反馈信号，反馈至消防联动控制器。系统的联动反馈信号包括下列内容：

（1）气体（泡沫）灭火控制器直接连接的火灾探测器的报警信号；

（2）选择阀的动作信号；

(3) 压力开关的动作信号；

(4) 在防护区域内设有手动与自动控制转换装置的系统，其手动或自动控制方式的工作状态应在防护区内、外的手动、自动控制状态显示装置上显示，该状态信号反馈至消防联动控制器。

4) 待灭火后，打开排风电动阀门及排风机进行排气。气体灭火控制盘电源由(______)引来。

3.5.4 防、排烟系统联动控制：

1) 消防联动控制器模块总线联动自动控制：

(1) 加压送风机模块总线联动：将加压送风口所在防火分区内的两只独立的火灾探测器或一只火灾探测器与一只手动火灾报警按钮的报警信号，作为送风口开启和加压送风机启动的联动触发信号，由消防联动控制器模块总线联动控制火灾层和相关层前室等需要加压送风场所的加压送风口开启和加压送风机启动；

(2) 电动挡烟垂壁模块总线联动：将同一防烟分区内且位于电动挡烟垂壁附近的两只独立的感烟火灾探测器的报警信号作为电动挡烟垂壁降落的联动触发信号，由消防联动控制器联动控制电动挡烟垂壁的降落；

(3) 排烟口、排烟窗或排烟阀模块总线联动：将同一防烟分区内的两只独立的火灾探测器作为排烟口、排烟窗或排烟阀开启的联动触发信号，由消防联动控制器联动控制排烟口、排烟窗或排烟阀的开启，同时停止该防烟分区的空气调节系统；

(4) 排烟风机模块总线联动：将排烟口、排烟窗或排烟阀开启的动作信号作为排烟风机启动的联动触发信号，由消防联动控制器联动控制排烟风机的启动。

2) 防、排烟系统手动控制方式：

(1) 通过在消防控制室内的消防联动控制器手动控制：送风口、电动挡烟垂壁、排烟口、排烟窗、排烟阀的开启或关闭及防烟风机、排烟风机等设备的启动或停止。

(2) 通过在消防控制室内的消防联动控制器的手动控制盘专用线路硬线直接手动控制：防烟、排烟风机的启动、停止。

(3) 排烟风机入口处的总管上设置的280℃排烟防火阀在关闭后，直接联动控制风机停止。

(4) 常闭排烟口、电动加压送风口均设置产品自带的现场机械手动控制装置。一般现场机械手动控制装置在阀附近，底距地1.4m安装，现场机械手动控制装置与阀门执行机构之间预留SC25的热镀锌钢管。此内容一般不在电气火灾自动报警平面图中体现，由施工单位自行安装。

3) 以下11种信号反馈至消防联动控制器：

送风口、排烟口、排烟窗或排烟阀开启和关闭的动作信号，防烟、排烟风机启动和停止及电动防火阀关闭的动作信号，280℃排烟防火阀动作信号，均应反馈至消防联动控制器。

4) 本工程设进风兼消防补风机，正常情况下为进风使用，火灾时则作为消防补风机使用。火灾时，解除防冻阀与风机的连锁。风机正常时为就地手动控制和BAS控制，当火灾发生时，转为消防补风机，控制要求同防排烟系统联动控制。

5) 本工程设排风兼排烟风机，正常情况下为排风使用，火灾时则作为消防排烟风机使用。风机正常时为就地手动控制和 BAS 控制，当火灾发生时，转为消消防排烟风机，控制要求同防排烟系统联动控制。

3.5.5 防火门的联动控制：

1）将常开防火门所在防火分区内的两只独立的火灾探测器或一只火灾探测器与一只手动火灾报警按钮的报警信号，作为常开防火门关闭的联动触发信号，联动触发信号由火灾报警控制器或消防联动控制器发出，并由消防联动控制器或防火门监控器联动控制防火门关闭；

2）疏散通道上各防火门的开启、关闭及故障状态 3 种信号，反馈至防火门监控器。

3.5.6 防火卷帘系统的联动控制：

本工程防火卷帘的升降由防火卷帘控制器控制。

1）疏散通道上设置的防火卷帘的联动控制：

（1）联动控制方式：防火分区内任两只独立的感烟火灾探测器或任一只专门用于联动防火卷帘的感烟火灾探测器的报警信号，联动控制防火卷帘下降至距楼板面 1.8m 处；任一只专门用于联动防火卷帘的感温火灾探测器的报警信号，联动控制防火卷帘下降到楼板面；

在卷帘的任一侧距卷帘纵深 0.5～5m 内，设置不少于 2 只专门用于联动防火卷帘的感温火灾探测器。

（2）手动控制方式，由防火卷帘两侧设置的手动控制按钮控制防火卷帘的升降。

（3）以下 4 种信号反馈至消防联动控制器：

防火卷帘下降至距楼板面 1.8m 处、下降到楼板面的动作信号以及和防火卷帘控制器直接连接的感烟、感温火灾探测器的报警信号。

2）非疏散通道上设置的防火卷帘的联动控制：

（1）联动控制方式，将防火卷帘所在防火分区内任两只独立的火灾探测器的报警信号，作为防火卷帘下降的联动触发信号，由防火卷帘控制器联动控制防火卷帘直接下降到楼板面。

（2）手动控制方式：由防火卷帘两侧设置的手动控制按钮控制防火卷帘的升降，并在消防控制室内的消防联动控制器上通过模块总线，手动控制防火卷帘的降落。

（3）以下 3 种信号反馈至消防联动控制器：

防火卷帘下降到楼板面的动作信号以及和防火卷帘控制器直接连接的感烟、感温火灾探测器的报警信号。

3）防火卷帘门的其他要求：

卷帘门两侧设就地控制按钮，底距地 1.4m，并设玻璃门保护。控制按钮至控制箱采用WDZN-BYJF-750V-6×1.0mm^2 SC25 低烟无卤辐照耐火型导线；

卷帘门下降时，在门两侧顶部应有声、光警报装置。施工单位应配合厂家预留导管；

卷帘门设熔片装置及断电后的手动操作装置；

卷帘门控制箱(顶距顶板 0.2m)。

3.5.7 电梯的联动控制

消防联动控制器能发出联动控制信号强制所有电梯停于首层或电梯转换层。

电梯运行状态信息和停于首层或转换层的反馈信号，传送给消防控制室显示。

轿厢内设置能直接与消防控制室通话的专用电话。

3.5.8 火灾警报和消防应急广播系统联动控制：

详见消防应急广播系统相关说明。

3.5.9 消防应急照明和疏散指示系统的联动控制：

1）本工程选择集中控制型消防应急照明和疏散指示系统，由火灾报警控制器或消防联动控制器启动应急照明控制器实现；

（集中电源非集中控制型消防应急照明和疏散指示系统，由消防联动控制器联动应急照明集中电源和应急照明分配电装置实现；）

（自带电源非集中控制型消防应急照明和疏散指示系统，由消防联动控制器联动消防应急照明配电箱实现；）

2）当确认火灾后，由发生火灾的报警区域开始，顺序启动全楼疏散通道的消防应急照明和疏散指示系统，系统全部投入应急状态的启动时间不大于5s。

3.5.10 其他相关联动控制：

1）消防联动控制器具有切断火灾区域及相关区域的非消防电源的功能。

2）消防联动控制器具有自动打开涉及疏散的电动栅杆等的功能，并开启相关区域安全技术防范系统的摄像机监视火灾现场。

3）消防联动控制器具有打开疏散通道上由门禁系统控制的门和庭院的电动大门的功能，并具有打开停车场出入口挡杆的功能。

4）燃油锅炉房、日用油箱间设温感探测器，报警后，自动停供油泵，自动/手动关闭供油阀，开紧急泄油阀（泵），在房间外开事故排风机。

5）新风系统入口70℃电动防火阀动作后，向消防控制室报警并可联动停止新风机的运行。

6）卫生间70℃防火阀动作后，停止卫生间排气扇（停屋顶卫生间用排风机）。

3.6 手动火灾报警按钮的设置：

每个防火分区至少设置一只手动火灾报警按钮。从一个防火分区内的任何位置到最邻近的手动火灾报警按钮的步行距离不应大于30m。手动火灾报警按钮设置在疏散通道或出入口处，且位于明显、便于操作的部位。当安装在墙上时，其底边距地高度为1.3～1.5m，且有明显标志。

3.7 区域显示器的设置：

本工程（宾馆、饭店等场所）在每个报警区域设置一台区域显示器。本工程每个报警区域宜设置一台区域显示器（火灾显示盘）；当一个报警区域包括多个楼层时，在每个楼层设置一台仅显示本楼层的区域显示器。区域显示器设置在出入口等明显和便于操作的部位。当安装在墙上时，其底边距地高度宜为1.3～1.5m。

3.8 火灾声光警报器的设置：

3.8.1 本工程火灾声光警报器设置在每个楼层的楼梯口、消防电梯前室、建筑内部拐角等处的明显部位，不宜与安全出口指示灯设置在同一处墙面。每个报警区域内均匀设置火灾声光警报器，其声压级不应小于60dB；在环境噪声大于60dB的场所，其声压级高于背景噪声15dB。大空间、疏散通道每25m左右设置一个。火灾声光警报器设置在墙上时，其底边距地面高度应大于2.2m。

3.8.2 火灾确认后，启动建筑内的所有火灾声光警报器。

3.8.3 火灾声光警报器由火灾报警控制器或消防联动控制器控制。

3.8.4 公共场所设置具有同一种火灾变调声的火灾声警报器；本工程选用带有语音提示的火灾声警报器；且同时设置语音同步器。（学校、工厂等各类日常使用电铃的场所，不使用警铃作为火灾声警报器。）

3.8.5 火灾声警报器单次发出火灾警报时间为8～20s，同时设有消防应急广播时，火灾声警报与消防应急广播交替循环播放。

3.9 消防应急广播的设置：

3.9.1 本工程消防应急广播系统机房与消防控制室合用，其广播音响主机设备与背景音乐共用一套装置。（消防应急广播与普通广播或背景音乐广播合用时，具有强制切入消防应急广播的功能。）

3.9.2 （会议厅、舞厅、健身中心等）场所设独立的广播系统，火灾时，自动切除独立的广播系统。这些场所的消防应急广播系统单独设置，并由消防控制室控制。

3.9.3 在消防控制室设置消防应急广播（与音响广播合用）机柜，功率放大器（　　）W。

3.9.4 本工程扬声器设置在走道和大厅等公共场所。每个扬声器的额定功率不小于3W，其数量保证从一个防火分区内的任何部位到最近一个扬声器的直线距离不大于25m，走道末端距最近的扬声器距离不应大于12.5m。

3.9.5 在环境噪声大于60dB的场所设置的扬声器，在其播放范围内最远点的播放声压级应高于背景噪声15dB。

3.9.6 客房设置专用扬声器时，其功率不宜小于1.0W。（备注：当客房床头柜设置广播时应具有消防应急广播功能。）

3.9.7 壁挂扬声器的底边距地面高度大于2.2m。

3.9.8 消防应急广播系统的联动控制信号由消防联动控制器发出。当确认火灾后，同时向全楼进行广播。

3.9.9 消防应急广播的单次语音播放时间为10～30s，与火灾声警报器分时交替工作，可采取1次声警报器播放、1次或2次消防应急广播播放的交替工作方式循环播放。

3.9.10 在消防控制室能手动或按预设控制逻辑联动控制选择广播分区、启动或停止应急广播系统，并能监听消防应急广播。

3.9.11 通过传声器进行应急广播时，自动对广播内容进行录音。

3.9.12 消防控制室内能显示消防应急广播的广播分区的工作状态。

3.9.13 广播主机具有对本机及扬声器回路的状态进行不间断监测及自检功能。

3.9.14 系统具备隔离功能，某一个回路扬声器发生短路，自动从主机上断开，以保证功放及控制设备的安全。

3.9.15 系统采用100V定压输出方式。要求从功放设备的输出端至线路上最远的用户扬声器的线路衰耗不大于1dB（1000Hz时）。

3.9.16 系统主机应为标准的模块化配置，并提供标准接口及相关软件通信协议，以便系统集成。

3.9.17 根据平面布置，扬声器安装分为壁装式、嵌入式、管吊式、床头柜等。桑拿间内扬声器，选用防水型。壁装扬声器底边距地 2.5m。车库内扬声器壁装、管吊，底距地 2.5m。

3.10 消防专用电话的设置：

3.10.1 消防专用电话网络为独立的消防通信系统。

3.10.2 消防控制室设置消防专用电话总机，(____)门。

3.10.3 本工程采用多线制消防专用电话系统，其中的每个电话分机与总机单独连接。

3.10.4 消防专用电话分机在下列场所设置：

本工程在消防水泵房、发电机房、配变电所、计算机网络机房、主要通风和空调机房、防排烟机房、灭火控制系统操作装置处或控制室、企业消防站、消防值班室、总调度室、消防电梯机房及其他与消防联动控制有关的且经常有人值班的机房。

本工程各避难层，每隔 20m 设置一个消防专用电话分机。

消防专用电话分机，固定安装在明显且便于使用的部位，并有区别于普通电话的标识。

3.10.5 电话插孔的设置

设有手动火灾报警按钮或消火栓按钮等处，设置电话插孔，本工程选择带有电话插孔的手动火灾报警按钮；

本工程各避难层，每隔 20m 设置一个消防电话插孔；

电话插孔按层划分区域，每层一对线，避难层单独一对线。

3.10.6 消防专用电话分机、电话插孔在墙上安装，其底边距地面高度宜为 1.3～1.5m。

3.10.7 消防控制室、消防值班室等处，设置可直接报警的外线电话。

3.11 模块的设置：

3.11.1 每个报警区域内的模块相对集中设置在本报警区域内的金属模块箱中。

3.11.2 严禁将模块设置在配电（控制）柜（箱）内。

3.11.3 本报警区域内的模块不应控制其他报警区域的设备。

3.11.4 未集中设置的模块附近设有尺寸不小于 100mm×100mm 的标识。

3.12 防火门监控器的设置：

3.12.1 本工程防火门监控器设置在消防控制室内。为一独立系统。

3.12.2 电动开门器的手动控制按钮设置在防火门内侧墙面上，距门不宜超过 0.5m，底边距地面高度宜为 0.9～1.3m。

3.12.3 常闭防火门，监测其开启、关闭状态。常开电动防火门，平时监测其开启状态，火灾时，防火门监控器或消防联动控制器，控制其关闭。

3.12.4 本工程所有疏散通道上各防火门信号均进入防火门监控器。疏散通道上各防火门的开启、关闭及故障状态 3 种信号，反馈至防火门监控器。

3.13 可燃气体探测报警系统：

3.13.1 可燃气体探测报警系统由可燃气体报警控制器、可燃气体探测器和火灾声光警报器等组成。

3.13.2　可燃气体探测报警系统独立组成系统，可燃气体探测器不接入火灾报警控制器的探测器回路；当可燃气体的报警信号需接入火灾自动报警系统时，由可燃气体报警控制器在消防控制室接入。

3.13.3　可燃气体报警控制器的报警信息和故障信息，在消防控制室图形显示装置上显示；但该类信息与火灾报警信息的显示应有区别。

3.13.4　可燃气体报警控制器发出报警信号时，能启动保护区域的火灾声光警报器。

3.13.5　可燃气体探测报警系统保护区域内有联动和警报要求时，由可燃气体报警控制器或消防联动控制器联动实现。

3.13.6　可燃气体探测报警系统设置在有防爆要求的场所时，尚应符合有关防爆要求。

3.13.7　与燃气有关的如燃气紧急切断阀等的控制，需与燃气公司配合。燃气管道敷设完成后，在燃气阀门处、管道分支处、拐弯处、直线段每（7～8m）左右，设置燃气探测器；此部分探测器为燃气设计完成后深化设计配合，本套图纸未表示。燃气管与电气设备的距离应大于0.3m。燃气总表间设燃气报警，燃气报警后，开启事故排风机，关断燃气紧急切断阀。

3.14　电气火灾监控系统：

3.14.1　电气火灾监控系统，由下列部分或全部设备组成：电气火灾监控器、剩余电流式电气火灾监控探测器、测温式探测器。

3.14.2　本工程在（配变电所低压柜出线回路内、各层总配电箱的进线电源开关处、________）场所，设置剩余电流式电气火灾监控探测器、测温式电气火灾监控探测器。

3.14.3　本工程电气火灾监控器设置在消防控制室内，电气火灾监控器的报警信息和故障信息在消防控制室图形显示装置上显示；但该类信息与火灾报警信息的显示有区别。同时将报警信号送至配变电所显示。

3.14.4　电气火灾监控系统的设置不影响供电系统的正常工作，不切断供电电源。

3.14.5　电气火灾监控系统可检测漏电电流（过电流信号），并发出声光报警信号，报出故障位置，监视故障点变化。存储各种故障信号。

3.14.6　选择剩余电流式电气火灾监控探测器时，应计及供电系统自然漏流的影响；探测器报警值为300～500mA。

3.14.7　具有探测线路故障电弧功能的电气火灾监控探测器，其保护线路的长度不宜大于100m。

3.14.8　测温式电气火灾监控探测器设置在电缆接头、端子、重点发热部件等部位。

3.14.9　保护对象为1000V及以下的配电线路，测温式电气火灾监控探测器采用接触式布置。

3.14.10　保护对象为1000V以上的供电线路，测温式电气火灾监控探测器选择光栅光纤测温式或红外测温式电气火灾监控探测器，光栅光纤测温式电气火灾监控探测器直接设置在保护对象的表面。

3.14.11　本系统从一层消防控制室至各配电箱及各配电箱之间的通信线路，预留管线SC20热镀锌钢导管。

3.15　消防电源监测系统：

3.15.1　消防电源监测系统，由下列部分或全部设备组成：消防电源监测监控器、电压信号传感装置。

3.15.2　本工程在（消防设备配电箱、控制箱的进线电源处、　　　　　）设置消防电源监测装置。

3.15.3　本工程消防电源监测器设置在消防控制室内，消防电源监测器的报警信息和故障信息在消防控制室图形显示装置上显示；但该类信息与火灾报警信息的显示有区别。同时将报警信号送至配变电所显示。

3.15.4　消防电源监测器的设置不影响供电系统的正常工作，不切断供电电源。

3.15.5　消防电源监测器可发出声光报警信号，报出故障位置，监视故障点变化。

3.15.6　本系统从消防控制室至各配电箱及控制箱之间的通信线路，预留管线 SC20 热镀锌钢导管。

3.16　火灾自动报警系统供电及接地：

3.16.1　火灾自动报警系统设置交流电源和蓄电池备用电源。

3.16.2　火灾自动报警系统的交流电源采用消防电源，备用电源采用火灾报警控制器和消防联动控制器自带的蓄电池组（UPS）或消防设备应急电源。当备用电源采用消防设备应急电源时，火灾报警控制器和消防联动控制器在消防控制室内，采用单独的供电回路，并保证在系统处于最大负载状态下不影响火灾报警控制器和消防联动控制器的正常工作。

3.16.3　消防控制室图形显示装置、消防通信设备等的电源，由 UPS 电源装置或消防设备应急电源供电。

3.16.4　消防设备应急电源输出功率大于火灾自动报警及联动控制系统全负荷功率的120%，蓄电池组的容量保证火灾自动报警及联动控制系统在火灾状态同时工作负荷条件下连续工作 3h 以上。

3.16.5　本工程采用接地装置，火灾自动报警系统接地装置的接地电阻值不大于1Ω。

3.16.6　消防控制室内的电气和电子设备的金属外壳、机柜、机架、金属管、槽等，均采用等电位联结。

3.16.7　由消防控制室接地板引至各消防电子设备的专用接地线选用铜芯绝缘导线，其线芯截面面积不小于 $4mm^2$。

3.16.8　消防控制室接地板与建筑接地体之间，采用线芯截面面积不小于BV-1×$25mm^2$PC40 的铜芯绝缘导线联结。

3.17　火灾自动报警系统布线：

3.17.1　火灾自动报警系统的供电线路和传输线路设置在湿度大于 90%的场所或地（水）下隧道时，线路及接线处应做防水处理。

3.17.2　火灾自动报警系统的传输线路，采用金属管［可挠（金属）电气导管、B_1 级以上的刚性塑料管或封闭式线槽］保护。

3.17.3　火灾自动报警系统的供电线路、消防联动控制线路，采用耐火铜芯电线电缆，报警总线、消防应急广播和消防专用电话等传输线路，采用阻燃耐火电线电缆。

3.17.4　线路暗敷设时，采用金属管［可挠（金属）电气导管或 B_1 级以上的刚性塑料管］保护，并应敷设在不燃烧体的结构层内，且保护层厚度不宜小于 30mm；线路明敷设时，采用金属管、［可挠（金属）电气导管或金属封闭线槽］保护。

3.17.5 火灾自动报警系统用的电缆竖井，本项目与电力配电线路电缆竖井分别设置。（如受条件限制必须合用时，将火灾自动报警系统用的电缆和电力、照明用的低压配电线路电缆分别布置在竖井的两侧。）

3.17.6 不同电压等级的线缆不能穿入同一根保护管内，当合用同一线槽时，线槽内应有隔板分隔。

3.17.7 采用穿管水平敷设时，除报警总线外，不同防火分区的线路不应穿入同一根管内。

3.17.8 从接线盒、线槽等处引到探测器底座盒、控制设备盒、扬声器箱的线路，均加金属保护管保护。

3.17.9 火灾探测器的传输线路，选择不同颜色的绝缘导线或电缆。正极“+”线应为红色，负极“—”线应为蓝色或黑色。同一工程中相同用途导线的颜色应一致，接线端子应有标号。

3.17.10 未注明的火灾自动报警线路，消防联动线，控制线、火灾警报线及信号线传输线，采用WDZN-BYJF-750V-2×2.5，穿（SC20）热镀锌钢导管。

3.17.11 消防专用电话线采用 RVVP-2×1.5 穿（SC15）热镀锌钢导管。

3.17.12 消防广播线采用 NHRVS-2×1.5，穿（SC20）热镀锌钢导管。

3.17.13 在有爆炸危险场所，线路明敷设并满足国家标准《爆炸和火灾危险环境电力装置设计规范》GB 50058-2014 的要求。

3.17.14 所有穿过建筑物伸缩缝、沉降缝、后浇带的管线应按《建筑电气安装工程图集》中有关作法施工。

3.17.15 金属槽盒穿过防烟分区、防火分区、楼层时应在安装完毕后，用防火堵料密实封堵。

3.17.16 金属槽盒：竖井内竖向金属槽盒应与平面图中水平金属槽盒连接。平面图中未注明金属槽盒均为 SR-100×100。金属槽盒安装时尽量往上抬，在吊顶内安装时，至少应满足底距吊顶 50mm。

3.18 本工程消防电源、应急照明系统概况：

3.18.1 配变电所的设置：

1）本工程在地下一层设一座配变电所；

2）配变电所内的高压装置采用真空断路器；

3）变压器采用干式变压器。

3.18.2 供电电源：

1）本工程采用两路 10kV 高压电源，每路均能承担本工程全部二级及以上负荷。两路高压电源同时工作，互为备用。

2）本工程设置柴油发电机作为应急电源（或备用电源）。

3）消防设备供电电源：消防控制室、消防水泵、消防电梯、排烟风机、加压送风机、电气火灾报警系统、自动灭火系统、应急照明、疏散照明和电动的防火门、窗、卷帘、阀门等消防用电等为一级负荷，按一级负荷要求供电，所有消防用电设备均采用双路电源供电并在末端设自动切换装置。

4）消防控制室为消防报警系统配置________kVA 专用 UPS 电源，持续供电时间为180min。

3.18.3 消防用电设备采用专用的供电回路，其配电设备设有明显标志。其配电线路和控制回路按防火分区划分。

3.18.4 非消防电源的切除：

1）本工程部分低压出线回路断路器、楼层一般照明总照明配电箱主开关、空调、风机区域总配电箱主开关等均设有分励脱扣器，当消防控制室确认火灾后用来切断相关非消防电源；

2）空调、风机通过区域总配电箱内主开关的分励脱扣器实现强切（或通过中央电脑控制（BAS）室关闭火灾区的空调机组，回风机，排风机）；

3）其他非消防负荷，消防控制室可在报警后根据需要，通过消防直通对讲电话，通知配变电所值班人员，经配变电所内开关的分励脱扣器，切断电源。

3.18.5 火灾应急照明的设置

1）（配变电所、消防控制室、消防水泵房、柴油发电机房、防排烟机房、通信机房、保安监控中心、避难层疏散区域、锅炉房）等处的备用照明保证正常工作照明的照度；（避难层）等的照明（　　%）为备用照明。

2）疏散照明：

水平疏散通道不应低于 1lx；（如：疏散通道）；

人员密集场所、避难层（间）不应低于 3lx；（人员密集场所如：观众厅、展览厅、多功能厅、餐厅、宴会厅、会议厅、候车（机）厅、营业厅办公大厅等）；

垂直疏散区域、楼梯间、前室或合用前室人员密集流动疏散区域（民规）、地下室疏散通道（民规）不应低于 5lx；

体育场馆观众席和运动场地疏散照明照度不低于 20lx，体育馆出口及疏散通道照度不低于 5lx；

寄宿制幼儿园和小学的寝室、老年公寓、医院等需要救援人员协助疏散的场所不应低于 5lx。

3）应急照明电源由不同低压母线引来的两路电源，采用放射式与树干式相结合的配线方式，应急照明配电箱末端互投，在应急照明配电箱内配置集中 EPS 作为应急照明的备用电源。

4）安全出口标志灯、疏散指示灯，疏散楼梯、走道应急疏散照明灯采用（区域集中蓄电池式）应急照明系统供电，其他场所应急照明采用双电源末端互投供电，双电源转换时间：疏散照明≤5s，备用照明≤5s（金融商店交易所≤1.5s）。

5）应急照明连续供电时间：建筑高度 100m 及以下建筑物不小于 60min，建筑高度 100m 以上建筑不小于 90min，避难层不小于 180min。医疗建筑、老年人建筑、总建筑面积大于 10 万 m^2 和总建筑面积大于2 万 m^2 的地下、半地下建筑不小于 60min，其他建筑不小于 30min。

6）疏散指示灯间距不大于 10m，出口标志灯在门上方安装时，底边距门框 0.2m；若门上无法安装时，在门旁墙上安装，顶距吊顶 50mm；出口标志灯（明）装；疏散诱导灯

（暗）装，底边距地 0.3m。管吊时，底边距地 2.5m。

7）娱乐设施等公共场所，其疏散通道上设置（蓄光型）疏散导流标志。

8）火灾应急照明（平时采用就地控制或）由建筑设备监控系统统一管理，火灾时由消防控制室自动控制点亮全部疏散通道的（全部）应急照明灯，疏散诱导、出口指示为长明灯。

9）疏散指示灯、标志照明灯及消防设备机房内消防应急照明灯具，应设玻璃或其他不燃材料制作的保护罩，并符合现行国家标准《消防安全标志》GB 13495 和《消防应急照明和疏散指示系统》GB 17945 相关要求。

3.19 消防设备安装：

3.19.1 消防控制室设备落地安装，下设300 架空层。

3.19.2 就地模块箱顶距顶板0.4m 安装。

3.19.3 消防电气竖井做100mm 高门槛，若墙为空心砖，则宜每隔500mm 做圈梁，以便固定设备。消防电气竖井门为丙级及以上防火门。竖井内设备布置以竖井放大图为准。

3.19.4 爆炸和火灾危险环境电力装置的设计应满足国家规范《爆炸和火灾危险环境电力装置设计规范》GB 50058—2014。

3.19.5 系统的成套设备，包括火灾报警控制器、消防联动控制器、消防控制室图形显示装置、消防专用电话总机、消防应急广播控制装置、消防应急照明和疏散指示系统控制装置、消防电源监控器、可燃气体探测报警监控器、防火门监控器；打印机、对讲录音电话及 UPS 电源设备等均由该承包商成套供货，并负责安装、调试。

3.20 其他：

3.20.1 开关、插座和照明器靠近可燃物时，应采取隔热、散热等保护措施。卤钨灯和超过 100W 的白炽灯泡的吸顶灯、槽灯、嵌入式灯的引入线应采取保护措施。白炽灯、卤钨灯、金卤灯、镇流器等不应直接设置在可燃装修材料或可燃构件上。

3.20.2 本工程中给锅炉房配电装置设置在锅炉房单独控制室内，锅炉房内的照明灯具、照明开关、插座选用防爆型。锅炉房内的配电电缆或钢导管，所穿过的不同区域之间墙或楼板处的孔洞，采用非燃性材料严密堵塞。

4. 建筑设备监控系统（BAS）

4.1 本系统监控中心设在一层，同时在地下一层冷冻机房设置分站，对楼内所有的空调设备进行监视和控制。

4.2 本工程建筑设备监控系统（BAS），采用直接数字控制技术，对建筑内的供水、排水、冷水、热水系统及设备、公共区域照明、空调设备及供电系统和设备进行监视及节能控制。本工程中的空调系统、通风系统、冷热源及空调水系统均采用直接数字集散式控制系统。

4.3 控制系统由微机控制中心、分布式直接数字控制器、通信网络、传感器、执行器及控制软件等组成。

4.4 每个单独机房均设置 DDC 控制箱。

4.5 与其他系统的界面关系：

4.5.1 电梯监控、配变电所监控、柴油发电机、智能照明监控、冷水机组等自成系统，并留有与BA系统的接口。

4.5.2 消防专用设备：消火栓泵、喷洒泵、消防稳压泵、排烟风机、加压风机等不进入建筑设备监控系统。

4.6 本系统包括：

4.6.1 压缩式制冷系统应具有下列功能：

1）启停控制和运行状态显示；

2）冷冻水进出口温度、压力测量；

3）冷却水进出口温度、压力测量；

4）过载报警；

5）水流量测量及冷量记录；

6）运行时间和启动次数记录；

7）制冷系统启停控制程序的设定；

8）冷冻水旁通阀压差控制；

9）冷冻水温度再设定；

10）台数控制；

11）制冷系统的控制系统应留有通信接口。

4.6.2 蓄冰制冷系统应具有下列功能：

1）运行模式（主机供冷、溶冰供冷与优化控制）参数设置及运行模式的自动转换；

2）蓄冰设备溶冰速度控制，主机供冷量调节，主机与蓄冷设备供冷能力的协调控制；

3）蓄冰设备蓄冰量显示，各设备启停控制与顺序启停控制；

4）冰槽入口温度；

5）冰槽入口调节阀；

6）液位监测；

7）冰槽入口三通阀调节。

4.6.3 热力系统应具有下列功能：

1）热水出口压力、温度、流量显示；

2）顺序启停控制；

3）热交换器能按设定出水温度自动控制水量；

4）热交换器进水阀与热水循环泵连锁控制；

5）冬、夏转换蝶阀控制；

6）软化水箱液位；

7）供、回水旁通压差；

8）热水循环泵状态显示、故障报警、启停控制、频率监测控制；

9）热力系统的控制系统应留有通信接口。

4.6.4 冷冻水系统应具有下列功能：

1）水流、阀门状态显示；

2）水泵过载报警；

3）水泵启停控制及运行状态显示。

4.6.5　冷却系统应具有下列功能：
1）水流状态显示；
2）冷却水泵过载报警；
3）冷却水泵启停控制及运行状态显示；
4）冷却塔风机运行状态显示；
5）进出口水温测量及控制；
6）水温再设定；
7）冷却塔风机启停控制；
8）冷却塔风机过载报警；
9）冷却塔高、低水位状态；
10）蝶阀开关控制；
11）冬季冷却塔防冻启、停；故障报警。
4.6.6　空气处理系统应具有下列功能：
1）风机状态显示；
2）送回风、新风、混风温度、湿度测量（以原理图为准）；
3）室内温、湿度测量；
4）过滤器状态显示及报警；
5）净化装置控制、状态、报警；
6）风道风压测量；
7）启停控制；
8）过载报警；
9）冷热水流量调节；
10）加湿控制；
11）风阀调节；
12）风机转速控制；
13）风机、风门、调节阀之间的连锁控制；
14）寒冷地区换热器防冻控制；
15）送回风机与消防系统的联动控制；
16）防冻报警、焓值控制、显示报警打印。
4.6.7　排风系统应具有下列功能：
1）风机状态显示；
2）启停控制；
3）过载报警。
4.6.8　风机盘管应具有下列控制功能：
1）室内温度测量；
2）冷、热水阀开关控制；
3）风机变速与启停控制。
4.6.9　给水系统应具有下列功能：
1）变频给水自成系统并预留通信接口；

2）水泵运行状态显示；

3）水泵过载报警；

4）水箱高低液位显示及报警；

5）地下水池水位的显示和报警。

4.6.10　排水系统应具有下列功能：

1）水泵运行状态显示；

2）污水池高低液位显示及报警；

3）水泵过载报警；

4）排水系统留有通信接口。

4.6.11　开水器：时间程序控制其电源的通断。

4.6.12　与其他系统的接口：

1）供配电设备监视系统：配变电所监控系统为BA系统的子系统，该系统留有与BA系统的通信接口；

2）柴油发电机组的监测系统为BA系统的子系统，该系统留有与BA系统的通信接口；

3）智能照明控制系统为BA系统的子系统，该系统留有与BA系统的通信接口；

4）对电梯、自动扶梯的运行状态进行监视，并留有与BA系统的接口；

5）中水系统为BA系统的子系统。预留通信接口；

6）预留与火灾自动报警系统、公共安全防范系统和车库管理系统通信接口。

4.7　设备安装及线路选型与敷设：

4.7.1　DDC控制器箱底边距地1.4m明装，机房内DDC控制器箱与电气配电箱相邻。

4.7.2　DDC控制器箱之间采用总线方式连接。DDC控制器之间采用1根（18AWG）通信线。

4.7.3　建筑设备监控系统从控制室至控制器的每条线路以及控制器之间的通信线路，均预留管线2SC20热镀锌钢导管在竖井或吊顶、机房内明敷设。

4.7.4　每个数字量（DI/DO）信号线采用RVV-2×1.0；配电箱内开关量信号线采用RVV-2×1.0；每个模拟量（AI/AO）信号线采用RVVP-3×1.0；流量开关信号线采用RVV-2×1.0；流量计信号线采用RVVP-4×1.0；送回风温度信号线采用RVVP-2×1.0；电动调节阀采用RVVP-3×1.0；开关量风阀、水阀控制采用RVV-3×1.0。

4.7.5　机房内控制器至现场各种传感器、变送器、阀门等的控制线、信号线、电源线等采用100mm×50mm金属槽盒，从金属槽盒至各控制点采用金属软导管。

4.7.6　系统承包商确定后应复核其管线适宜性，并完成系统所有器件、设备的成套供货、安装和调试。

5. 通信网络系统

5.1　本工程设置程控数字电话交换机，为本楼工作人员提供与外部、与内部的通信交流。同时根据业务需要设置直拨外线。

5.2　程控交换机设置在一层电话机房，容量暂定为4000门，中继线为400对（双向）；直拨外线为400对。

5.3　由市政引来的外线电话电缆及中继线电缆，由北侧进入设在一层的电话机房。

5.4　在本工程电信引入端设置过电压保护装置。

5.5　从程控交换机主配线架出线，利用金属槽盒将电话干线送至各智能化间，再由智能化间沿公共区金属槽盒或穿导管引至出线点。

5.6　电话干线及水平支线的选型见综合布线系统说明。

5.7　系统所有器件、设备均由承包商负责成套供货、安装、调试。

6. 综合布线系统（不涉及用户交换机、网络设备）

6.1　本工程综合布线设备间机房设在地下一层，进线间设在地下一层，与设备间机房共用。智能化配线间分别设置在各楼层 。系统布线主要分为工作区子系统、配线子系统、干线子系统、设备间子系统、进线间子系统。本系统满足通信系统、信息网络系统（计算机网络系统）的布线要求，支持语音、数据、图像等多媒体业务信息的传输。

6.2　工作区信息点的设置：

6.2.1　信息点分类：采用双口面板 Z2，安装有两个信息模块，包括 1 个数据点，1 个语音点；采用单口面板 Z1H/Z1J 安装有一个信息模块，1 个数据点或 1 个语音点；AP 点为无线上网点；DT 点为信息导引点；XS 点为信息发布点（备注：Z2、Z1H/Z1J 为工程平面图图例，也可以采用不同的表达方式）。

6.2.2　信息点设置原则：

大开间开敞式办公区，按 1 个 Z2/5m^2 设计，区域做 CP 箱预留，每个 CP 箱最多 12 个双口信息点；

办公室按每个工位 1 个 Z2 类信息点；

每个领导办公位置 2 个个 Z2 类信息点；

会议室、宴会厅、多功能厅按功能设置 Z2 类和 AP 类信息点；

大堂及有需要的区域设置 1 个 DT 类信息点；

管理用房按需要布置数据点和语音点。

6.2.3　所有数据点和语音点出线插座采用 RJ45 六类，均可通用互换。

6.3　水平配线子系统均采用六类非屏蔽线缆。

6.4　网络机房与各层布线间的干线子系统数据主干采用万兆多模光纤，每 48 个数据插座配置 2 芯光缆。语音竖向主干线采用三类 UTP 大对数电缆，每个语音点考虑两对线配置主干电线。

6.5　综合布线系统产品为标准化产品，全系列产品的端到端只允使用同一种类的产品，包括各种线缆、配线架、模块和面板、跳线、连接器等。

6.6　出线插座墙面出线时，底边距地0.3m（有架空地板的房间，底边距架空地板0.3m），AP 无线上网点，在吊顶或墙上安装。

6.7　线路敷设要求：

6.7.1　干线子系统及公共区集中配出的配线子系统采用金属槽盒敷设，每个双口面板(Z2) 穿 SC25 镀锌钢导管，每个单口面板(Z1) 穿 SC15 镀锌钢导管。

6.7.2　平面图中 1 根六类 UTP 电缆穿SC15 导管，2、3 根六类 UTP 电缆穿SC20 导管，4 根六类 UTP 电缆穿SC25 导管。

6.7.3　UTP 电缆不允许接续，线缆布放长度应有冗余。在配线架处的预留长度一般为 4～6m，工作区为 0.4～0.6m，光缆在设备端预留长度一般为 6～10m。

6.7.4 电缆进入建筑物时，应采取过压、过流保护装置并符合相关规定，其进楼金属管道就近进行等电位联结。

6.8 综合布线系统的配线柜、配线架应进行接地及等电位联结。

6.9 为避免由于燃烧时释放出的卤素有毒气体对人员损害。所有室内线缆防护套均采用符合 IEC60754 标准的低烟无卤材料，并满足相应的防火等级。

6.10 系统所有器件、设备均由承包商负责成套供货、安装、调试。

7. 有线电视系统

7.1 能接收当地电视频道，并预留两个频道自办电视节目。

7.2 机房设在地下一层，由市政引来电视信号接入机房内电视前端箱。

7.3 系统采用 862MHz 双向隔离度的邻频双向传输系统，其中上行信道为 5～65MHz，下行信道为 54～862MHz。用户分配系统采用分配—分支—分配形式。

7.4 本系统在________场所设置了有线电视出线口，用户出线口共计出线口。用户电平要求（69±6）dBμV，图像清晰度不低于四级。

7.5 系统输出口频道间载波电平差：相邻频道间：≤2；任意频道间：≤12；频道频率稳定度±25kHz，图像/伴音频率间隔稳定度±5kHz。

7.6 电视系统在传输过程中所采用的干线放大器、均衡器等有源设备，均设置在智能化竖井内，竖井外均为无源器件。

7.7 竖井内电视分配器分支器箱底边距地 1.5m 明装。竖井以外的分支器有吊顶处，设在 200mm×200mm×100mm 盒内并安装在吊顶内侧墙上距吊顶 50mm，并预留检修口；无吊顶处距顶板 300mm。

7.8 干线电缆采用SYWV-75-9P4 双向系统四屏蔽电缆，穿 SC32 镀锌钢导管敷设；支线电缆采用SYWV-75-5P4 四屏蔽电缆，穿 SC25 镀锌钢导管敷设。

7.9 用户出线口暗装，底距地 0.3m，特殊场所见平面标注（备注：当设有会议系统时，用户出线口暗装，底边距地 1.8m，其具体安装位置、高度，详见会议系统图纸）。

7.10 在屋顶预留三个卫星天线基座位置，天线数量及接收节目内容待与甲方商定。天线具体位置待建到顶层经过实测，且厂家确定后再确定基础作法(备注：当设有卫星天线时仅做前端机房预留和土建条件配合)。

7.11 系统所有器件、设备均由承包商负责成套供货、安装、调试。

8. 安全技术防范系统

本工程属通用型公共建筑安防工程，防护标准按基本型（提高性/先进型）设计，机房设在一层禁区，设有自身安全防护措施和与外部通讯的设备，并设置紧急报警装置和向上一级接处警中心报警的通信接口。系统由如下子系统组成：

8.1 入侵报警系统：

8.1.1 入侵报警系统具备入侵探测报警、紧急报警及报警通讯等功能，根据楼内的使用功能，对设防区域的非法入侵、盗窃、破坏和抢劫等，进行实时有效的探测与报警，系统不得有漏报。

8.1.2 系统特点：

1）入侵探测器可根据实际需要设置不同时段、不同地点的报警功能，在设定区域进行探测，并与监视器进行联动，发现异常情况可随时报警并在监视屏幕显示；

2）紧急报警按钮可为重要办公区域的人员提供紧急报警，设置在工作人员手能触及的地方。应设置为不可撤防状态，装置设有防误触发功能，被触发后自锁；

3）防盗系统主要针对一些楼层的玻璃防破碎设置，设置为被动式玻璃破碎探测器探测玻璃的破碎，对外窗进行防护。

8.1.3 系统功能：

1）系统根据建筑特点，对楼内部及周界区进行重点防范，不同的防范区域运用不同的防范手段，达到交叉管理，重点防范，并且系统能独立运行，可实现异地报警，并与视频安防监控系统，出入口控制系统等可靠联动，实时记录；

2）系统采用集成式安全管理，实现系统的自动化管理与控制；

3）系统功能设计、防破坏及故障报警功能设计满足《入侵报警系统工程设计规范》GB 50394—2007 相关规定；

4）系统能按时间、区域、防范部位任意进行设防和撤防编程；

5）系统可对设备运行状态和信号传输进行检测，并对故障及时报警；

6）系统具有防破坏报警功能，对报警事件具有记录功能；

7）系统能显示和记录报警部位和有关警情数据，并提供与其他子系统的控制接口信号。、

8.1.4 系统要求：

1）探测设备电源由主机统一供给，当系统供电暂时中断，恢复供电后，系统不需要设置即能恢复原来工作状态；

2）每个报警点相互隔离，互不影响。任一探测器故障，应在安防控制中心发出声、光报警信号，并能自动调出报警平面，显示故障点位置。

8.1.5 具体设置部位：

1）一层与室外有相接的窗户处，设置微波/被动红外双鉴探测器；

2）重要机房设置微波/被动红外双鉴探测器；

3）办公区域的出入口设置微波/被动红外双鉴探测器；

4）在领导办公室、大堂值班室、财务室等设置紧急报警按钮；

5）逃生楼梯间每五层设置一个紧急报警按钮。

8.1.6 管线敷设：每一点预留 SC20 热镀锌钢导管。

8.1.7 系统所有器件、设备均由承包商负责成套供货、安装、调试。

8.2 视频安防监控系统：

8.2.1 安防监控中心设在一层，内设视频存储器、监视器、摄像机及附属设备、操作键盘等。

8.2.2 视频系统对建筑的公共区的主要出入口及通道及建筑周界进行监视，现场摄像机的设置点位及监测方式：

1）彩色半球摄像机：在所有楼出入口、楼梯间出入口、电梯厅出入口处设置摄像机；

2）电梯专用摄像机：在各电梯轿厢内，门侧顶部安装，全天监测进出人员情况，其输出图像显示楼层信息及电梯运行状态信息；

3）彩色转黑白枪式摄像机：在地下车库内每层设置摄像机，全天监测车库车辆的进

出情况；

4）室外全方位摄像机：在建筑室外周界处设置，全天监测办公楼外进出人员及周围情况。

8.2.3　图像记录功能满足以下要求：

1）画面上有摄像机的编号、部位、地址和时间、日期显示；

2）监视图像信息和声音信息具有原始完整性；

3）回放效果满足原始资料的完整性；

4）报警录像可提供报警前的图像记录；

5）系统记录的图像信息包含图像编号/地址、记录时的时间和日期；

6）文字显示为简体中文。操作员按用户自定义的区域或预定顺序快速选择摄像机而非通过编号选择摄像机（组切、群切），以提高操作效率。系统可以设置安全电子巡查路由，使切换序列可以跟踪工作人员的巡逻过程。

8.2.4　模拟复合视频信号符合以下规定：

1）视频信号输出幅度：$1V_{P-P}$±3dBVBS；

2）实时显示黑白电视水平清晰度：≥420TVL；

3）实时显示彩色电视水平清晰度：≥330TVL；

4）回放图像中心水平清晰度：≥220TVL；

5）黑白电视灰度等级：≥8；

6）随机信噪比：≥37dB（黑白），≥36dB（彩色）。

8.2.5　数字信号符合以下规定：

1）单路画面像素数量：≥640×480像素；

2）单路显示基本帧率：≥25帧/秒。

8.2.6　按图像质量主观评价五级损伤制，监视图像质量不应低于4＋级，回放图像质量不应低于3＋级，在显示屏上能有效识别目标。

8.2.7　所有摄像机的电源均由控制室统一供电。主机自带UPS电源，工作时间≥20min。

8.2.8　系统控制方式为编码控制。

8.2.9　系统具有系统信息存储功能，在电源中断或关机后，对所有编程信息和时间信息均应保持。

8.2.10　采用CCD电荷耦合式摄像机，带自动增益控制、逆光补偿、电子高亮度控制等。

8.2.11　所有摄像点能同时录像，并具有防篡改功能，容量不低于动态录像储存15d的空间，并可随时提供调阅及快速检索，图像应包含摄像机机位、日期、时间等。图像分辨率不低于640×480像素。

8.2.12　监视器应为专用监视器。

8.2.13　每路存储的图像分辨率不低于352×288，每路存储时间不少于7×24h。监控（分）中心的显示设备的分辨率不低于系统对采集规定的分辨率。

8.2.14　系统各部分信噪比指标分配应符合：摄像部分：40dB；传输部分：50dB；显示部分：45dB。

8.2.15　设备安装及管线敷设：

1）室内摄像机安装高度：走道内安装在吊顶下，无吊顶处墙上支架安装底距地2.5m；轿厢针孔摄像机轿厢内吸顶安装；室外摄像机底距地3.5m；

2）由竖井至末端点位的公共区采用金属槽盒敷设，槽盒引至普通监视点设2SC20热镀锌钢导管，引至带云台监视点设3SC20热镀锌钢导管。摄像机至摄像机出线口采用金属软导管；

3）给室外摄像机敷设的线路采用金属钢导管（室外智能化井或单设手孔）敷设到位。

8.2.16　系统所有器件、设备均由承包商负责成套供货、安装、调试，并协助甲方通过当地安防办的验收。

8.3　出入口控制系统：

8.3.1　功能需求：

1）本工程在非对外区域、重点房间等处设置出入口管理系统；

2）系统对设防的区域进行位置、人员、时间上的实时记录和控制，并对意外情况进行报警；

3）系统对持卡人员进行身份识别，根据持卡人的身份和持有卡所具有的权限，来设定持卡人在建筑物内可到达的地点；

4）系统能独立运行，配置独立的I/O控制系统，并能与火灾自动报警系统、视频监视系统、入侵报警系统联动。当发生火灾时与火灾自动报警系统联动控制，确保释放建筑物内的消防疏散通道、安全出口处的出入口控制装置；

5）系统控制主机设在安防消防监控中心内，监控中心可对系统进行多级控制和集中管理。

8.3.2　系统特点：

1）系统管理方式：本系统采用非接触式IC卡方式。对大楼内不同的区域和特定的通道进行进出管制，并进行实时联网记录监控。

2）系统控制方式：

单门单控：单门单向控制，进门刷卡、出门按钮开门；

双门单控：双门单向控制，进门刷卡、出门按钮开。

3）系统组成：每个出入口控制点主要由控制器、读卡器、电控锁、出门按钮、门磁开关、紧急出门按钮及电源等组成。读卡器采用感应式，以感应卡为通行证，通过门磁感应器，控制门的开/关，同时管理主机将门开/关的时间、状态、门地址记录在管理机硬盘中予以保存。

8.3.3　系统功能：

1）权限管理功能：进出通道时间的权限：对所需通道设置允许进出时间段。如下班后的某时间段，不允许人员出入某处区域，有特殊要求时，可经过批准，特殊处理。卡的权限可以根据需要由管理中心进行设定，合法用户可随时更新卡的信息，可设置持卡人拥有不同的权限，不同权限的人可进入的区域不同，也可以指定不同权限进入各个门的时效；

2）实时监控功能：系统管理人员可以通过计算机实时查看每个出入口控制点人员的进出情况、每个设置出入口控制位置门的状态，也能在紧急状态下打开或关闭出入口控制点处的门；

3）出入记录查询功能：系统可存储所有的进出记录、状态记录，可按不同的查询条件查询。如：某人在某个时间段，行动流程；某扇门在某个时间段，何人何时进入等；

4）异常报警功能：出入口控制系统实时监控各控制点的门的开关情况，异常情况（开门超时、强行开门、非授权开门等）自动报警，系统电缆、电源、模块等受到破坏时具有自动报警功能；

5）预定通道功能：持卡人必须依照预先设定好的路线进出（主要针对外面来访人员），不能进入没有授权的通道。本功能可以防止持卡人尾随他人进入；

6）模块结构功能：系统采用分级和模块化结构，局部的损坏不会影响其他部分的正常工作；

7）扩展功能：系统具有可扩展性好的功能，用户可轻易在原系统基础上进行系统扩展，而不必重新对系统作过大的改造；

8）消防联动功能：在紧急状态或火灾情况下，系统可以不通过钥匙自动打开所有疏散通道上的电子锁，确保人员的疏散；

9）子系统控制功能：出入口控制系统的控制器在与中心控制室软件失去通信的异常情况下，读卡器与控制器仍可独立工作。每个智能控制器可同时支持读卡器及输入/输出点，设有配置端口，以便于使用计算机直接对单个智能控制器进行配置和编程；

10）出入口控制系统联动功能：系统与视频监视系统、入侵报警系统联动，当发生异常情况时，可进行电视监控，进行实时控制；

11）兼容功能：系统兼容于一卡通管理系统，个人识别卡同时用于车库管理系统、考勤管理系统、消费管理系统、会议签到管理系统、图书管理系统，并兼容电子巡查系统；

12）当供电不正常、断电时，系统的密钥信息及各记录信息不丢失。

8.3.4 出入口控制点设置：与对外开放的公共分割的所有出入口、内部重要的房间。

8.3.5 预留与其他系统的接口条件。

8.3.6 设备安装及管线敷设：

1）出入口控制器及网络控制器均装在门禁控制箱内。门禁控制箱在智能化竖井内底边距地 0.5m 挂墙明装；

2）读卡器与控制器间采用 RVSP6×1.0，穿 JDG25 导管，ACC/WC。读卡器底沿距地 1.3m，墙上安装；

3）出门按钮墙上安装，底沿距地 1.3m，采用 RVV2×1.0，穿 JDG20 导管，ACC/WC。

8.3.7 系统所有器件、设备均由承包商负责成套供货、安装、调试。

8.4 电子巡查管理系统：

8.4.1 本工程采用在线与离线结合电子巡查系统的方式，利用门禁系统的读卡器编辑电子巡查路线，做到了门禁系统的扩展；部分孤立地点增加独立的电子巡查读卡器。

8.4.2 在线电子巡查系统可以编辑多条电子巡查路线，使大楼内的电子巡查更合理、更安全。电子巡查人员的现场电子巡查信息可实时传到电子巡查工作站。保证财产安全和电子巡查人员的人身安全。

8.4.3 在主要通道及安防巡逻路由处设置无线电子巡查站，安排保安人员定时巡视，在第一时间报告警情，同时避免了保安人员的消极怠工。系统采用智能离线式电子巡查方式，电子巡查开关采用非接触式感应识别技术方式。报到时，手持电子巡查巡检器，在电子巡查点前5～8cm处自动感应巡检器。电子巡查点使用塑料制造。管理人员只需在主控室通过电子巡查管理电脑连接的高速传输器下载电子巡查记录，查询保安电子巡查的时间记录信息，便可查阅、打印、实现对安防的现代化规范管理。

8.4.4　所有无线电子巡查自动感应巡检器明敷于墙上。

8.4.5　系统所有器件、设备均由承包商负责成套供货、安装、调试。

8.5　汽车库管理系统：

8.5.1　汽车库管理系统采用内部车辆持远距离卡出入库、时租/月租车持近距离卡出入库、临时车取临时IC卡出入车库，管理系统采用智能化管理方式，识别卡内信息，自动开/关闸机、自动储存记录、显示车库内情况，并配备相应的收费设施。对车辆资料进行存档，保证车辆停放的安全。

8.5.2　入口部分：

在建筑主入口设置显示各车库满位、空位显示屏，设置入口卡箱（内含感应式IC卡读卡器、IC卡出卡机、LED显示屏、对讲分机、内部长期用户使用的远距离读卡器等）、自动道闸、车辆检测线圈、满位显示屏、彩色摄像机等组成。

1）内部车辆进入实行凭卡进入；

2）时租/月租卡车辆实行凭时租/月租进入；

3）当临时车辆接近入口时，如入口满位显示屏显示车位“满位”则不得进入，并自动关闭入口处读卡系统，不再发卡或读卡。如入口车位显示屏显示未满时，入口处的吐卡机箱显示屏（设有语音系统，同时语音响起）提示司机按键取卡，司机按键取卡，司机取卡后，自动闸机起栏放行车辆，车辆通过栏杆车辆检测线圈后，自动放下栏杆。并将车辆进入的时间记录至电脑数据库中。

8.5.3　出口部分：

出口部分主要由出口卡箱（内含感应式IC卡读卡器、LED显示屏、对讲分机、远距离读卡器等）、自动路闸、车辆检测线圈、彩色摄像机等组成。

1）内部车辆驶出实行凭卡驶出；

2）时租/月租卡车辆实行凭时租/月租驶出；

3）当外部临时车辆驶出时，通过入口卡经管理人员结账后驶出。

8.5.4　系统所有器件、设备均由承包商负责成套供货、安装、调试。

8.6　安防防范系统集成：

8.6.1　安防防范系统集成由视频监控系统、入侵报警系统、出入口控制系统、电子巡查系统组成，将各子系统集成为一个平台，系统间互相联动。

8.6.2　集成的各系统通过网关或网桥及相关硬件，与楼内的其他安全防范系统直接联网通信，并提供集成软件，并在此基础上实现信息共享、联动控制等集成功能，以提高建筑安全性。

8.6.3　建筑安全防范系统集成后的主要功能需求如下：

1）入侵报警集成系统：

（1）在安防集成管理计算机上，可与安全防范控制中心同步实时监视安全防范系统与入侵报警系统主机、各种入侵探测器/报警探头和手动报警器等的运行、故障、报警、撤防和布防状态，并以动态图像报警平面图和表格等形式实时显示；

（2）硬件与口令数据加密等软件手段，确保数据流及系统的安全性；

（3）与安防系统通信必须遵循国际标准 ISO-16484 标准，应提供与当地保安监控中心互联所必需的标准通信接口和特殊接口协议；

（4）现信息共享，并与出入口控制等相关子系统之间自动完成联动控制；

（5）发生入侵时，能准确报警，并以图像方式实时向管理者发出警示信息，直至管理者做出反应；

（6）安防集成管理计算机上，经授权的操作者可以向入侵报警系统发出控制命令，进行保安设防/撤防管理，同时存储记录。

2）视频监控集成系统：

（1）在集成管理计算机上，可实时监视视频监控系统主机、按规范要求安装的各种摄像机的位置、状态与图像信号的视频监控平面图；

（2）通过硬件与软件手段，确保数据流及系统的安全性；

（3）视频监控系统必须遵循国际标准 ISO-16484 通信标准，应提供与当地保安监控中心互联所必须的通信接口和特殊接口协议；

（4）当发现入侵者时，能准确报警，并以报警平面图和表格等形式显示；

（5）报警时，立即快速将报警点所在区域的摄像机自动切换到预制位置及其显示器，同时进行录像，并弹现在安防集成管理计算机上；

（6）出入口控制等子系统之间实现联动控制，并以图像方式实时向管理者发出警示信息，直至管理者做出反应；

（7）安防集成管理计算机上，操作者可操控权限内的任何一台摄像机或观察权限内的显示画面，还可利用鼠标在电子地图上对电视监控系统进行快速操作；

（8）提供协调控制与集成所需的其他数据和图像等信息。

3）出入口控制系统：

（1）在安防集成管理计算机上，可实时监视出入口控制系统主机、各种入侵出入口的位置和系统运行、故障、报警状态，并以报警平面图和表格等方式显示所有出入口控制的运行、故障、报警状态；

（2）在安防集成管理计算机上，经授权的用户可以向出入口控制系统发出控制命令，操纵权限内任一扇门出入口控制锁的开闭，进行保安设防/撤防管理，同时存储记录；

（3）通过硬件与口令数据加密等软件手段，确保系统安全性；

（4）通信遵循国际标准 ISO-16484 标准，提供安防监控中心必需的标准通信接口和信息；

（5）能实现信息共享，并自动与消防等相关子系统联动，如当消防系统出现报警时，出入口控制子系统受到救灾指令后，自动解除该火灾区域疏散通道上的出入口控制，开启相关电磁门，以利于人员的逃离和消防员的救火；

（6）当发生事故时，准确报警，并以图像方式实时向管理者发出警示信息，直到管理者做出反应；

（7）提供协调控制与集成所需的其他数据和图像等信息，可扩展功能，兼起考勤管理系统作用。

4）电子巡查系统：

（1）在安防集成管理计算机上，可实时监视电子巡查系统主机，以平面图和表格等种方式显示电子巡查线路、电子巡查时间和电子巡查者的位置状态；

（2）在安防集成管理计算机上，经授权的用户可向电子巡查系统发出控制命令，指挥电子巡查员工作，同时存储记录；

（3）通过硬件与口令数据加密等软件手段，确保系统安全性；

（4）通信遵循国际标准 ISO-16484 标准，提供必需的标准通信接口和信息；

（5）能实现信息共享，安防集成管理计算机可向电子巡查子系统发出指令，调度电子巡查人员的救灾工作，以利于安全救灾。并自动与安防等相关子系统联动；

（6）当发生情况时，准确报警，并以图像方式实时向管理者发出警示信息，直到管理者做出反应；

（7）提供协调控制与集成所需的其他数据和图像等信息。

5）安全防范系统中使用的设备必须符合国家法规和现行相关标准，并经检验合格。

9. 其他

9.1　所有线缆的敷设应按相关规范和标准施工。线缆的敷设应平直，线与线之间严格保持平行状态，不得产生扭绞、打圈等现象，不应受到外力的挤压和损伤。

9.2　槽盒上敷设多条线缆时，应用扎线带绑扎，并做出标识。

9.3　金属槽盒在施工安装前，应由土建专业组织各专业进行细化综合，金属槽盒可根据实际情况进行调整，但与各种管道的间距应不小于规范要求的最小间距。

9.4　金属槽盒直线长度大于 30m 时，设置伸缩节。跨越建筑物变形缝时，设置补偿装置。

9.5　金属槽盒水平安装时，支架间距不大于 1.5m；垂直安装时，支架间距不大于 2m；首端、终端、进出接线盒、转角处，0.5m 内设置支架。

9.6　地上部分支线采用壁厚不小于 1.6mm 的 JDG 钢导管在墙、吊顶及埋地暗敷或沿顶板明敷。地下部分支线采用 SC 钢导管在墙、吊顶及埋地暗敷或沿顶板明敷。SC 为热镀锌钢导管。

9.7　所有穿过防烟分区、防火分区、楼层的金属槽盒、明敷钢导管，应在安装完毕后用防火材料封堵。封堵应满足下列要求：

1）根据《建筑防火封堵应用技术规程》，重要公共建筑和人员密集、对烟气较敏感场所中的防火封堵，宜采用阻烟效果良好的贯穿防火封堵组件，并具有相应的烟密和抗烟毒性能报告，对人体和环境友好，无粉尘及挥发性毒害物质等。

2）对防火封堵材料有特殊要求的房间或区域，如实验室、长期潮湿环境区域、洁净室、有防水或防爆要求的房间的防火封堵材料必须具有特殊认证的报告，如防水性报告、洁净性能报告、无挥发性报告等。

3）用于建筑缝隙的防火封堵产品，拉伸标准为出现褶皱而无裂纹，必须采用不低于 25％的位移能力的弹性密封胶。

4）用于建筑外的防火材料应保证在长期的日光照射下，不发生显著的物理、化学变化，不降低耐火性能。

5）用于建筑内电缆处的防火材料不得含有卤素和挥发性有机溶剂，以免对电缆造成腐蚀和损害，且防火材料必须具备10倍以上的膨胀率。

9.8　电气、智能化系统采用共用接地装置，要求接地电阻不大于0.5Ω。各智能化竖井、智能化机房均应做局部等电位联结，并用接地线与接地装置联结。

9.9　进出建筑物的视频安防监控系统、有线电视系统、电信等智能化系统信号、控制及电源线路，装设浪涌保护器，其所穿金属导管就近做等电位联结。

9.10　金属槽盒保持连续的电气连接，并在首、尾端进行良好的等电位联结。

9.11　凡与施工有关而又未说明之处，参见《民用建筑电气设计与安装》、《智能建筑弱电工程设计与施工》、《安全防范系统设计与安装》及国家相关规范施工，或与设计院协商解决。

9.12　本工程所选设备、材料，必须具有国家级检测中心的检测合格证书，需经强制性认证的，必须具备3C认证；必须满足与产品相关的国家标准；供电产品、消防产品应具有入网许可证。

9.13　所有设备确定厂家后均需建设、施工、设计、监理四方进行技术交底。

9.14　为设计方便，所选设备型号仅供参考，招标所确定的设备规格、性能等技术指标，不应低于设计图纸的要求。

10. 电气施工单位在施工中应满足下列要求

10.1　所有上岗人员，必须具有相关岗位的上岗证。

10.2　应按照《施工现场临时用电安全技术规范》JGJ 46—2005、《建筑施工安全检查评分标准》、《建设工程施工现场供电安全技术规范》GB 500194施工。

10.3　电气施工应防止漏电危害及电火花引燃可燃物。

10.4　施工单位应仔细阅读设计文件，按照《建设工程安全生产管理条例》的要求，在工程施工中对所有涉及施工安全的部位进行全面、严格的防护，并严格按安全操作规程施工，以保证现场人员的安全。

10.5　根据国务院签发的《建设工程质量管理条例》，应按照下列执行：

10.5.1　本设计文件需报县级以上人民政府建设行政主管部门、施工图审查部门及其他有关部门审查批准后，方可使用。

10.5.2　由各单位采购的设备、材料，应保证符合设计文件和合同的要求。

10.5.3　施工单位必须按照工程设计图纸和施工技术标准施工，不得擅自修改工程设计。施工单位在施工过程中发现设计文件和图纸有差错的，应当及时提出意见和建议。

10.5.4　建设工程竣工验收时，必须具备设计单位签署的质量合格文件。

13 人防施工图设计说明（公建类）

1. 设计依据

1.1 工程概况：本工程修建的防空地下室建筑面积为4461m²，设置在地下四层（地下二层和地下三层之间设有夹层），平战结合。平时用途为汽车库，可停车95辆；

战时功能为甲类6级二等人员掩蔽所，抗力级别为常6级和核6级；

战时分为A，B，C三个防护单元。

1.2 相关专业提供给本专业的设计资料。

1.3 ________市人防地下室建设意见征询单（编号：2009-160）。

1.4 甲方提供的设计任务书及设计要求。

1.5 方案设计批复意见。

1.6 设计深度：依照中华人民共和国住房和城乡建设部《建筑工程设计文件编制深度规定》（2008年版）的规定执行。

1.7 主要设计规范及标准：（备注：根据项目类型按需要选摘）

《人民防空地下室设计规范》GB 50038—2005；

《人民防空工程设计防火规范》GB 50098—2009；

《人民防空工程施工及验收规范》GB 50134—2004；

《民用建筑电气设计规范》JGJ 16—2008；

《供配电系统设计规范》GB 50052—2009；

《通用用电设备配电设计规范》GB 50055—2011；

《交流电气装置的接地设计规范》GB 50065—2011；

《建筑照明设计规范》GB 50034—2013；

《建筑电气工程施工质量验收规范》GB 50303—2002；

《建筑工程施工质量验收统一标准》GB 50300—2013。

1.8 选用国家建筑标准设计图集（备注：根据项目类型按需要选摘）

《防空地下室电气设计示例》10FD01；

《防空地下室电气设备安装》10FD0102；

《人民防空地下室设计规范》图示-电气专业 05SFD10；

《常用风机控制电路》10D303-2；

《常用水泵控制电路》10D303-3；

《防雷及接地安装》D501-1～4；

《民用建筑电气设计与施工》D800-1～8；

《建筑电气常用数据》04DX101-1。

2. 设计范围

2.1 本工程包括人防范围内平时和战时的以下电气系统设计：

2.1.1 220/380V低压配电系统。

2.1.2　照明和动力系统。

2.1.3　战时通信电源、电话系统。

2.1.4　接地及安全措施。

2.2　本工程电力系统电源（220/380V）的分界点为人防电源配电箱内进线开关进线端。进线的防护密闭管由本设计提供。

2.3　电力系统电源进线的电费计量电度表由地面建筑设计单位设置，人防内只设电源进线开关和内、外电源的转换开关。不设电费计量电度表。

3. 负荷分级及容量

3.1　平时消防负荷为一级负荷，其他负荷为三级负荷。

3.2　战时应急通信设备、应急照明、排水泵为一级负荷，战时使用的正常照明、重要的风机、三种通风方式装置为二级负荷，其他负荷为三级负荷。

3.3　平时电力负荷计算汇总：

一级负荷：安装容量：86kW，$K_x=1$ 计算容量 P_j：86kW；

三级负荷：安装容量：65kW，$K_x=0.9$ 计算容量 P_j：58kW；

合计：安装容量：151kW　计算容量 P_j：144kW。

3.4　战时电力负荷计算汇总：

1）防护分区一：

一级负荷：安装容量：10kW，$K_x=1$ 计算容量 P_j：10kW；

二级负荷：安装容量：21.5kW，$K_x=1$ 计算容量 P_j：21.5kW；

合计：安装容量：31.5kW 计算容量 P_j：31.5kW。

2）防护分区二：

一级负荷：安装容量：10kW，$K_x=1$ 计算容量 P_j：10kW；

二级负荷：安装容量：21.5kW，$K_x=1$ 计算容量 P_j：21.5kW；

合计：安装容量：31.5kW 计算容量 P_j：31.5kW。

3）防护分区三：

一级负荷：安装容量：10kW，$K_x=1$ 计算容量 P_j：10kW；

二级负荷：安装容量：21.5kW，$K_x=1$ 计算容量 P_j：21.5kW；

合计：安装容量：31.5kW 计算容量 P_j：31.5kW。

4. 配电系统

4.1　本工程电源引自本建筑配变电所，共4路，一路作为平时和战时负荷的常用电力电源，另一路作为平时和战时负荷的常用照明电源，另外两路作为消防负荷的专用电源，战时预留一路电源。应急照明由EPS作为备用电源。

4.2　人防工程战时二级负荷由区域电源作为备用电源，战时一级负荷由EPS作为备用电源。

4.3　本工程采用放射式与树干式相结合的配电方式，消防负荷采用双电源末端自动切换方式供电，战时二级负荷采用双电源在电源侧切换/负荷侧手动切换，三级负荷采用单回路供电。

4.4　本工程内所有电动机均采用全压直接启动方式，污水泵采用液位传感器就地自动、手动控制。

4.5　战时风机为手动控制，消防补风机、排烟风机采用就地控制与自动控制、消防中心集中控制三种控制方式。

5. 导体选择及线路敷设

5.1　低压出线电缆选用WDZ-YJFE-1kV 低烟无卤辐照 A 类阻燃电力电缆，工作温度：90℃；配变电所消防双电源出线电缆，末端双电源出线选用WDZAN-BTLY 布线用矿物绝缘铜包铝金属套聚烯烃外护套耐火电缆，温升：105℃。

5.2　除应急照明配电箱出线应采用WDZN-BYJF-750V-3×2.5mm² SC20 低烟无卤辐照耐火型导线，明敷时穿金属导管并作防火处理。其他均为 WDZ-BYJF-750V-3×2.5mm² SC15 低烟无卤辐照阻燃导线。

5.3　由照明配电箱引至单相插座均为WDZ-BYJF-750V-3×2.5mm² 铜芯导线穿SC15。

5.4　镀锌钢管沿墙、地板（建筑垫层）内暗敷设。当电气管线暗敷设埋地距离较长，或弯曲超过 2 个，可将直径放大一级或在适当位置加装过路盒。

5.5　穿越围护结构、防护密闭隔墙、密闭隔墙的电气管线及预留备用穿线钢导管，应进行防护密闭或密闭处理，管材应选用管壁厚度不小于 2.5mm 的热镀锌钢导管，管线应设置抗力片。防护密闭或密闭处理的具体做法见 07FD02 第 18、23、32 页次。在人防出入口处顶板下 200mm 预留密闭套导管。

5.6　本设计图纸中，临空墙、防护密闭隔墙、密闭隔墙，凡是穿过该处的电缆管线，均采取密闭措施。

6. 照明设计

6.1　照明光源，一般场所均选用Ⅰ类带电子镇流器高效节能荧光灯和其他节能型灯具，简易洗消选用防潮防水灯。

6.2　照度要求

	场所	照度（lx）	R_a	照明功率密度限值（W/m²）
战时	值班室、配电室	100	80	4
	掩蔽室	150		
	风机室、水泵房、滤毒室	100		
	通道	75		
平时	风机室、水泵房	100		
	配电室	200		
	车库	75		

6.3　由于本工程面积较小，按平时、战时照明共用配电回来设计，临战时摘除平时照明用电负荷，确保战时一级、二级负荷用电。

6.4　照明和插座回路分别由不同的配电回路供电，插座回路均设剩余电流断路器保护。

6.5　人员出入口、通道、防化通信值班室设置应急照明。应急照明采用集中式 EPS 作为备用电源，平时 EPS 连续供电时间不小于30min，战时 EPS 连续供电时间不小于防空地下室的隔绝防护时间6h。

6.6　照明宜选用重量较轻的线吊或链吊灯具和卡口灯头。

6.7 从人防内部至防护密闭门外的照明线路，在防护密闭门内侧（防护密闭门与密闭门之间），距地2.3m处，单独设置熔断器做短路保护。单独回路可不设熔断器保护。

7. 设备安装

7.1 本工程人防电源配电箱、控制箱、信号箱应选用具有无油、防潮、防霉性能好的产品。

7.2 人防电源配电箱采取落地式安装，箱底应高出地面100mm以上，可采用槽钢框架或混凝土作箱体基础。

7.3 控制箱、信号箱明装，箱底距地1.2m。

7.4 通风方式信号控制箱AC1～3设在防化值班室内，通风方式信号箱AS1～3设在战时进风机房、人员出入口最里一道密闭门内侧，有防护能力的音响信号按钮设在战时人员主要出入口防护密闭门外侧，音响信号装置设在AC1～3箱内。红色灯光表示隔绝式，黄色灯光表示滤毒式，绿色灯光表示清洁式。

7.5 引入人防的所有管线，宜暗敷在楼板内或墙内，暗配导管在穿越防护密闭隔墙或密闭隔墙时，在墙体厚度的中间设置密闭肋且在墙的两侧设置过线盒，盒内不应有接线头。过线盒穿线后应密封，并加盖板。

7.6 引入人防的所有管线（包括接地干线），若明敷，则在穿过围护结构、临空墙、防护密闭隔墙时，必须预留带有密闭翼环和防护抗力片的密闭穿墙短导管，在穿过密闭隔墙时，必须预留带有密闭翼环的密闭穿墙短导管。密闭穿墙短导管要求壁厚大于3mm且两边伸出墙面30～50mm。密闭穿墙短导管作套管时，套管与管道之间应采用密封材料填充密实，并在管口两端进行密闭处理。密闭穿墙短导管应在朝向核爆冲击波端加装防护抗力片，抗力片宜采用厚度大于6mm的钢板制作。抗力片上槽口宽度应与所穿越的管线外径相同；两块抗力片的槽口必须对插。

8. 接地

8.1 在防化通信值班室内应设LEB局部等电位联结端子板。

8.2 金属导管道、人防门、门的金属框等电位联结。

9. 通信

9.1 在各防护单元内防化通信值班室内的人防电源配电箱内留有电源开关回路，容量按6kW设计。

9.2 在防化通信值班室设有电话出线口，留有电话线路与市话网络联通。

10. 平战转换

10.1 本工程专为战时一级负荷供电设置的EPS自备电源，设计到位，平时不安装，在临战30d转换时限内完成安装和调试。

10.2 本工程电气、智能化管线穿过临空墙、防护密闭隔墙、密闭隔墙，除平时消防有要求采取封堵外，可不做密闭处理，在临战30d转换时限内完成。

10.3 防空地下室战时不使用的电气设备应在3d转换时限内全部接地。战时使用的电子、电气设备应在30d转换时限内加装氧化锌避雷器，其转换开关应为4P。

10.4 平时设计选用的吸顶灯，应在临战时加设防掉落保护网罩，荧光灯的灯管两端应在临战时采用尼龙丝绳绑扎。

11. 其他

11.1 本设计文件、图纸需报人防主管和其他有关部门审图批准后，方可施工。

11.2 施工单位必须按照设计图纸和施工技术标准施工，不得擅自修改工程设计图纸。

11.3 本工程所选设备、材料必须具有国家级检测合格证书（3C 认证）；必须满足与产品相关的国家标准，供电产品、消防产品应具有入网许可证。

11.4 防空地下室内设有火灾自动报警及联动控制系统、火灾应急广播系统，详见消防设计图纸。

11.5 电气施工人员应与土建施工人员密切配合，事先做好预留洞及预埋导管的工作。

11.6 凡未注明的做法参照国家标准图集《防空地下室电气设备安装》10FD02 施工。未尽事宜，施工时应按《电气装置安装工程施工及验收规范》执行。

14　电气施工设计总说明（住宅类）

1. 工程概况

本项目由多层（6、7层）、中高层（9层）、高层住宅（11、18层）、地下车库、配套商业、幼儿园组成；建筑面积________m^2，地上________层，地下________层。其功能地上为住宅和配套商业、幼儿园，地下为自行车库、储藏室、汽车库、物业用房及人防工程；人防工程包括平时自行车库，战时五/六级人员隐蔽（平时汽车库战时为物资库及五级人员隐蔽）；结构型式为现浇钢筋剪力墙结构。

2. 设计依据

2.1　甲方批准的设计任务书。

2.2　甲方提供的《设计要求》。

2.3　人防、消防《初步设计》审批文件。

2.4　国家现行有关规程、规范及相关行业标准：（备注：按工程所处的省市选择）

《住宅设计规范》GB 50096—2011；

《住宅建筑规范》GB 50368—2005；

《住宅建筑电气设计规范》JGJ 242—2011；

《供配电系统设计规范》GB 50052—2009；

《低压配电设计规范》GB 50054—2011；

《20kV及以下变电所设计规范》GB 50053—2013；

《民用建筑电气设计规范》JGJ 16—2008；

《建筑照明设计标准》GB 50034—2013；

《电力工程电缆设计规范》GB 50217—2007；

《建筑物防雷设计规范》GB 50057—2010；

《建筑物电子信息系统防雷技术规范》GB 50343—2012；

《通用用电设备配电设计规范》GB 50055—2011；

《交流电气装置的接地设计规范》GB 50065—2011；

《火灾自动报警系统设计规范》GB 50116—2013；

《建筑设计防火规范》GB 50016—2014；

《汽车库、修车库、停车场设计防火规范》GB 50067—97；

《人民防空地下室设计规范》GB 50038—2005；

《人民防空工程设计防火规范》GB 50098—2009；

《有线电视系统工程技术规范》GBJ 50200—94；

《综合布线系统工程设计规范》GB 50311—2007；

《住宅区和住宅建筑内光纤到户通信设施工程设计规范》GB 50846—2012；

《住宅区和住宅建筑内通信设施工程设计规范》GB/T 50605—2010；

《住宅区和住宅建筑内通信设施工程验收规范》GB/T 50624—2010；

《北京市住宅区与住宅楼房电信设施设计技术规定》DBJ 01—601—99；

《北京市住宅区及住宅建筑有线广播电视设施设计规定》DBJ 01—606—2002；

《北京市住宅区及住宅安全防范设计标准》DBJ 01—608—2002；

《居住建筑节能设计标准》DB 11/891—2012。

2.5 设计参考文件（备注：按工程所处的省市选择）：

北京供电局文件《关于调整住宅用电指标和配置住宅配电变压器标准的通知》京供计（2002）173号；

北京供电局文件《居民住宅区入楼配电室设计细则》京供扩（2003）4号；

当地供电局相关规定；

《关于颁布住宅电气设计通则标准的通知》（96）首规办秘字第205号；

《关于城镇住宅电气设计实施一户一表的通知》（96）首规办秘字第319号；

《全国民用建筑工程设计技术措施》节能专篇-电气（2007）。

2.6 建筑、结构、设备专业给本专业提供的设计资料。

3. 设计内容与范围

3.1 本设计内容包括：小区机电设备配电系统、公建配电系统、住宅楼楼座配电系统、照明配电系统；语音、数据管线布置系统、有线电视系统、可视对讲系统、表具数据自动抄收及远传系统、火灾自动报警与消防联动控制系统、防雷保护、安全措施及接地系统、小区外线工程等。

3.2 小区安全防范、电信、网络、有线电视、物业管理、信息管理等智能化设计由专业设计公司承担。

3.3 设计分界点与设计分工：

3.3.1 住宅变电所与电缆管线敷设的设计由供电部门专业设计公司承担，本设计仅配合供电局预留变电所面积及变电所内照明、风机、接地等配套设备的电气设计（备注：外地工程按当地供电局要求设计），配合总图专业完成室外管线的路由规划设计。

3.3.2 公建变电所：电源设计分界点为设在____层变电所高压电源进线柜内进线开关的进线端。由市政电网引入变电所的(两路10kV) 电源线路、高压分界小室（备注：根据当地供电系统型式设置）属城市供电部门负责设计，其设备由供电局选型。本设计仅提供此线路进入本工程建设红线范围内的路径及高压分界小室的位置和土建条件。

3.3.3 住宅楼楼座的电气设计以各楼座电源π接柜开关下口为设计分界点（备注：外地工程按当地供电局要求设计）。

3.3.4 住宅楼楼座的电话、电视和网络系统以各楼座智能化进线箱为设计分界点。

3.3.5 小区网络机房、电视机房、安全防范机房仅配合土建预留面积，系统塔建由专业公司设计。

3.3.6 小区的智能化设计由甲方委托专业设计公司承担，设计院仅配合预留各机房、竖井及线路管线预估位置和面积。

4. 10/0.4kV 变电、配电系统

4.1 负荷等级：消防设备、应急照明、航空障碍照明灯、走道照明、值班照明、小区消防和安防监控室、小区网络机房、小区热力站（备注：严寒和寒冷地区的热力站）、客梯、排污泵及小区生活泵用电为一级负荷（或二级负荷；（备注：客梯、排污泵及生活泵根据建筑规模确定负荷等级）住户供电等级为三级。

4.2　负荷计算：公建负荷计算见公建变电所低压系统图，每栋楼座及采用低压进线的各子项负荷见各子项负荷统计表。各子项低压进线路数，见各子项分项说明或各子项低压配电系统图。

4.3　变电所设置：在小区为供电局预留____处变电站，为小区居住楼座、车库等配电；在____设置公建变电所，为小区内幼儿园、配套公建内用电设备供电。

4.4　供电电源：由小区变电所至各楼座、车库配电由小区变电站采用 0.23/0.4kV 电源，用电缆敷设至楼座的π接室；由公建变电所至小区配套幼儿园、配套公建等配电由公建变电所采用 0.23/0.4kV 电源，用电缆敷设至相应进线配电柜。

4.5　公建变电所系统设置：

4.5.1　高压为单母线分段运行方式，中间设联络开关，平时两路电源同时供电分列运行，互为备用，当一路电源故障时，通过手动操作，另一路电源可承担全部二级及以上负荷。高压主进开关与联络开关之间设电气联锁，任何情况下只能合其中两个开关。

4.5.2　低压为单母线分段运行，联络开关设自投自复、自投手复、自投停用三种功能。联络开关自投时有一定的（可调）延时，其投入延时时间大于自动断开低压供电母线上非保证三级负荷的切断动作时间，以保证承担负载的一台变压器的正常运行。当电源主断路器因过载或短路故障分闸时，母联断路器不允许自动合闸。低压主进开关与联络开关之间设电气联锁，任何情况下只能合其中的两个开关。

4.5.3　10kV 继电保护：采用综合继保，实现三相定时限过流保护及电流速断保护；进线断路器采用速断、过流、零序保护，母线联络断路器采用速断、过流保护，出线断路器采用高温、超高温、过流、速断、零序保护。

4.5.4　低压主进、联络断路器设过载长延时、短路短延时保护脱扣器，低压配出线路断路器设过载长延时、短路瞬时、短路短延时（备注：大容量回路可通过计算确定）脱扣器，部分回路设（分励）脱扣器，当一台变压器停电时，利用分励脱扣器切断非保证三级负荷，防止另一台变压器过载。同时，对于放射式配电的非消防负荷，火灾时依据火势状况，自动/手动切断其供电电源。

4.5.5　高压柜采用具有"五防"功能的中置式真空断路器柜，低压柜采用抽屉柜，变压器按环氧树脂真空浇注干式变压器设计，设强制风冷系统及温度监测及报警装置。接线为 D，Yn11。配变电所内变压器防护等级 IP20，其他配电柜 IP30。

4.5.6　高压柜采用下（上）进下（上）出接线方式，低压柜采用上进下（上）出的接线方式。配变电所下设电缆层高 2m 的夹层（或配电柜下及柜后设置 1m 深的电缆沟）。

4.6　功率因数补偿：

4.6.1　在公建变电所低压侧设功率因数集中自动补偿装置，电容器组采用自动循环分相投切方式，要求补偿后的功率因数不小于0.90（0.95）。

4.6.2　荧光灯就地补偿，补偿后的功率因数不小于 0.9。

4.7　操作电源及信号：

4.7.1　在公建设置直流操作电源及信号屏。

4.7.2　操作电源满足配变电所的控制、信号、保护、自动装置以及其他二次回路的工作电源，高压断路器选用电磁操作机构，操作电压采用直流 220V，（备注：选用弹簧操作系统时宜选用直流 110V 或直流 220V)。直流电源蓄电池容量为　　Ah。

4.7.3　信号装置具有事故信号和预告信号的报警、显示功能。

4.7.4　直流屏备用电源采用免维护铅酸电池组，直流屏和充电装置屏其防护等级不低于 IP20。

5. 楼座配电室设置

楼座内设置 π 接室及配电室（备注：电缆 π 接室靠近电源进线处，并与外墙贴邻，配电室与电缆 π 接室尽量相临)，π 接柜、光/力柜落地安装，电缆 π 接柜下设电缆沟，电缆采用下进下出、配电室下设电缆沟，电缆采用下进下出或上出［备注：没有下进下出条件的配电室可以考虑下（上）进上出，但要考虑柜体尺寸］。

6. 计量

6.1　公建变电所采用高压计费方式，在高压进线处设置当地供电局许可型号的专用计量表。采用复费率电能表，满足执行峰谷分时电价的要求。

6.2　小区车库、幼儿园、配套公建、住宅力柜在电源进线处设电表计量。

6.3　每套住宅均设计量表，楼梯间等公共照明与电梯等动力一并设表计量，设有地下室的公共用房照明配电单独设置计量表。

7. 电力配电方式

7.1　设在各住宅地下内的配套设备机房，如小区电信机房、小区有线电视机房、小区消防控制室、小区安全防范机房、小区生活泵房、小区中水泵房配电均由所在子项配电室内的配电柜直接配电，除小区有线电视采用单回路电源配电外其余均采用两回路电源供电。小区消防水泵房的配电直接由小区变电所引来两路，在泵房配电柜内互投后配电至各设备。

7.2　低压电力配电系统采用放射式与树干式相结合的方式供电，对于单台设备容量较大的负荷采用放射方式供电。

7.3　对电梯、潜水泵重要负荷等采用双电源供电末端互投方式供电。

7.4　对消火栓泵、喷洒泵、排烟风机、加压风机、消防电梯、消防控制室、火灾应急照明配电等消防负荷采用专用双路电源末端互投方式供电。

7.5　楼座光、力配电柜电源由小区变电所低压配电柜提供，电源经 π 接柜接入，再接至光、力配电柜。(备注：外地工程按当地供电局要求设计)。

7.6　由光/力配电柜以放射式和树干式相结合的方式向公共区照明配电箱、控制箱配电。

7.7　光柜配电回路设置的剩余电流保护装置动作于断路器切断电源（备注：每座楼的居室配电以配电回路所带户数确定设漏电保护器设置部位)；力柜进线处漏电保护器仅用于报警；漏电断路器设置位置及漏电电流取值（备注：住宅进线处防电气火灾的漏电保护动作电流不应大于 300mA）均见各子项配电系统图。

7.8　家居配电箱装设同时断开相线和中性线的电源进线断路器。每套住宅设置自恢复式过、欠电压保护器。三相电源进户时，电能表按相序计量，且每层或每间房的单相设备、电源插座采用同相电源供电。

7.9　空调电源插座、普通电源插座与照明分设回路；厨房电源插座和卫生间（卫生间照明与插座同回路）电源插座设置独立回路。

7.10　电源插座回路设置剩余电流动作保护功能的断路器，剩余动作电流不大于30mA，动作时间小于0.1s。

8. 电动机启动及控制方式

8.1　本工程____kW以下的电动机采用全压启动方式，____kW及以上电动机采用软启动方式，对____负载采用变频运行方式；消防设备____kW以下的电动机采用全压启动方式，____kW及以上电动机采用星三角启动方式。

8.2　污水泵采用液位传感器就地控制，水位超高报警、水位显示及泵故障由BA系统完成。

8.3　冷冻机、冷冻泵、冷却泵、冷却塔、空调机、新风机、排风机、送风机等采用BA系统控制，同时设有就地手动控制。

8.4　消防专用设备：消火栓泵、喷淋泵、消防稳压泵、排烟风机、加压送风机等不进入BA系统，按消防控制程序进行监控。

8.5　排风兼排烟风机，进风兼火灾补风机平时由BA系统控制，火灾时按消防控制程序进行监控。

8.6　给消防电机配电回路中的热继电器保护只作用于报警，不动作，给消防设备配电的低压断路器不设置过负荷保护。

8.7　消防泵自动巡检装置具有自动/手动巡检功能。

8.8　电梯的电机采用高效电机和先进的控制技术，2台及2台以上电梯考虑具有集中调控和群控功能。

8.9　低压交流电动机选用高效能电动机，其能效应符合现行国家标准《中小型三相异步电动机能效限定值及能效等级》GB 18613节能评价值的规定。

9. 照明系统

9.1　照明系统包括一般正常照明、应急照明。主要场所的照度标准和功率密度限值按照《建筑照明设计标准》GB 50034—2013规定（表14-1、表14-2）：

公共区照明设计标准　　**表14-1**

场　所	照度（lx）	*UGR*	R_a	照明功率密度值（W/m^2）
商业	300	19	80	10（现行值）
车库				

居住区照明设计标准　　**表14-2**

场　所	照度（lx）	照明功率密度值（W/m^2）
起居室	100	6（现行值）
卧室		

9.2　光源要求：

9.2.1　有装修要求的场所视装修要求商定，一般场所为节能高效荧光灯、小功率金属卤化物灯或发光二极管光源。

9.2.2　荧光灯灯管为三基色节能型（T8/T5）灯管，光通量不低于3300（2800）lm，采用电子镇流器（或节能电感镇流器），并应符合该产品的国家能效指标的节能评价值。

9.2.3　应急照明灯具的光源选用瞬时点亮光源。

9.3　疏散照明：一般平面疏散区域如：疏散通道，地面最低照度不低于1.0lx，竖向疏散区域楼梯间、前室或合用前室地面最低照度不低于5.0lx，人员密集流动及地下疏散区域如：在餐厅、营业厅等设置火灾疏散照明，地面最低照度不低于1.0lx。

9.4　设备机房、库房、管理办公用房、卫生间及各种竖井等处的照明采用就地设置照明开关控制；地下汽车库照明采用建筑设备监控系统远程控制，统一管理；楼梯灯、电梯前室、楼梯前室、公共走道设置应急照明（备注：高层住宅应设置应急照明，中高层住宅宜设置应急照明），利用声光开关控制，火灾时强制点亮。

9.5　安全出口灯、疏散指示灯、疏散楼梯灯采用双电源互投后配电到设备，安全出口灯、疏散指示灯还采用集中蓄电池作备用电源，其连续供电时间不应小于30min。（备注：19层及以上住宅应设置灯光疏散指示，10～18层宜设置灯光疏散指示）

9.6　设备选型及安装方式：

9.6.1　灯具要求：

1）除50V以下低压灯具外，其他灯具均采用Ⅰ类灯具。

2）直管形荧光灯灯具开敞式灯具效率不低于75%，格栅式灯具效率不低于65%，带透明保护罩灯具效率不低于70%；紧凑型荧光灯筒灯带保护罩灯具效率不低于50%；小功率金属卤化物带保护罩灯具效率不低于55%，小功率金属卤化物开敞式灯具效率不低于60%；发光二极管筒灯带保护罩色温3000K灯具效能不低于65%，发光二极管平面灯直射式色温3000K灯具效能不低于70%。

3）有吊顶的场所选用格栅荧光灯具（反射器为雾面合金铝贴膜）或节能筒灯嵌入式安装，无吊顶处采用吸顶式安装或壁式安装，厨房应采用防水防尘灯具，储油间、燃气阀室为爆炸危险场所2区，灯具防护等级为防爆型IP　，电机防护等级为IP　，且钢管明敷，电气设备的金属外壳应可靠接地。

4）有吊顶的场所，嵌入式安装荧光灯、筒灯。无吊顶场所选用控照式（或盒式）荧光灯，链吊(或管吊）式安装，距地2.7m。配变电所灯具管吊式安装，距地2.8m。地下车库为管吊，距地(2.5m)。壁灯距地(　　) m。地下室机房深罩或广照灯具，管吊安装，距地4.0m。

5）出口标志灯在门上方安装时，底边距门框0.2m；若门上无法安装时，在门旁墙上安装，顶距吊顶50mm；疏散指向标志灯明装；暗装，底边距地0.3m。应急照明、出口标志灯、疏散指示灯不允许链吊，管吊时，管壁作防火处理。底边距地2.5m。应急照明灯、出口标志灯、疏散指向标志灯等应设玻璃或其他不燃材料制作的保护罩。消防应急灯具应符合《消防应急照明和疏散指示系统》GB 17945相关要求。

6）公共场所、娱乐设施等场所，其疏散通道上设置蓄光型疏散导流标志。疏散导流标志根据环境位置采用壁装（或在地面上装设），壁装时，底边距地0.15m，间距不大于1m。

7）人防地下室采用1×32W盒式荧光灯，距地2.5m链吊式安装；非人防地下走道采用壁式或杆吊式安装的盒式荧光灯；安全出口灯按1W计，底边距门框0.1m安装；疏散指示灯按1W计，底距地0.3m墙上安装；楼梯灯按18W计，吸顶安装；电梯井道采用安全特低电压36V，最低一个灯距底0.5m，其余每7m一个灯，灯按18W计。

9.6.2 开关、面板要求：

1）照明开关、插座均暗装，除消防泵房、水泵房、热力机房电源插座采用防护型，底边距地1.8m和平面图中注明者外，插座均为单相两孔+单相三孔安全型插座。开关底边距地1.3m，距门框0.15m。应急照明开关应带电源指示灯。

2）当智能化线路采用非屏蔽线并无屏蔽措施时，电源插座与智能化插座距离应大于500mm。

3）所有插座回路、电开水器回路、室外照明灯具低于2.4m的回路或室外照明采用金属灯杆时，均设漏电断路器保护。漏电断路器动作电流不大于30mA，动作时间不大于0.1s。

4）公共卫生间的小便斗感应式冲洗阀电源盒距地1.2m，坐便器感应式冲洗阀电源盒距地0.8m，蹲便器感应式冲洗阀电源盒距地0.7m，洗手盆红外感应电源盒选用防潮防溅型面板，距地0.5m。

5）无障碍厕位在底距地0.5m处设求助按钮，在门外底距地2.5m设求助音响装置。专用无障碍卫生间，除上述要求外，照明开关应采用大翘板开关，中心距地0.8m。

9.6.3 公共区域配电装置要求：

1）高、低压配电柜、住宅光/力柜落地安装，柜下设10号槽钢立放，槽钢与等电位连接线可靠相连，配电柜外壳与基础槽钢相连，形成整体等电位连接。

2）电力箱，控制箱、各层照明配电箱均为非标产品，除竖井、机房、车库、防火分区隔墙上、剪力墙上明装外，其他均为暗装。箱体高度600mm及以下，底边距地1.5m；箱体高度600～800mm，底边距地1.2m；箱体高度800～1000mm，底边距地1.0m；箱体高度1000～1200mm，底边距地0.8m；箱体高度1200mm以上，为落地式安装，下设300mm基座。就地设置的室内隔离开关箱明装，底边距底1.5m，室外隔离箱为落地式安装，下设300mm基座，防护等级IP65。

3）消防用电设备配电箱、柜应有明显标志，安装在配电间或机房内，否则应作防火处理。

4）卷帘门控制箱距顶200mm，卷帘门两侧设就地控制按钮，底距地1.4m，并设玻璃门保护。

9.6.4 家居设备要求：

1）每户设家居配电箱，每层设电度表箱，家居配电箱底边距地1.6～1.8m暗装墙内，在公共区的电度表箱底边距地1.4m暗装（备注：应将电表相对集中并设置在公共区）。

2）居室照明设裸灯头，厨房、阳台设防潮裸灯头，吸顶安装；卫生间设防潮裸灯头顶灯、镜前灯，镜前灯底边距地2.3m安装。与卫生间无关的管线不应穿越卫生间，卫生间内管线不应敷设在0、1、2区。（裸灯头是预留给住宅装修的临时措施）

3）除注明外，照明开关、卫生间排气扇开关为10A/250V单极开关，底边距地1.3m暗装。

4）除1.8m以下的所有插座为10A/250V配有安全门插座；窗式空调插座为15A/250V/单相三孔带开关，底边距顶2.2m暗装；燃气壁挂炉/厨房排油烟机插座为10A/250V/单相三孔，底边距顶2.0m暗装；卫生间内插座为15A/250V/单相三孔，底边距地

2.3m 暗装（备注：所有插座应设置在 0、1、2 区外）；厨房台面电炊具、洗衣机插座为15A/250V/单相三孔，底边距地 1.3m 暗装；电冰箱插座为单相三孔，底边距地 0.3m 暗装；未封闭阳台内的插座为10A/250V/单相三孔/防护等级为 IP54 型，底边距顶1.3m 暗装；其他居室插座为10A/250V/单相二孔加三孔插座，底边距地 0.3m 暗装。

5）每套住宅预留门铃管路，门铃按钮，底边距地 1.2m 暗装。

9.7　电气竖井做 100mm 高门槛，若墙为空心砖，则应每隔 500mm 做圈梁，以便固定设备。电气竖井门为丙级以上防火门。

10. 电缆、导线的选型及敷设

10.1　高压柜配出回路电缆选用 WDZ-YJY-8.7/15kV 交联聚乙烯绝缘、聚乙烯护套铜芯电力电缆。

10.2　低压出线火灾时非坚持工作的电缆选用 WDZ-YJY-1kV 低烟无卤 A 类阻燃电力电缆，工作温度：90℃。

10.3　低压出线火灾时坚持工作的电缆选用 WDZN-YJY-1kV 低烟无卤 B 类耐火电力电缆，工作温度：90℃。

10.4　由电缆 π 接柜至配电柜均采用与进线同截面的电缆穿导管暗敷设或在电缆沟内沿支架敷设。

10.5　楼层电表箱由光配电柜以树干式采用 YJY 或 BY 线穿管埋地/沿墙敷设，经电缆 T 接引至后向家用配电箱配电。

10.6　除注明外，照明回路导线为BV-3×2.5mm^2 穿 SC15 导管暗敷；应急照明回路导线为NHBV-3×2.5mm^2 穿 SC20 导管暗敷；灯具带接地端子；普通插座回路导线为 BV-3×2.5mm^2 穿 SC15 导管暗敷；空调/厨房插座回路导线为BV-3×4mm^2 穿 SC20 导管暗敷。

10.7　电缆明敷在电缆梯架、托盘或槽盒上，普通电缆与应急电源电缆在电缆梯架、托盘或槽盒分设路由，当局部不满足安装要求时，敷设在同一电缆梯架、托盘或槽盒中，中间采取隔离措施；不敷设在电缆梯架、托盘或槽盒上的电力电缆，穿热镀锌钢管（SC）敷设。SC32 及以下管线暗敷，SC40 及以上管明敷。

10.8　在电缆井内敷设的电缆。采用绝缘和护套为不延燃材料电缆，可不穿金属管，但应安装在可支撑的金属梯架或托盘内。

10.9　与消防设备无关的控制线为WDZ-KYJY 聚乙烯绝缘、聚乙烯护套铜芯（阻燃）控制电缆，与消防有关的控制线为WDZN-KYJY 聚乙烯绝缘、聚乙烯护套铜芯耐火控制电缆。

10.10　电缆在变电所、管道井沿电缆梯架或托盘敷设，其他场所沿电缆槽盒，除配变电所、电气竖井内选用普通金属梯架或托盘敷设外，其他均选用防火桥架，耐火时间不小于 3h 的电缆槽盒。

11. 建筑设备管理系统（BA 系统）

11.1　在小区____号楼一层设建筑设备管理中心，对小区内机电设备进行监视和控制。

11.2　本系统采用直接数字集散式控制系统，对小区的给水排水系统、住宅内电梯系统、公共区域照明系统、集中采暖、通风机空气调节系统（备注：当设置时纳入）、公建变电所配电设备进行监视及节能控制。

11.3　控制系统由微机控制中心、分布式直接数字控制器、通信网络、传感器、执行器及控制软件等组成；每个单独机房均设置 DDC 控制箱。

11.4　对 DDC 控制箱及能耗计量及数据远传系统的有源设备的电源就近取电。

11.5　小区内能耗计量及数据远传采用有线网络（或无线网络）传输，在能耗计量表具 0.5m 处设置接线盒。

11.6　小区供配电系统具有与建筑设备管理系统有线网络（或无线网络）传输接口条件。

12. 电话、信息网络布线

12.1　在每户商业、住宅楼内设置单元电话、数据总箱，在户内设置智能化家居配线箱。

12.2　电话、数据由室外智能化井穿管埋地引入单元和商业各子项的总箱，经总箱配线后入户内智能化家居配线箱和配套商业内预留点。

12.3　每户引2 条 5e 类 4 对对绞线（或 2 芯光纤）至智能化家居配线箱，由智能化家居配线箱放射式向起居室/主/次卧室、书房电话、数据等出线口配线；配套商业内设置1 个语音 1 个数据点。

12.4　电话、数据干线在竖井内采用4 对对绞线（或 2 芯光纤）在槽盒敷设，出线口采用 RJ45 标准信息插口。

12.5　智能化家居配线箱底边距地0.5m 暗装；出线口底边距地 0.3m 暗装，穿管管径见系统图及平面图。

13. 有线电视系统（备注：对三网合一的地区，本系统可以与 12 节内容合并）

13.1　在楼内设置电视前端箱、户内设置智能化家居配线箱。

13.2　系统采用双向传输，用户分配系统采用分配、分支、分支—分配方式，用户电平要求69±4dB，图像清晰度应在四级以上（备注：用户电平要考虑数字传输还是模拟传输）。

13.3　分配分支设备的空置端口和分支器末端，均应终结 75Ω 负载电阻。

13.4　电视电缆（或光纤）由室外智能化井穿管埋地引入电视前端箱，由前端箱再经竖向楼层分配器箱配线后入户内智能化家居配线箱。

13.5　室内布线均由智能化家居配线箱向起居室/主/次卧室等电视插座配线。

13.6　楼内干线电缆为 SYWV-75-9P4 穿 SC25 导管暗敷，支线为 SYKV-75-5P4 穿 SC15 导管暗敷。

13.7　电视插座底边距地0.3～1.0m 暗装；分配箱、放大箱安装高度见竖井大样图。

14. 可视对讲系统

14.1　本工程住宅部分单元门口处设可视对讲主机；在地下电梯、楼梯入口处设分机。

14.2　每户设室内分机，距地 1.4m 安装；每层竖井设置解码器箱，安装高度见竖井大样图。

14.3　每户设置紧急求助报警装置，在住户套内、户门、阳台及外窗安装入侵探测报警装置，报警信号传至 8 小区安全防范监控室。

14.4　可视对讲系统采用总线制系统通过总线连接组网，信号送至安全防范监控室，穿导管管径见系统图及平面图。

14.5　当发生火灾时，疏散通道上的受控门能集中自动解锁/能从内部手动解锁。

15. 表具数据自动抄收及远传

15.1　系统由表具、采集终端、传输设备、集中器、管理终端和备用电源组成。

15.2　竖井（或公共区）设置专用采集器箱。

15.3　系统采用RS485总线传输，系统之间、设备之间均采用穿管敷设。

16. 防雷保护、安全措施及接地系统

16.1　防雷保护：

16.1.1　本工程高层（　　）楼座预计累计次数N_g＝0.069次/a，多层6层楼座以面积最大的来验算，预计累计次数N_g＝0.059次/a，考虑小区防雷安全型可靠性，本设计在小区四周的六层、小区的　层及以上的均按第三类防雷措施设防，低于（　　）层的公建不设直击雷防护（备注：住宅建筑高度在100m或35层及以上，雷计次数N_g＞0.25次/a的为二类防雷建筑，住宅建筑高度在50～100m或19～34层，雷计次数在0.25次/a＞N_g＞0.05次/a的为不低于三类防雷建筑，住宅群建议可根据单体建筑疏密程度可按区域划分计算）。

16.1.2　在楼座屋顶采用（ϕ10）热镀锌圆钢沿突出建筑物屋面的女儿墙（屋角、屋脊、屋檐、和檐角）设置接闪带（或利用屋顶女儿墙上设置栏杆作为接闪带），在屋面设置不大于(10m×10m或12m×8m)的避雷接闪网格。(备注：当利用屋顶女儿墙上设置栏杆作为接闪带时，土建应选择截面满足《建筑物防雷设计规范》GB 50057—2010中表5.2.1的规定）。

16.1.3　利用建筑物钢筋混凝土柱子或剪力墙内两根ϕ16以上主筋通长(焊接、螺丝或绑扎）作为引下线，引下线上端与接闪器焊接，下端与建筑物基础底梁及基础底板轴线上的上下两层钢筋内的两根主筋焊接。外墙引下线在室外地面1m以下处引出与室外接地线焊接。

16.1.4　为防侧向雷击，在（　　）m以上部分利用结构圈梁层层设置均压环，将（　　）m以上外墙上的栏杆、门窗等较大金属物与均压环连接。

16.1.5　屋顶所有金属设施、金属围栏及正常运行不带电的金属部分均和屋面防雷装置联结。

16.1.6　利用结构基础内钢筋网作接地体；接地装置与电气设备、信息系统等接地共用统一接地装置，变电所要求接地电阻不应大于0.5Ω，各单体要求接地电阻不应大于1Ω。

16.1.7　测试卡暗设，距地面0.5m，且有明显标识。

16.1.8　为防雷电波侵入，电缆进出线在进出端将电缆的金属外皮、钢导管等与电气设备接地相连。

16.1.9　本工程采用等电位联结，将建筑物的防雷装置、金属构架/装置、外来导体物、电气和电信装置等用连接导线或过电压保护器进行连接。

16.1.10　在建筑物周围设环形接地体，使埋地金属管道与公共接地装置连接。

16.1.11　为防雷击电磁脉冲，在电源进线柜处设置I级试验电涌保护器（SPD)；在电源引至室外的配电箱处设置II级试验电涌保护器（SPD)；在智能化信号线引入建筑物处、智能化间/机房内预留等电位连接板。

16.1.12　建筑物内计算机、通信设备、控制装置等信息系统线路和其供电电源的过电压保护装置，由智能化专业公司负责。

16.2　安全措施及接地系统：

16.2.1　本工程低压配电系统接地型式采用TN系统。（备注：对于地下基础与变电所连通的单体接地型式采用TN-S系统，对于独立基础的单体，接地型式采用TN-C-S系统。电源在引入处作等电位联结。）

16.2.2　工作中性线和保护地线在接地点后要严格分开；凡正常不带电而当绝缘破坏有可能呈现电压的一切电气设备金属外壳均应可靠接地。

16.2.3　防雷接地、等电位连接及电气设备保护接地等共用统一的接地装置。

16.2.4　套内在带有浴室的卫生间等处设局部等电位联结，连接线导管为BVR-1×4PC16；家居配电箱、家居配线箱金属外壳、线缆保护导管、接线盒及终端盒可靠接地。

16.2.5　消防控制室、电视机房、电信机房、智能化机房等智能化设备用房的接地利用大楼统一接地装置，独立设BV-1×50PC40作引下线，在配电间、电气、智能化竖井、智能化间采用镀锌扁钢40×4，距地面0.3m明敷设，过门、配电柜处暗敷设。

16.2.6　电气竖井内接地干线，每隔3层与就近楼板钢筋做等电位联结。

16.2.7　电梯机房利用外甩接地扁钢，沿井道壁敷设，扁钢采用镀锌40mm×4mm，电梯机房及井道导轨、金属构件等均与接地扁钢进行等电位联结。

16.2.8　为供电局预留的变电所内预留接地扁钢40mm×4mm，共计四处，与大楼接地基础直接相连。

16.2.9　上述各用房设等电位联结。

16.2.10　等电位联结作法见《等电位联结安装》(02D501-2)。

17. 人防工程

17.1　负荷等级：为防空专业队队员掩蔽所、五/六等人员掩蔽所、物资库，各用电设备按常用设备战时电力进行负荷分级：

17.1.1　应急照明、重要通讯/报警设备等为二级负荷。

17.1.2　重要的风机/水泵、电动防护（密闭）门（阀）、正常照明、专业队所须用电设备等为二级负荷。

17.1.3　其他负荷三级负荷。

17.2　清洁、滤毒、隔绝三种通风方式的音响及灯光信号，设在最里一道密闭门的内侧，底距地2.4m，手动控制开关设在通风机房内，底距地1.2m。

17.3　人防呼唤音响按钮为防护型，底距地1.2m安装，音响装置设置在防化值班室内控制箱内。

17.4　从人防内部至防护密闭门外的照明线路，在防护密闭门内侧（防护密闭门与密闭门之间）底距地2.3m处，单独设置熔断器做短路保护（备注：单独回路可不设熔断器保护）。

17.5　引入人防的所有管线，暗敷在楼板内或墙内，有受条件限制不能暗敷设处，在穿过围护结构、防护密闭隔墙、密闭隔墙时，电工要配合土建预留导管，并在管线敷设完后，作防护密闭和密闭处理。

17.6　人防的所有管线均穿镀锌钢导管暗敷。

17.7　人防内的电缆桥架穿过防护密闭隔墙时改为穿导管敷设，并作防护密闭处理。

17.8　人防施工做法可参见国家标准图《防空地下室电气设计》（2004 合订本）FD01～02 及《人民防空地下室设计规范》图示（电气专业）05SFD10。

18. 火灾自动报警与消防联动控制系统

18.1　本工程采用A类（/B类）系统设置，并设置一个消防控制室。

18.2　系统组成：

本工程电气消防系统由火灾探测器、手动报警按钮、火灾声光报警器、火灾报警控制器、家用火灾探测器、消防控制室图形显示装置、消防联动控制台、火灾应急广播、消防专用电话、电梯运行监视、电气火灾漏电报警系统、应急照明控制、消防设备电源监视系统及消防系统接地组成。

18.3　消防控制室：

18.3.1　在1号楼一层设置消防控制室，有明显标志并有通向室外的安全出口；控制室隔墙的耐火极限不低于 2h，楼板的耐火极限不低于 1.5h；与消防控制室无关的电气线路和管路严禁穿越。

18.3.2　消防控制室内设置火灾报警控制器（包括可燃气报警器）、消防联动控制台、火灾应急广播柜、CRT 图形显示器、打印机、电梯运行监控显示盘、消防专用电话总机、火灾疏散照明系统主机、消防设备供电电源监视主机、电气火灾监控主机、电涌保护器系统主机及 UPS 电源设备等。

18.3.3　消防控制室内设有直接报警的 119 外线电话。

18.3.4　消防报警控制系统预留与远程监控系统的接口。

18.4　消防控制设备的功能：

18.4.1　消防控制室可接收感烟、感温探测器、家用火灾探测器、缆式定温探测器、红外探测器、可燃气体探测器和吸气式感烟火灾探测器的火灾报警、故障信号；可接受水流指示器、检修阀、报警阀、手动报警按钮、消火栓按钮、防火阀、压力开关等的动作报警信号。

18.4.2　消防控制室可显示火灾报警、故障的部位；可显示消防水池、消防水箱水位并有最高、最低水位报警；显示消防水泵、消防风机、防火卷帘门的电源及运行状况。

18.4.3　消防控制室可联动控制所有与消防有关的设备。

18.4.4　显示保护对象的重点部位、疏散通道及消防设备所在位置的平面图或模拟图等。

18.4.5　显示系统工作电源的工作状态。

18.5　火灾自动报警系统：

18.5.1　本工程采用集中报警控制系统，系统控制主机具有多检测回路，自动测试，自动管理，自身诊断功能，同时具有过压、过流保护及短路隔离功能。系统与楼内建筑设备管理系统（BA）、安全防范系统（SPS）各子系统集成，共同完成楼内防灾监视与控制功能。

18.5.2　控制室内每台报警控制器所连接的报警器、监控模块数量总和不大于2800个，联动控制器总和不大于1400 个；每个总线回路所连接的报警器、监控模块数量总和不大于180个，监控模块数量总和不大于90个。

18.5.3 消防报警及自动联动控制采用两总线环路和放射式相结合设计，环线设计网络线路中任一点有开路、短路故障时，网络可以通过另一条路径来进行完整的网络通信；住宅楼内采用放射式设计。

18.5.4 总线穿越防火分区和总线上连接数量达到32点处，设置总线短路隔离器，即当某个回路点发生短路时，自动从主机上断开短路点，以保证系统的安全运行。放射式回路总线上连接数量不大于32点，并在始端设置短路隔离器。

18.5.5 避难区内的火灾探测器、手动报警器和联动模块自成回路，线路直接与消防控制室控制器连接。

18.5.6 在燃气表间、厨房等处设置防爆燃气探测器，在汽车库、厨房设置感温探测器，在变电所设置感温、感烟探测器；在其他一般场所设置感烟探测器，在电缆托盘、梯架上设缆式感温探测器，在通信及网络机房设吸气式感烟火灾探测器。

18.5.7 在卧室、起居室设置带蜂鸣底感烟探测器，在户内设置家用火灾报警控制器。

18.5.8 在各层主要出入口、人员通道上适当位置设置手动报警按钮及消防对讲电话插口，保证每个防火分区最少一个，从一个防火分区内任何位置到最临近的一个手动报警按钮的距离不大于30m。

18.5.9 在消防电梯前室、各层逃生楼梯设置识别火灾层的灯光显示装置。

18.6 消防联动控制：

消防控制室内设置集中报警自动联动控制柜、手动联动控制台，其控制方式分为自动/手动控制，自动控制为通过集中报警自动联动控制柜实现对现场的消防受控设备进行自动连锁控制，手动控制线为不通过报警总线单独敷设线路直接控制。自动控制联动的触发信号需要采取两个独立的报警触发装置“与”的逻辑组合实现。

18.6.1 消火栓系统的监视与控制功能：

1）联动控制方式：由消火栓系统出水干管上设置的低压压力开关、高位消防水箱出水管上设置的流量开关或报警阀压力开关等信号作为触发信号，直接控制启动消火栓泵，联动控制不应受消防联动控制器处于自动或手动状态影响。消火栓按钮的动作信号作为报警信号及启动消火栓泵的联动触发信号，由消防联动控制器控制联动控制消火栓泵的启动。

2）手动控制方式：将消火栓泵控制箱（柜）的启动、停止按钮用专用线路直接连接至消防控制室的手动联动控制盘，直接手动控制消火栓泵的启动、停止。

3）消火栓泵的运行、故障信号、压力开关信号、消防水箱水位信号应反馈至消防联动控制器。

18.6.2 自动喷水灭火系统的监视与控制功能：

1）湿式系统和干式系统的联动控制具有下列功能：

（1）自动联动控制方式：由湿式报警阀压力开关的动作信号作为触发信号，直接控制启动喷淋消防泵，联动控制不应受消防联动控制器处于手动或自动状态影响。

（2）手动控制方式：将喷淋消防泵控制箱（柜）的启动、停止按钮用专用线路直接连接至消防控制室手动联动控制器盘，直接手动控制喷淋消防泵的启动、停止。

（3）水流指示器、信号阀、压力开关、喷淋消防泵的启动和停止的动作信号应反馈至消防联动控制器。

2）预作用系统的联动控制联动控制具有下列功能：

（1）联动控制方式：由同一报警区域内两只及以上独立的感烟火灾探测器或一只感烟火灾探测器与一只手动火灾报警按钮的报警信号，作为预作用阀组开启的联动触发信号。由消防联动控制器控制预作用阀组的启动，使系统转变为湿式系统，同时联动控制排气阀前的电动阀的开启。

（2）手动控制方式：将喷淋消防泵控制箱（柜）的启动和停止按钮、预作用阀组和快速排气阀入口前的启动和停止按钮，用专用线路直接连接至消防控制室手动联动控制盘，直接手动控制喷淋消防泵的启动、停止及预作用阀组和电动阀的开启。

（3）水流指示器、信号阀、压力开关、喷淋消防泵的启动和停止的动作信号，有压气体管道气压状态信号和快速排气阀入口前电动阀的动作信号应反馈至消防联动控制器。

18.6.3 消防稳压泵监视与控制功能：监视稳压泵的工作状态，消火栓加压泵运转由压力控制器控制，压力控制器设3个压力控制点，稳压泵启、停泵压力PS1、PS2和消火栓加压泵启泵压力P2（该处系统压力为P1），当消火栓加压泵启动后稳压泵停泵。

18.6.4 监视消防水池、水箱的最高、最低水位并报警。

18.6.5 专用排烟系统的监视和控制功能：

1）当发生火灾报警时，消防控制室接收到的同一防火分区的两个独立火灾探测器报警信号后，可由消防控制室联动控制器控制打开该区域的相应的24V自动排烟口，同时消防联动控制器上也能手动控制排烟口。

2）排烟口的动作信号连锁启动该系统的排烟风机。当排烟风机前的火灾温度超过280℃时，排烟风道上的防火调节阀（在排烟风机旁边）熔丝熔断，关闭自动阀门，阀门输出的辅助触点就地自动关闭该系统的排烟风机；在消防控制室可手动直控线控制排烟风机的启停。

3）排烟口的动作信号、排烟风机启、停和故障动作信号、280℃防火阀的动作信号均反馈至消防控制室。

18.6.6 排气兼排烟风机的监视和控制功能：

1）排气兼排烟风机，正常情况下为通风换气使用，火灾状态下则作为排烟风机使用。

2）平时由就地手动控制及DDC系统控制。

3）当发生火灾时，其控制要求见专用排烟风机18.6.5内的相关要求。

18.6.7 火灾补风机的监视和控制功能：

1）当发生火灾时，起动排烟风机的同时启动相对应的火灾补风机。

2）当火灾补风机前的进风温度超过70℃时，管道上的防火调节阀熔丝熔断，关闭阀门，阀门输出的辅助触点就地自动关闭该系统的火灾补风机；在消防控制室可手动直控线控制火灾补风机的启停。

3）火灾补风机启、停和故障动作信号、70℃防火阀的动作信号均反馈至消防控制室。

18.6.8 进风兼消防补风机监视和控制功能：

1）进风兼消防补风风机，正常情况下为通风补新风使用，火灾时则作为火灾补补新风使用。

2）平时由就地手动控制及 DDC 系统控制，风机自动控制原理见智能化施工图。

3）当发生火灾时，其控制要求见火灾补风机 18.6.7 内的相关要求。

18.6.9　加压风机系统的监视和控制：

1）当发生火灾报警时，消防控制室接收到的同一防火分区的两个独立火灾探测器报警信号或一个独立火灾探测器和一个手动报警按钮报警信号后，可由消防控制室联动控制器控制打开该相关层前室的 24V 加压送风口，同时消防联动控制器上也能手动控制相关层加压送风口。

2）加压送风口的动作同时连锁启动该系统的加压风机。

3）在消防控制室可手动直控线控制加压风机的启停。

4）加压送风口的动作信号、加压风机启、停和故障动作信号均反馈至消防控制室。

18.6.10　通过各防火分区之防火墙的风道处设置 24V 电动防火阀，在消防控制室可以监视上述防火阀，当发生火灾报警时，消防控制室接收到的同一防火分区的两个独立火灾探测器报警信号后，由消防控制室联动控制器关闭防火阀，关闭的动作信号馈送消防控制室。

18.6.11　进出空调机房送回风管道的 70℃易熔防火阀，当发生火灾时，温度超过 70℃熔断关闭防火阀，连锁停止空调机组。

18.6.12　非消防动力、照明电源、防火通道出入口门的控制系统的监视和控制：

1）当火灾确认后，消防控制室可根据火灾情况，通过现场模块自动切断火灾区的非消防动力电源。

2）消防控制室接收到喷洒系统管道上水流指示器或消火栓系统的消火栓动作信号后，通过现场模块自动切断该区域的照明电源。

3）照明、空调、风机通过区域配电箱主开关分励脱扣器实现强切；当 FA 与建筑设备管理系统（BA）通信联网时，也可通过 BA 来停止空调、风机的运行。

4）当火灾确认后，消防控制室控制器打开由出入口控制系统控制的疏散通道上的门、打开停车场的出入口档杆；起动相关联区域的视频监控摄像机；当 FA 与安全防范系统（SPS）各子系统通信联网时，可由 SPS 中各子系统完成控制。

18.6.13　电梯的监视和控制：

1）在消防控制室设置电梯监视显示盘，能显示各电部梯的运行状态：首层、转换层位置显示。

2）火灾发生时，电梯能接受消防控制室发出的信号，强制返至首层或转换层。

3）电梯运行监视显示盘及相应的控制电缆由电梯厂商提供。

4）电梯的火灾指令开关采用钥匙开关，由消防控制室负责火灾时的电梯控制。

18.6.14　防火卷帘门的控制：

1）用于防火分隔的卷帘门一步落下，由其一侧或两侧的专门用于联动防火卷帘门控制的感烟探测器自动控制。

2）用于疏散通道上的卷帘门分两步落下，由其两侧的专门用于联动防火卷帘门控制的感烟、感温探测器自动控制；感烟探测器动作卷帘门将至距地 1.8m，2 个感温探测器任意一个动作卷帘门将至地面。

3）设在防火卷帘门两侧墙面（或柱面）的手动控制按钮控制其升降。

4）卷帘门的动作信号、专门用于联动防火卷帘门控制的感烟、感温探测器动作信号反馈至消防控制室。

5）在卷帘门两侧均设有声光报警及启停按钮（用于高大空间的在一侧设置）。

18.6.15　防火门的控制：

1）消防控制室接收到防火门所在防火分区内的两个独立火灾探测器报警信号或一个独立火灾探测器和一个手动报警按钮报警信号后，由火灾报警控制器发出信号关闭防火门。

2）当FA与安全防范系统（SPS）各子系统通信联网时，可由SPS中各子系统完成控制。

3）防火门的关闭、开启、故障信号送SPS中的出入口管理子系统中。

18.6.16　可燃气体探测报警系统：

1）在燃气总表间、厨房燃气阀门处、管道分支处、拐弯处、直线段每（7～8m）左右设置燃气探测器。

2）当可燃气体报警控制器接收到可燃气体探测报警信号后，开启该区域的事故排风机，关断燃气紧急切断阀。

3）该系统通过设置在现场附近的可燃气体报警控制器将动作信号接入火灾自动报警系统中。

18.7　气体灭火系统联动控制功能：

18.7.1　在变电所、小区网络机房设置管网式气体灭火控制系统，气体灭火控制器可独立运行，并通过本控制器直接连接火灾探测器。系统具有自动和手动两种控制方式。

18.7.2　自动控制：

1）防护区域内两个独立火灾探测器报警信号、一个独立火灾探测器与一个手动报警按钮报警信号或防护区外的紧急启动按钮作信号为系统联动触发信号。

2）当设在现场的火灾联动控制器接收到第一组报警信号后，启动设在该保护区域出入口门内侧的声光报警动作；当接收到第二组报警信号后，联动停止相关的送、排风机、空调机组，关闭防火门、防火阀和窗，启动气体灭火装置，经过30s（可调）延时后喷射；当进行喷射的同时，火灾联动控制器联动启动设在该保护区域出入口门外侧的声光报警装置动作。

18.7.3　手动控制：

1）在防护区疏散门外设置手动启、停按钮，启动按钮按下，程序执行18.7.2内2）中的第二组报警信号的连锁动作程序，按下停止按钮，停止上述连锁的进行。

2）在气体灭火控制器上设置手动启、停按钮，控制程序同18.7.3中1）规定。

18.7.4　气体灭火控制器具有LED状态显示灯、按键、灯检、本地消音、记录首火警、启动信号、喷洒反馈时间、延时倒计时指示、线路检测、输入、输出信号检测、延时提示、喷洒预告、喷洒提示等功能并具有将气体灭火装置各阶段联动控制及系统的反馈信号，包括第一组、第二组报警信号、阀动作信号、压力开关动作信号反馈至消防控制室。

18.7.5　设在防火区内的手自动转换开关应在面板上有明显的状态显示，状态信号反馈至消防控制室。

18.7.6　待灭火后，打开排风电动阀门及排风机进行排气。

18.8　火灾应急广播系统和火灾警报装置联动控制设计：

18.8.1　火灾应急广播系统：、

1）在消防控制室设置火灾应急广播机柜，功率放大器容量见火灾报警及联动控制系统图，其容量为整栋建筑同时火灾应急广播的容量。

2）火灾应急广播按建筑自然层、防火分区和避难区划分区域；避难区独立一路。当发生火灾时，消防控制室值班人员可根据火灾发生的区域，自动或手动进行火灾广播，及时指挥、疏导人员撤离火灾现场。

3）消防控制室具有监听消防应急广播，显示广播分区工作的状态，对应急广播内容进行录音。

4）系统采用100V定压输出方式。要求从功放设备的输出端至线路上最远的用户扬声器的线路衰耗不大于1dB（1000Hz时）。

5）公共场所扬声器安装功率为3W，在厨房等环境噪声大于60dB的场所采用5W。

18.8.2　火灾警报装置：

1）在每个防火分区的楼梯间附近、消防电梯前室、走道拐角处明显位置和厨房等噪声较大的附近设置火灾警报装置。

2）火灾警报装置声压级不小于60dB；在环境噪声大于60dB的场所，声压级大于15dB。

18.8.3　在确认火灾后，由消防控制室同时启动或停止建筑内所有火灾声光报警器。

18.8.4　播放控制：先鸣警报8～16s；间隔2～3s后播放应急广播20～40s；再间隔2～3s依次循环进行直至疏散结束。根据需要，可在疏散期间手动停止。

18.9　消防专用电话系统：

18.9.1　在消防控制室内设置消防专用直通对讲电话总机；除在手动报警按钮上设置消防专用电话塞孔外，在变电所、小区消防水泵房、避难层、消防风机房、消防电梯轿厢、消防电梯机房、小区建筑设备监控中心、物业管理值班室等场所还设有消防专用电话分机。

18.9.2　消防控制室设置可直接报警的外线电话，避难层应每隔20m设置一个消防专用电话分机。

18.9.3　消防专用电话网络为独立的消防通信系统。

18.10　消防设备电源监控系统：

18.10.1　本工程设置消防设备电源监控系统，对电源的配电回路进行日常的巡检工作。

18.10.2　在消防控制室设置消防设备电源监控主机，对楼内所有消防设备的主、备电源的工作状态、欠电压和故障报警进行监视。

18.10.3　系统由监视主机、电压电流信号传感器、上位机、区域分机、系统监视软件等组成。

18.10.4　系统采用CAN总线传输，自成系统。输出接口为RS485，电源线WDZN-BYJ（F）-2×2.5mm^2，通信线ZRRVS-2×1.5mm^2。

18.11　电气火灾监控系统：

18.11.1　在消防控制室内设置电气火灾监控系统，系统由火灾控制器、剩余电流式火灾监控探测器、测温式电气火灾监控探测器组成。

18.11.2 在变电所内低压配出回路设置剩余电流式火灾监控探测器，在各楼进线柜处均设置测温式电气火灾监控探测器。

18.11.3 电气火灾监控系统可检测剩余电流并发出声光报警信号，报出故障位置，监视故障点变化，存储各种故障信号。报警信号仅作用于报警，不切断电路。

18.11.4 选用的剩余电流保护装置的额定剩余不动作电流，应不小于被保护电气线路和设备的正常运行时泄漏电流最大值的2倍，探测器报警值按300～500mA选定。

18.11.5 本系统从消防控制室至各设置点之间的通信线路均采用SC20管线敷设。

18.12 消防报警系统的供电、布线及接地：

18.12.1 火灾自动报警系统应设有主电源和直流备用电源。

18.12.2 火灾自动报警系统的主电源采用消防电源，直流备用电源采用专用UPS，UPS内设的蓄电池其持续供电时间大于3h。

18.12.3 系统接地：消防系统接地利用大楼综合接地装置作为其接地极，设独立引下线。引下线采用2（BV-1×35穿PC40管）暗敷；要求综合接地电阻不大于1Ω；消防控制室内电气设备、敷设金属管、金属槽均进行等电位连接，连接线路采用铜芯，截面积不小于4mm^2。

18.12.4 消防系统线路的选型及敷设方式：

1）信号传输干线采用ZRRVS-2×1.5mm^2，电源干线采用WDZN-BYJ-2×2.5mm^2，电源支线采用WDZN-BYJ-2×1.5mm^2，电话线采用RVVP-2×1.5mm^2，广播线采用ZR-RVS-2×0.8mm^2。

2）传输干线采用防火金属线槽在智能化间、吊顶内明敷，支线采用可挠性金属电线管保护暗敷于不燃烧体的结构层内，且保护层厚度不应小于30mm。由顶板接线盒至消防设备一段线路穿可挠性阻燃金属电线管。采用明敷设时，应采用可挠性阻燃金属电线管或具有防火保护措施金属线槽保护。

3）不同电压等级的线路在同一槽盒敷设的，采用隔板进行分隔。

4）金属槽盒穿过防烟分区、防火分区、楼层时应在安装完毕后，用防火堵料密实封堵。

18.13 设备安装：

18.13.1 探测器与灯具的水平净距应大于0.2m；与送风口边的水平净距应大于1.5m；与多孔送风顶棚孔口的水平净距应大于0.5m；与嵌入式扬声器的净距应大于0.1m；与自动喷淋头的净距应大于0.3m；与墙或其他遮挡物的距离应大于0.5m。精装部位探测器的具体定位以精装图为安装依据。

18.13.2 家用火灾报警控制器底边距地1.4m。

18.13.3 手动报警按钮、对讲电话插孔、专用电话分机及区域显示盘底距地1.4m。

18.13.4 设在防火门、电动门两侧的控制按钮底距地1.4m。

18.13.5 接入消火栓的报警信号线预留的接线盒设在消火栓的顶部，底距地1.9m。

18.13.6 设置在气体灭火防护区内外的声光报警装置安装在门框上，中心距门框0.1m，明装；紧急启、停按钮、手/自动转换开关底边距地1.4m安装。

18.13.7 扬声器安装分为壁装式、嵌入式等，壁装扬声器底边距地2.4m。火灾警报装置距地 2.4m 安装。

18.14 消防设备的供电电源、应急照明系统：

18.14.1 变电所设置：变电所设置在________层，变电所内的高压断路器采用真空断路器，变压器采用干式变压器。所有连接消防系统设备的电缆均选低烟无卤耐火型，电线均选低烟无卤耐火型；其他为非消防设备供电的电缆、电线均选低烟无卤阻燃型。

18.14.2 供电电源：本工程采用两路 10kV 电源供电。

18.14.3 非消防电源的切除：本工程利用非消防设备配电箱、配电柜主断路器设置的分励脱扣器按消防程序自动联动断电，在公建变电所可当消防控制室确认火灾后根据火情手动切断相关非消防电源。

18.14.4 消防设备的供电电源：

1）消防控制室、消防水泵、消防电梯、排烟风机、加压送风机、漏电火灾报警系统、自动灭火系统、火灾应急照明、疏散照明和电动的防火门、卷帘、阀门等消防用电等按一级负荷（或二级负荷）要求供电，采用专用双重电源供电末端互投。（注：负荷等级按高规防火规范和建筑防火规范确定）

2）用电设备应有明显标志。配电线路和控制回路按防火分区划分。消防用电设备的配电线路应满足火灾时连续供电的要求，供电干线采用防火金属线槽，支线采用穿钢管保护暗敷于不然烧体的结构层内，且保护层厚度不宜小于 30mm。由顶板接线盒至消防设备一段线路穿可挠性阻燃金属电线管。采用明敷设时，应采用可挠性阻燃金属电线管或具有防火保护措施金属线槽保护。

18.14.5 火灾应急照明的设置：

1）应急照明灯具的光源选用瞬时点亮光源。

2）备用照明：疏散楼梯间及其前室、消防电梯前室、配变电所、消防水泵房、防排烟机房、疏散走廊、通信机房、消防控制室、安防监控室、避难区域等的应急照明与正常工作照明的照度一致。

3）疏散照明：一般平面疏散区域如：疏散通道地面最低照度不低于 1.0lx，竖向疏散区域地面最低照度不低于 5.0lx，人员密集流动及地下疏散区域如：商业等设置火灾疏散照明，按平面疏散区域如：疏散通道地面最低照度不低于 1.0lx；楼梯间、前室及合用前室地面最低照度不低于 5.0lx。

4）楼梯灯、电梯前室、楼梯前室、公共走道设置应急照明（备注：高层住宅应设置应急照明，中高层住宅宜设置应急照明），利用声光开关控制，火灾时强制点亮。

5）安全出口灯、疏散指示灯、疏散楼梯灯采用双电源互投后配电到设备，安全出口灯、疏散指示灯还采用集中蓄电池作备用电源，其连续供电时间不应小于30min。（备注：19 层及以上住宅应设置灯光疏散指示，10～18 层宜设置灯光疏散指示。）

6）火灾应急照明采用双重电源末端互投供电，双重电源转换时间：疏散照明≤5s，备用照明≤5s。

7）楼梯灯、电梯前室、楼梯前室、公共走道设置应急照明（备注：高层住宅应设置应急照明，中高层住宅宜设置应急照明），利用声光开关控制，火灾时强制点亮。

8）安全出口灯、疏散指示灯、疏散楼梯灯采用双电源互投后配电到设备，安全出口灯、疏散指示灯还采用集中蓄电池作备用电源，其连续供电时间不应小于30min。（备注：

19层及以上住宅应设置灯光疏散指示，10～18层宜设置灯光疏散指示。）

9）疏散指示灯和标志照明灯应设玻璃或其他不燃材料制作的保护罩。并符合现行国家标准《消防安全标志》GB 13495和《消防应急照明和疏散指示系统》GB 17945相关要求。

18.15 其他：

18.15.1 开关、插座和照明器靠近可燃物时，应采取隔热、散热等保护措施。卤钨灯和超过100W的白炽灯泡的吸顶灯、槽灯、嵌入式灯的引入线应采取保护措施。白炽灯、卤钨灯、金卤灯、镇流器等不应直接设置在可燃装修材料或可燃构件上。

18.15.2 爆炸和火灾危险环境电力装置的设计应满足国家规范《爆炸危险环境电力装置设计规范》GB 50058—2014。

18.15.3 本工程的柴油发电机房内的照明灯具、照明开关、插座选用防爆型。

18.15.4 工程验收结束后，消防控制室应有相应竣工图、各分系统逻辑关系说明、设备使用说明、系统操作说明、应急预案。系统在运行过程中要有完善的值班制度及值班记录。

19. 其他

19.1 电缆梯架、托盘、槽盒在施工安装前，应由土建专业组织各专业进行细化综合。

19.2 电缆槽盒穿过防烟分区、防火分区、楼层时，安装完毕后应用阻火模块封堵。

19.3 对小区中水设备、生活水泵、电梯等末端控制箱均由设备供应商配套供货，排水泵的控制箱一律由电气专业配置。

19.4 本工程在底板的管线暗敷设，其余SC25及以下管线暗敷，SC32及以上管明敷。

19.5 电气控制设备订货前应由订货方依设计文件核对各机电设备的电气参数。

19.6 设备控制箱二次原理图除参见给出的标准图图号外还应见“主要设备控制一览表”所列控制要求。

19.7 电气竖井做100mm高门槛，若墙为空心砖，则应每隔500mm做圈梁，以便固定设备。电气竖井门为丙级以上防火门。竖井内设备布置以竖井放大图为准。

19.8 为消防负荷供电的两路电源线路在同一槽敷设时，加隔板做防护分隔。

19.9 在电梯井道至智能化竖井预埋SC20导管，具体敷设位置见智能化平面图（备注：管理上对电梯轿厢内有摄像机安装需求设置）。

19.10 凡与施工有关而设计文件未说明之处，请参见《建筑电气安装工程图集》，《建筑电气通用图集》及国家相关规范施工，或与设计院协商解决。

19.11 本设计文件中若有与《建筑电气工程施工质量验收规范》GB 50303—2002等国家或地方有关规范相驳或未尽之处，请建设、施工、监理等方面依据国家或地方有关规范及时与设计院联系协商处理。

19.12 本工程所选设备、材料，必须具有国家级检测中心的检测合格证书，需经强制性认证的，必须具备3C认证；必须满足与产品相关的国家标准；供电产品、消防产品应具有入网许可证。

19.13 电气控制设备订货前应由订货方依设计文件核对各机电设备的电气参数是否

与设计文件中的电气参数一致。

19.14 电气施工单位在施工中应满足的要求：

19.14.1 所有上岗人员，必须具有相关岗位的上岗证。

19.14.2 施工时需满足相关施工验收规范，并按照《施工现场临时用电安全技术规范》JGJ 46—2005和《建筑施工安全检查评分标准》施工。

19.14.3 电气施工应防止漏电危害及电火花引燃可燃物。

19.14.4 施工单位应仔细阅读设计文件，按照《建设工程安全生产管理条例》的要求，在工程施工中对所有涉及施工安全的部位进行全面、严格的防护，并严格按安全操作规程施工，以保证现场人员的安全。

19.15 根据国务院签发的《建设工程质量管理条例》，应按照下列执行：

19.15.1 本设计文件需报县级以上人民政府建设行政主管部门、施工图审查部门及其他有关部门审查批准后，方可使用。

19.15.2 建设方必须提供电源等市政原始资料，原始资料必须真实、准确、齐全。

19.15.3 由各单位采购的设备、材料，应保证符合设计文件和合同的要求。

19.15.4 施工单位必须按照工程设计图纸和施工技术标准施工，不得擅自修改工程设计。施工单位在施工过程中发现设计文件和图纸有差错的，应当及时提出意见和建议。

19.15.5 建设工程竣工验收时，必须具备设计单位签署的质量合格文件。

备注：本电气施工设计总说明为含配套设施的住宅小区通用的总体说明，在针对建筑楼座各单体子项的说明时，还应包括如下内容：

1. 本子项为____楼，地上____层，地下____层。地下为自行车库，地上为住宅。共计____户。

2. 分界室、配电室设在____层，智能化室/间设在____层。

3. 进线电源电压等级为0.22/0.38kV，采用(____）路光，(____）路力。

4. 该子项接地型式为TN-S（TN-C-S）系统。

5. 其他通用说明详见电气施工设计总说明。

15　设计各阶段校对、审核、审定工作内容

15.1　初步设计阶段

初步设计阶段校对、审核、审定工作内容　　表 15-1

序号	图纸名称		校　对	审　核	审　定
1	1. 图纸目录		1）核对图号、图名、图纸规格是否与各图图签一致	1）图纸目录格式是否符合要求	
2			2）会签栏、图签栏是否符合要求		
3	2. 图例符号		1）图例符号是否齐全	1）图例符号是否按照院统一要求制定	
4			2）图例符号是否与平面、系统图中一致		
5	3. 设计说明	1）设计依据	a. 工程概况是否包括建筑类别、性质、主要功能、结构类型、面积、层数、高度等	a. 所执行的规定、设计标准和采用的标准图是否与本工程相适应，有无作废的规范	a. 所执行的规定、设计标准和采用的标准图是否与本工程相适应，有无作废的规范
6			b. 相关专业提供给本专业的资料是否有遗漏	b. 外埠工程需采用规定、地方标准时应一并列入，并未现行有效版本	b. 外埠工程需采用规定、地方标准时应一并列入，并未现行有效版本
7					c. 上一阶段设计文件的批复意见、甲方任务书、与甲方往来的文件、市政相关部门（供电部门、消防部门、通信部门、人防部门、公安部门）的设计条件是否有，具体执行情况
8		2）设计范围	a. 设计内容与图纸是否一致	a. 设计范围是否明确，与单项设计、专项设计界面分工是否清晰	a. 设计范围是否明确，与单项设计、专项设计界面分工是否清晰
9				b. 设计内容有无遗漏	b. 设计内容有无遗漏
10		3）变、配发电系统	a. 变、配、发电站的位置、数量、容量是否清楚	a. 变、配、发电站的位置、数量、容量是否清楚	a. 变、配、发电站的位置、数量、容量是否清楚
11			b. 各级负荷容量是否统计齐全，正确，并进行了负荷计算	b. 供电方案是否与供电部门方案一致，如果还没有供电方案，是否与当地的习惯做法相符	b. 供电方案是否与当地供电部门的方案一致，如果还没有供电方案，是否与当地的习惯做法相符
12			c. 电能计量是否符合供电部门和业主的要求	c. 电能计量是否符合供电部门和业主的要求	

续表

序号	图纸名称		校对	审核	审定
13	3. 设计说明	3）变、配发电系统	d. 高低压进出线电缆型号及敷设方式是否明确	d. 高低压进出线电缆型号及敷设方式是否明确	
14			e. 开关、插座、配电箱（柜）、控制箱（柜）选型及安装方式是否清楚	e. 开关、插座、配电箱（柜）、控制箱（柜）选型及安装方式是否清楚	
15			f. 电缆、导线载流量选择的依据是否说明，运用是否正确	f. 供电电源是否清楚，包括回路数、专用线或非专用线、敷设方式等	c. 供电电源是否清楚，包括回路数、专用线或非专用线等
16				g. 负荷等级划分是否合理	d. 负荷等级划分是否合理
17				h. 功率因数是否达到供电规划的要求，谐波治理的措施是否采取	
18				i. 备用电源和应急电源容量确定原则及性能要求，有自备发电及时说明启动方式及与市电关系	e. 备用电源和应急电源容量确定原则及性能要求，有自备发电及时说明启动方式及与市电关系
19				j. 继电保护装置是否合理，操作电源是否明确	f. 继电保护装置是否合理，操作电源是否明确
20				k. 电动机启动及控制方式是否合理	
21		4）照明系统	a. 照明种类、照度标准、主要场所功率密度限值是否说明；设计是否符合标准要求	a. 照明种类、照度标准、主要场所功率密度限值是否准确	a. 典型房间照度及功率密度值是否有；计算数据是否符合标准
22			b. 光源、灯具及附件的选择是否清楚，灯具安装及控制方式是否明确	b. 光源、灯具及附件的选择是否合理，灯具安装及控制方式是否合理	
23			c. 照明线路选择及敷设是否清楚、合理	c. 照明线路选择及敷设是否合理	
24			d. 应急疏散照明的照度、电源型式、灯具配置、线路选择、控制方式、持续时间是否明确	d. 应急疏散照明的照度、电源型式、灯具配置、线路选择、控制方式、持续时间是否合理。	b. 应急疏散照明的照度、电源型式、灯具配置、线路选择、控制方式、持续时间是否明确
25		5）电气节能与环保	a. 有无电气节能和环保设计内容	a. 有无电气节能和环保设计内容	a. 有无电气节能和环保设计内容
26			b. 节能环保措施与设计内容是否一致		b. 有节能星级标准要求的建筑物，核实电气节能措施是否符合《节能建筑评价标准》GB/T 50668—2011

续表

序号	图纸名称		校　对	审　核	审　定
27	3. 设计说明	6）防雷接地	a. 建筑物防雷等级是否明确	a. 建筑物防雷类别是否准确，有无计算依据	a. 建筑物防雷类别是否准确，有无计算依据
28			b. 接闪器、引下线、接地装置等是否按规范要求设置，与防雷等级是否相符	b. 接闪器、引下线、接地装置等是否按规范要求设置	
29			c. 各系统要求接地的种类及接地电阻要求是否合理，总等电位联结、局部等电位联结、辅助等电位的设置要求是否明确、正确	c. 各系统要求接地的种类及接地电阻要求是否合理，总等电位联结、局部等电位联结、辅助等电位联结的设置要求是否合理	
30			d. 安全接地及特殊接地的措施是否有	d. 防直击雷、侧击雷、雷击电磁脉冲、高电位侵入的措施是否合理可行	b. 防直击雷、侧击雷、雷击电磁脉冲、高电位侵入的措施是否合理可行
31		7）火灾自动报警系统	a. 建筑类别及系统组成是否明确	a. 建筑类别及系统组成是否明确；	a. 建筑类别及系统组成是否明确
32			b. 各场所的火灾探测器种类设置是否有	b. 各场所的火灾探测器种类设置是否明确	
33			c. 火灾警报装置、灯光显示装置、复示屏、区域报警控制器的设置有无明确	c. 消防联动设备的联动控制要求是否准确，特别注意火灾报警后和火灾确定后的含义	
34			d. 消防联动设备的联动控制要求是否明确	d. 消防控制室的设置位置是否合理	b. 消防控制室的设置位置是否合理
35			e. 火灾紧急广播的设置原则，功放容量，与背景音乐的关系是否清楚	e. 火灾紧急广播的设置原则，功放容量，与背景音乐的关系是否清楚	
36			f. 电气火灾报警系统是否设置	f. 电气火灾报警系统设置是否恰当	
37			g. 各设备安装方式是否清楚		
38			h. 消防主用电源、备用电源的供给方式是否明确	g. 消防主电源、备用电源供给方式，接地电阻要求是否清楚	
39			i. 接地及接地电阻是否明确		
40			j. 线缆的选择、敷设方式是否明确	h. 线缆的选择、敷设方式是否合理	
41			k. 应急照明的设置原则及联动控制方式是否明确		

续表

序号	图纸名称		校　　对	审　　核	审　　定
42	3. 设计说明	8）其他智能化系统	a. 确定各系统末端点位的设置原则，核实与系统图是否一致	a. 确定各系统末端点位的设置原则是否符合工程性质和甲方任务书要求	a. 系统设置和功能要求是否符合工程性质和甲方任务书要求
43			b. 传输线缆的选择及敷设方式是否清楚	b. 各系统机房的位置是否合理	b. 各系统机房的位置是否合理
44			c. 各设备的安装方式是否明确	c. 各设备的安装方式是否明确	
45				d. 传输线缆的选择及敷设方式是否合理	
46				e. 各系统的组成及网络结构是否合理	
47				f. 与相关专业的接口要求是否明确	c. 与相关专业的接口要求是否明确
48				g. 有无对承包商深化设计图纸的审核要求	
49		9）人防	a. 人防区域及人防等级是否明确	a. 负荷分级及容量是否清楚	a. 负荷分级是否准确
50			b. 负荷容量是否有误		b. 人防电源是否清楚，战时电源如何提供，是否符合规范要求
51			c. 人防电源与战时电源是否明确		c. 战时区域电站（移动电站或固定电站）设置是否符合要求
52			d. 导线、电缆选择及敷设方式是否清楚，穿越人防临空墙、防护墙的做法是否清楚		
53			e. 照度要求是否明确，灯具安装是否符合要求		
54			f. 平、战转换是否交代清楚		
55	4. 主要设备表		1）型号、规格、数量与图纸内容是否一致	1）有无淘汰产品，有无不推荐产品	1）有无淘汰产品，有无不推荐产品
56	5. 高压供电系统图		1）各元器件型号规格、母线规格是否标注准确	1）主接线图与供电方案是否一致，是否符合当地供电部门要求	1）主接线图与供电方案是否一致，是否符合当地供电部门要求
57			2）各出线回路变压器容量是否与其他图纸一致	2）各元器件型号规格、母线规格是否标注准确，有无淘汰产品	

续表

序号	图纸名称		校　　对	审　　核	审　　定
58	5. 高压供电系统图		3）开关柜编号、型号、回路号、二次原理图方案号、电缆型号规格是否齐全	3）进线开关与联络开关的连锁关系以及进线隔离、进线开关与计量装置的连锁关系是否说明	2）进线开关与母联开关的连锁关系以及进线隔离、进线开关与计量装置的连锁关系是否正确
59				4）综合继电保护型号、规格以及继保要求是否明确	3）综合继电保护型号、规格以及继保要求是否明合理可行
60				5）操作电源是否清楚，是交流还是直流，相应配套设备的容量、规格标注是否清楚	
61	6. 低压供电系统图		1）各元器件型号规格、母线规格是否标注	1）低压主接线方案是否合理，是否符合供电方案要求	1）低压主接线方案是否合理，是否符合供电方案要求
62			2）设备容量、计算电流、断路器框架电流、脱扣器额定电流、整定电流、电流互感器、电缆规格等参数是否齐全、配置是否合理	2）结合计算书，核实变压器选择是否合理	2）结合计算书，核实变压器选择是否合理
63			3）开关柜编号、型号、回路号、用户名称、电缆型号规格、敷设方式、抽屉柜小室及固定单元高度、柜体尺寸等是否齐全	3）各配电柜备用回路数量、整个出线柜备用回路数量是否充足（一般占30%），备用回路的开关规格最好别太集中，可按以下情况考虑：同类开关的备用，一般留有160A、250A、400A、630A等多种的规格较好；有可能增加设备回路，如商业、出租办公；预留远期发展	
64			4）断路器需要的附件是否清楚，如分励脱扣器、失压脱扣器	4）各出线柜开关数量、开关规格配置是否合理，垂直母线是否与柜型相符	
65			5）各出线回路编号与配电干线图、平面图是否一致	5）断路器的短路分断能力、电缆截面是否满足短路热稳定的要求及电压降是否满足要求	
66			6）双电源供电回路是否注明主用、备用，是否分属不同的变压器母线	6）电容补偿柜的开关、电容、电抗规格是否合理	
67				7）各元器件型号规格、母线规格是否标注准确，有无淘汰产品	

续表

序号	图纸名称		校　对	审　核	审　定
68	6. 低压供电系统图			8）计量方式是否与供电方案一致	
69				9）双电源供电回路是否注明主用、备用，是否分属不同的变压器母线	
70				10）电涌保护器的设置是否得当	
71	7. 配变电所平面布置图		1）配变电所上层或相邻是否有用水点、是否靠近震动场所、是否有非相关管线穿越	1）配变电所设置位置是否合理（是否位于负荷中心、进出线是否方便、层高是否合适、上层或相邻是否有用水点、是否靠近震动场所、是否有扩展的余地、是否有非相关管线穿越）	1）配变电所设置位置是否合理（是否位于负荷中心、进出线是否方便、层高是否合适、上层或相邻是否有用水点、是否靠近震动场所、是否有扩展的余地、是否有非相关管线穿越），柴油发电机房是否临近人员密集场所
72			2）是否按比例（1∶50）绘制高压柜、变压器、低压柜、直流信号屏、柴油发电机的布置图及尺寸标注	2）高压柜、变压器、低压柜、直流信号屏、柴油发电机的布置图及尺寸，布置是否合理可行，是否有无谓地浪费面积的情况	
73			3）各设备之间、设备与墙、设备与柱的间距是否标注	3）各设备之间、设备与墙、设备与柱的间距是否满足规范要求	
74			4）房间层高、地沟位置及标高、电缆夹层位置及标高是否标示	4）设备搬运通道及设备吊装孔有无表示，是否合理可行	
75				5）机房设备荷载、结构板、剪力墙留洞是否向结构专业提供	2）设备搬运通道及设备吊装孔有无表示，是否合理可行
76				6）机房发热量、进排风要求是否向空调专业提供	
77	8. 电力、照明配电干线图		1）是否包括配变电所数量、变压器台数、容量、发电机台数、容量	1）竖向配电系统是否以建筑物、构筑物、楼层为单位，自电源点开始至配电箱终止绘制，是否按箱体所处楼层、所处的平面相对位置绘制	1）各回路采用放射式或树干式供电措施是否合理
78			2）各处终端箱编号、容量、终端箱所带设备名称、插接箱、T接箱是否标注	2）各回路采用放射式或树干式供电措施是否合理	
79			3）各回路编号是否，与配变电所低压系统图是否一致	3）消防设备是否独立供电	2）消防设备是否独立供电

续表

序号	图纸名称		校　对	审　核	审　定
80	8. 电力、照明配电干线图		4）双电源供电回路主用、备用电源是否分别用实线、虚线表示		
81	9. 电力平面图			1）功能、平面复杂时应绘制由变电所至各电气竖井的主干路由，路由是否合理可行	
82				2）进出建筑物的管线位置是否标示	
83	10. 照明平面图			1）对特殊建筑，如体育场馆、大型剧院等，应绘制照明平面，照明灯具布置是否合理	
84				2）应急疏散照明、备用照明是否按规范要求设置	
85	11. 火灾报警及联动系统图		1）各楼层的消防接线盒、短路隔离器、模块箱复示屏、感烟探测器、感温探测器、燃气探测器、手动报警器、警报装置、消防电话、消火栓、防火阀、排烟阀、正压送风阀、气体灭火装置、极早期空气采样装置、水炮装置、应急照明箱、消防风机控制箱、消防水泵控制箱是否与平面图的设置相一致，数量标注是否清楚	1）是否以建筑物、构筑物、楼层为单位，自消防控制室开始至末端探测点终止绘制，是否按设备所处楼层、所处的平面相对位置绘制	1）根据工程性质，核实是否设置消防报警系统和应急广播系统
86			2）系统图中的模块箱及其控制设备表示是否清楚，模块箱是否有编号	2）消防控制室的各系统主机是否齐全，规格是否标注	2）消防控制室设置位置是否合适，控制室内设备布置是否合理
87			3）消防水泵、消防风机、消火栓等联动设备的硬拉线是否标注，最好有控制电缆编号		
88			4）简单的消防广播系统可与火灾报警系统合并在一张图上，包括各层广播接线盒、扬声器数量以及功放容量、备用功放容量等中控设备。复杂的消防广播系统可单独绘制		

续表

序号	图纸名称		校　对	审　核	审　定
89	11. 火灾报警及联动系统图		5）包含有背景音乐的消防广播系统应能清楚表示末端喇叭的功能（专用消防广播、专用背景音乐、消防广播兼背景音乐）、线路、功放容量、调音开关标注是否清楚，平时背景音乐与火灾紧急广播联动关系是否清楚	3）包含有背景音乐的消防广播系统应能清楚表示末端喇叭的功能（专用消防广播、专用背景音乐、消防广播兼背景音乐）、线路、功放容量、调音开关标注是否清楚，平时背景音乐与火灾紧急广播联动关系是否清楚	
90	12. 火灾报警及联动平面图		1）建筑门窗、墙体、轴线、轴线尺寸、建筑标高、房间名称、图纸比例、卷帘门、电动防火门是否标注齐全	1）消防控制室设置位置是否合适，控制室内设备布置是否合理	
91			2）短路隔离器、模块箱、感烟探测器、感温探测器、燃气探测器、管式探测器、双波段探测器、光截面探测器、缆式探测器、手动报警装置、消防电话、警报装置、消防广播、联动控制箱、复式盘等设置是否合理	2）短路隔离器、模块箱、感烟探测器、感温探测器、燃气探测器、管式探测器、双波段探测器、光截面探测器、缆式探测器、手动报警装置、消防电话、警报装置、消防广播、联动控制箱、复式盘等设置是否合理	
92			3）没有吊顶或吊顶为格栅的场所（如地下车库、机房），探测器的安装是否考虑了结构梁、柱帽、风管等的影响	3）没有吊顶或吊顶为格栅的场所（如地下车库、机房），探测器的安装是否考虑了结；构梁、柱帽、风管等的影响	
93			4）气体喷洒场所的火灾探测与联动装置是否与给水排水专业提供的资料相符		
94			5）大空间水炮灭火场所是否与给水排水专业资料相符		
95			6）消防控制室设备布置图是否合理	4）消防控制室设备布置图是否合理	
96	13. 其他智能化系统图			1）智能化系统的设置内容是否与工程性质相符，是否按照方案或任务书的要求设置	1）智能化系统的设置内容是否与工程性质相符，是否按照方案设计阶段或甲方任务书的要求设置
97				2）各系统的设计标准是否按方案或甲方任务书执行	2）各系统的设计标准是否按方案或甲方任务书执行

续表

序号	图纸名称		校对	审核	审定
98	13. 其他智能化系统图			3）各系统的网络构架是否合理可行，能否满足招标要求	3）各系统的网络构架是否合理可行，能否满足招标要求
99			1）建筑设备监控系统图中被控设备与设计说明是否一致	4）建筑设备监控系统图应是否包括中控设备及必要的接口、网络线路、DDC箱及对应的控制箱和受控设备名称	4）智能化系统集成是否包括集成平台、需要集成的各子系统及其接口
100			2）综合布线系统是否包括布线机房、设备间、智能化井的设备、末端信息点及数量与设计说明中的标准是否一致	5）综合布线系统是否包括布线机房、设备间、智能化井的设备、末端信息点及数量、线缆的规格等	
101			3）有线电视系统是否包括电视机房、智能化间的设备，末端点位数量与设计说明是否相一致，有卫星天线时还包括卫星机房设备	6）有线电视系统是否包括电视机房、智能化间的设备，末端点位数量，有卫星天线时还包括卫星机房设备	
102			4）视频监控系统中摄像头的设置与设计说明是否一致	7）视频监控系统是否包括安防控制室的中控设备、电视墙、末端视频探测器、如果是非模拟系统，是否包括编码器、解码器、网络设备、数字传输线缆等	
103			5）出入口控制系统中的出入口点位设置与设计说明是否一致	8）出入口控制系统是否包括中控设备、现场控制器、读卡器、门磁、出门按钮及对应的传输线路	
104			6）防盗报警系统中报警点位设置与设计说明是否一致	9）防盗报警系统是否包括中控设备、防区控制器、末端报警点	
105			7）电子巡查系统中巡查点设置是否合理，巡查路线是否简单可行	10）电子巡查系统中巡查点设置是否合理，巡查路线是否简单可行	
106			8）主要设备表中型号、数量是否与系统图一致	11）智能化系统集成是否包括集成平台、需要集成的各子系统及其接口	
107	14. 其他智能化平面图			1）功能、平面复杂时应绘制由智能化机房至各智能化竖井的主干路由，路由是否合理可行	

续表

序号	图纸名称		校　对	审　核	审　定
108	14. 其他智能化平面图			2）进出建筑物的管线位置是否标示	
109	15. 电气总平面图（仅有单体设计时，可无此内容）		1）是否有建筑物、构筑物名称或编号、层数或标高、道路、比例、指北针、地形等高线、红线和用户的安装容量	1）是否有建筑物、构筑物名称或编号、层数或标高、道路、比例、指北针、地形等高线、红线和用户的安装容量	1）是否有建筑物、构筑物名称或编号、层数或标高、道路、比例、指北针、地形等高线、红线和用户的安装容量
110			2）配变电所位置、编号是否清楚，变压器台数、容量、发电机台数、容量是否标注		
111			3）高压线路、低压线路、智能化线路是否按不同线型绘制，敷设路由是否合理	2）高压线路、低压线路、智能化线路是否按不同线型绘制，敷设路由是否合理	2）高压、低压、智能化线缆路由是否合理，敷设方式是否可行
112	16. 计算书		1）核对负荷计算书各台变压器的负荷与低压系统图是否一致	1）各负荷的分类是否明确，包括普通负荷、消防负荷、主用负荷、备用负荷、季节性负荷、间歇性负荷	
113			2）各负荷的分类是否明确，包括普通负荷、消防负荷、主用负荷、备用负荷、季节性负荷、间歇性负荷	2）各负荷的需要系数、功率因数是否合理	
114			3）负荷统计中是否未考虑平时不用的非消防负荷、备用负荷	3）变压器的负荷率是否合理	
115			4）核实需要系数、同期系数、功率因数是否合理	4）补偿后的功率因数是否符合规范或当地供电部门的要求	
116			5）核实计算公式是否正确	5）计算书是否符合《建筑工程设计文件编制深度规定》的要求	
117			6）核实电缆选型计算		
118			7）核实系统短路电流计算		

15.2 施工图设计阶段

施工图设计阶段校对、审核、审定工作内定　　表 15-2

<table>
<tr><th>序号</th><th>图纸名称</th><th></th><th>校　　对</th><th>审　　核</th><th>审　　定</th></tr>
<tr><td>1</td><td rowspan="2">1. 图纸目录</td><td></td><td>1）核对图号、图名、图纸规格是否与各图图签一致</td><td>1）图纸目录格式是否符合要求</td><td></td></tr>
<tr><td>2</td><td></td><td>2）会签栏、图签栏是否符合要求</td><td></td><td></td></tr>
<tr><td>3</td><td rowspan="2">2. 图例符号</td><td></td><td>1）图例符号是否齐全</td><td>1）图例符号是否按照院统一要求制定。</td><td></td></tr>
<tr><td>4</td><td></td><td>2）图例符号是否与平面、系统图中一致</td><td></td><td></td></tr>
<tr><td>5</td><td rowspan="9">3. 设计说明</td><td rowspan="3">1）设计依据</td><td>a. 工程概况是否包括建筑类别、性质、结构类型、面积、层数、高度</td><td>a. 所执行的规定、设计标准和采用的标准图是否与本工程相适应，有无作废的规范</td><td>a. 所执行的规定、设计标准和采用的标准图是否与本工程相适应，有无作废的规范</td></tr>
<tr><td>6</td><td></td><td>b. 外埠工程需采用规定、地方标准时应一并列入，并未现行有效版本</td><td>b. 外埠工程需采用规定、地方标准时应一并列入，并未现行有效版本</td></tr>
<tr><td>7</td><td></td><td></td><td>c. 初步设计审查文件、甲方任务书、与甲方往来的文件、市政相关部门的设计条件是否有，具体执行情况</td></tr>
<tr><td>8</td><td rowspan="2">2）设计范围</td><td>a. 设计内容与图纸是否一致</td><td>a. 设计范围是否明确，与单项设计、专项设计界面分工是否清晰</td><td>a. 设计范围是否明确，与单项设计、专项设计界面分工是否清晰</td></tr>
<tr><td>9</td><td></td><td>b. 设计内容有无遗漏</td><td>b. 设计内容有无遗漏</td></tr>
<tr><td>10</td><td rowspan="4">3）变、配发电系统</td><td>a. 变、配、发电站的位置、数量、容量是否表达清楚</td><td>a. 负荷等级划分是否合理，有无电气主要技术指标，是否合理</td><td>a. 负荷等级划分是否合理，有无电气主要技术指标，是否合理</td></tr>
<tr><td>11</td><td>b. 电能计量是否符合供电部门和业主的要求</td><td>b. 供电方案是否与经过审批的初步设计一致</td><td>b. 供电方案是否与经过审批的初步设计一致</td></tr>
<tr><td>12</td><td>c. 高低压进出线电缆型号及敷设方式是否表达</td><td>c. 供电电源是否清楚，包括回路数、专用线或非专用线、敷设方式等</td><td>c. 供电电源是否清楚，包括回路数、专用线或非专用线等</td></tr>
<tr><td>13</td><td>d. 开关、插座、配电箱（柜）、控制箱（柜）选型及安装方式是否清楚</td><td>d. 开关、插座、配电箱（柜）、控制箱（柜）选型及安装方式是否清楚</td><td>d. 备用电源和应急电源容量确定原则及性能要求，有自备发电时说明启动方式及市电关系</td></tr>
</table>

续表

序号	图纸名称		校对	审核	审定
14	3. 设计说明	3）变、配发电系统	e. 电缆、导线载流量选择依据及穿管管径表是否说明	e. 变、配、发电站的位置、数量、容量是否清楚	e. 变、配、发电站的位置、数量、容量是否表达清楚
15				f. 继电保护装置是否合理，操作电源是否明确	f. 继电保护装置是否合理，操作电源是否明确
16				g. 电能计量是否符合供电部门和业主的要求	
17				h. 功率因数是否达到供电规划的要求，谐波治理的措施是否采取	
18				i. 高低压进出线电缆型号及敷设方式是否明确	
19				j. 备用电源和应急电源容量确定原则及性能要求，有自备发电及时说明启动方式及与市电关系	
20				k. 电动机启动及控制方式是否合理	
21		4）照明系统	a. 照明种类、照度标准、主要场所功率密度限值是否说明	a. 照明种类、照度标准、主要场所功率密度限值是否准确	a. 应急疏散照明的照度、电源型式、灯具配置、线路选择、控制方式、持续时间是否明确
22			b. 典型房间照度及功率密度计算表是否有，计算有无错误（也可在照明平面中表示）	b. 典型房间照度及功率密度计算表是否遗漏（也可在照明平面中表示）	b. 典型房间照度及功率密度计算表是否有（也可在照明平面中表示）
23			c. 光源、灯具及附件的选择是否清楚，灯具安装及控制方式是否明确	c. 光源、灯具及附件的选择是否合理，灯具安装及控制方式是否合理	
24			d. 照明线路选择及敷设是否清楚	d. 照明线路选择及敷设是否合理	
25			e. 应急疏散照明的照度、电源型式、灯具配置、线路选择、控制方式、持续时间是否明确	e. 应急疏散照明的照度、电源型式、灯具配置、线路选择、控制方式、持续时间是否合理	
26		5）电气节能与环保	a. 有无电气节能和环保设计内容	a. 有无电气节能和环保设计内容，是否合理可行	a. 有无电气节能和环保设计内容
27			b. 节能环保措施与设计内容是否一致		b. 有节能星级标准要求的建筑物，核实电气节能措施是否符合《节能建筑评价标准》GB/T 50668—2011

续表

序号	图纸名称		校　对	审　核	审　定
28	3. 设计说明	6）防雷接地	a. 接闪器、引下线、接地装置等是否按规范要求设置	a. 建筑物防雷类别是否准确，有无计算依据	a. 建筑物防雷类别是否准确，有无计算依据
29			b. 各系统要求接地的种类及接地电阻要求是否合理，总等电位、局部等电位、辅助等电位的设置要求是否明确	b. 防直击雷、侧击雷、雷击电磁脉冲、高电位侵入的措施是否合理可行	b. 防直击雷、侧击雷、雷击电磁脉冲、高电位侵入的措施是否有
30				c. 接闪器、引下线、接地装置等是否按规范要求设置	
31				d. 各系统要求接地的种类及接地电阻要求是否合理，总等电位联结、局部等电位联结、辅助等电位联结的设置要求是否合理	
32		7）火灾自动报警系统	a. 建筑类别及系统组成是否明确	a. 建筑类别及系统组成是否明确	a. 建筑类别及系统组成是否明确
33			b. 各场所的火灾探测器种类设置是否明确	b. 各场所的火灾探测器种类设置是否合理	
34			c. 消防联动设备的联动控制要求是否明确	c. 消防控制室的设置位置是否合理	b. 消防控制室的设置位置是否合理
35			d. 火灾紧急广播的设置原则，功放容量，与背景音乐的关系是否明确	d. 火灾紧急广播的设置原则，功放容量，与背景音乐的关系是否清楚	
36			e. 各设备安装方式是否清楚	e. 消防联动设备的联动控制要求是否准确，特别注意火灾报警后和火灾确定后的含义	
37			f. 火灾漏电报警系统是否设置	f. 电气火灾报警系统设置是否恰当；	
38			g. 线缆的选择、敷设方式是否明确	g. 线缆的选择、敷设方式是否合理	
39				h. 消防主电源、备用电源供给方式，接地电阻要求是否正确	
40		8）其他智能化系统	a. 确定各系统末端点位的设置原则，核实与系统图是否一致	a. 确定各系统末端点位的设置原则，是否符合本项目的要求	a. 系统设置和功能要求是否符合工程性质和甲方任务书要求
41			b. 传输线缆的选择及敷设方式是否清楚	b. 传输线缆的选择及敷设方式是否合理	
42			c. 各设备的安装方式是否明确	c. 各设备的安装方式是否明确	

续表

序号	图纸名称		校对	审核	审定
43	3. 设计说明	8）其他智能化系统		d. 各系统机房的位置是否合理	b. 各系统机房的位置是否合理
44				e. 各系统的组成及网络结构是否合理	
45				f. 与相关专业的接口要求是否明确	c. 与相关专业的接口要求是否明确
46				g. 有无对承包商深化设计图纸的审核要求	
47		9）人防	a. 人防区域及人防等级是否明确	a. 负荷分级及容量是否清楚	a. 负荷分级是否准确
48			b. 负荷容量是否有误	b. 人防电源是否清楚，战时电源如何提供，是否符合规范要求	b. 人防电源是否清楚，战时电源如何提供，是否符合规范要求
49			c. 人防电源与战时电源是否明确		
50			d. 导线、电缆选择及敷设方式是否清楚，穿越人防临空墙、防护墙的做法是否清楚		
51			e. 照度要求是否明确，灯具安装是否符合要求		
52			f. 平、战转换是否交代清楚		
53	4. 主要设备表		1）型号、规格、数量与图纸内容是否一致	1）有无淘汰产品，有无不推荐产品	1）有无淘汰产品，有无不推荐产品
54				2）主要设备技术要求是否合理可行	2）主要设备技术要求是否合理可行
55	5. 高压供电系统图		1）各元器件型号规格、母线规格是否标注准确	1）各元器件型号规格、母线规格是否标注准确，有无淘汰产品	
56			2）各出线回路变压器容量是否与其他图纸一致	2）主接线图与供电方案是否一致，是否符合当地供电部门要求	1）主接线图与供电方案是否一致，是否符合当地供电部门要求
57			3）开关柜编号、型号、回路号、二次原理图方案号、电缆型号规格是否齐全	3）进线开关与母联开关的联锁关系以及进线隔离、进线开关与计量装置的联锁关系是否说明	2）进线开关与母联开关的联锁关系以及进线隔离、进线开关与计量装置的联锁关系是否正确
58				4）综合继电保护型号、规格以及继保要求是否明确	3）综合继电保护型号、规格以及继保要求是否明合理可行
59				5）操作电源是否清楚，是交流还是直流，相应配套设备的容量、规格标注是否清楚	

续表

序号	图纸名称		校对	审核	审定
60	6. 低压供电系统图		1）各元器件型号规格、母线规格是否标注	1）低压主接线方案是否合理，是否符合供电方案要求	1）低压主接线方案是否合理，是否符合供电方案要求
61			2）设备容量、计算电流、断路器框架电流、脱扣器额定电流、整定电流、电流互感器、电缆规格等参数是否齐全、是否合理配置	2）结合计算书，核实变压器选择是否合理	2）结合计算书，核实变压器选择是否合理
62			3）开关柜编号、型号、回路号、用户名称、电缆型号规格、敷设方式、抽屉柜小室及固定单元高度、柜体尺寸等是否齐全	3）各元器件型号规格、母线规格是否标注准确，有无淘汰产品	
63			4）断路器需要的附件是否清楚，如分励脱扣器、失压脱扣器	4）各出线柜开关数量、开关规格配置是否合理，垂直母线是否与柜型相符	
64			5）各出线回路编号与配电干线图、平面图是否一致	5）开关的短路分断能力、电缆的热稳定及电压降是否满足要求	
65			6）双电源供电回路是否注明主用、备用，是否分属不同的变压器母线	6）电容补偿柜的开关、电容器、电抗器规格是否合理	
66				7）各配电柜备用回路数量、整个出线柜备用回路数量是否充足（一般占30%），备用回路的开关的位置不应集中，可按以下三种情况考虑： a. 同类断路器的备用，一般160A，250A，400A，630A的规格都有较好； b. 有可能增加设备回路，如商业、出租办公； c. 预留远期发展	
67				8）计量方式是否与供电方案一致；	
68				9）双电源供电回路是否注明主用、备用，是否分属不同的变压器母线	
69				10）电涌保护器的设置是否得当	

续表

序号	图纸名称		校　对	审　核	审　定
70	7. 配变电所详图		1）配变电所上层或相邻是否有用水点、是否靠近震动场所、是否有非相关管线穿越	1）配变电所设置位置是否合理（是否位于负荷中心、进出线是否方便、层高是否合适、上层或相邻是否有用水点、是否靠近震动场所、是否有扩展的余地、是否有非相关管线穿越）	1）配变电所设置位置是否合理（是否位于负荷中心、进出线是否方便、层高是否合适、上层或相邻是否有用水点、是否靠近震动场所、是否有扩展的余地、是否有非相关管线穿越）
71			2）是否按比例（1∶50）绘制高压柜、变压器、低压柜、直流信号屏、柴油发电机的布置图及尺寸标注	2）是否按比例（1∶50）绘制高压柜、变压器、低压柜、直流信号屏、柴油发电机的布置图及尺寸标注，布置是否合理可行，是否有无谓地浪费面积的情况	
72			3）各设备之间、设备与墙、设备与柱的距离是否标注	3）各设备之间、设备与墙、设备与柱的间距是否满足规范要求	
73			4）是否有典型剖面图，包括标高、尺寸、进出线金属桥架、进出线母线、电缆沟、电缆夹层、电缆金属桥架的表示或标注	4）设备搬运通道及设备吊装孔有无表示，是否合理可行	2）设备搬运通道及设备吊装孔有无表示，是否合理可行
74			5）电缆金属桥架布置图是否有，标注是否齐全，引出变电所的各电缆金属桥架规格及电缆编号是否有误	5）机房设备荷载、结构板、剪力墙留洞是否向结构专业提供	3）机房设备荷载、结构板、剪力墙留洞是否向结构专业提供
75			6）是否有变电所的照明、接地图纸	6）机房发热量、进排风要求是否向空调专业提供	
76				7）是否有典型剖面图，包括标高、尺寸、进出线金属桥架、进出线母线、电缆沟、电缆夹层、电缆金属桥架的表示或标注是否正确	
77				8）电缆金属桥架布置图是否有，标注是否齐全，引出变电所的各电缆金属桥架规格及电缆编号是否有	
78	8. 电气竖井（电气间）大样图		1）是否有主要尺寸的标注，轴线号、箱体、金属桥架的名称、用途、规格是否表达	1）电气竖井位置、数量设置是否合理	1）电气竖井位置、数量设置是否合理

续表

序号	图纸名称		校　　对	审　　核	审　　定
79	8. 电气竖井（电气间）大样图		2）墙体结构是否便于设备的安装，是否有非相关管线穿越	2）墙体结构是否便于设备的安装，是否有非相关管线穿越	
80				3）电气竖井或电气间内箱体数量较多、金属桥架较多时是否有详图，是否给结构提供留洞要求	
81				4）详图按比例（1∶50）绘制，包括箱体及金属桥架布置，布置是否合理，接线是否方便，箱体前操作距离是否满足规范要求	
82	9. 电力、照明配电干线图		1）是否包括配变电所数量、变压器台数及容量、发电机台数及容量	1）竖向配电系统是否以建筑物、构筑物、楼层为单位，自电源点开始至配电箱终止绘制，是否按箱体所处楼层、所处的平面相对位置绘制	1）各回路采用放射式或树干式供电措施是否合理
83			2）各处终端箱编号、容量、终端箱所带设备名称、插接箱和T接箱规格是否标注，插接箱和T接箱分支电缆是否标注（如果配电箱系统已标注可以省略）	2）各回路采用放射式或树干式供电措施是否合理	2）消防设备是否独立供电，供电保护级数是否超过三级
84			3）各回路编号是否标注，与配变电所低压系统图是否一致	3）消防设备是否独立供电	
85			4）双电源供电回路主用、备用电源是否分别用实线、虚线表示		
86	10. 照明、电力配电箱（控制箱）系统图		1）配电箱编号、型号、进线回路号是否标注	1）有控制要求的出线回路是否提供准确地控制原理图或控制要求	1）元器件选型是否合理，所选元器件是否有淘汰产品
87			2）箱体内各元器件型号规格、开关壳体电流、额定电流、整定电流是否标注准确；保护是否具有选择性	2）是否注明箱体是终端箱还是中间箱，开关的上下级差是否符合选择性要求，箱体安装方式、箱体容量是否标注，暗装箱需注明箱体参考尺寸，明装箱有条件时注明箱体参考尺寸	
88			3）配出回路编号、电缆导线型号、规格、敷设方式、单项负荷的相序、用途是否标注	3）元器件选型是否合理，所有元器件是否有淘汰产品	
89			4）电涌保护器设置是否合理	4）电涌保护器的设置是否得当	

续表

序号	图纸名称		校　　对	审　　核	审　　定
90	10. 照明、电力配电箱（控制箱）系统图		5）有控制要求的出线回路是否提供控制原理图或控制要求，是否注明用电量	5）是否按照控制要求或设计说明合理配置了 UPS、降压启动器、软启动器、变频器、节电器等	
91			6）是否注明箱体是终端箱还是中间箱，开关的上下级差是否符合选择性要求，箱体安装方式、箱体容量是否标注，暗装箱需注明箱体参考尺寸，明装箱有条件时注明箱体参考尺寸		
92			7）有消防强切要求或自控要求的箱体内是否配置相应的接口条件（如脱扣器附件、中间继电器等）		
93			8）需要计量的单元是否有计量表		
94			9）是否与火灾漏电系统图相一致，设置了漏电报警装置		
95			10）是否与平面一致，设置了智能照明控制器，强启、强切设置与平面各回路是否一致		
96			11）是否与平面一致设置了就地检修开关或启停控制器		
97			12）三相负荷是否平衡		
98			13）箱体内的控制回路是否按照设备专业或控制要求配置了变频器、节电器、降压启动器、软启动器等		
99	11. 电力平面图		1）建筑门窗、墙体、轴线、轴线尺寸、建筑标高、房间名称、图纸比例是否标注齐全	1）由变电所至各电气竖井的主干路由是否合理可行，由配电室或电气竖井引出的电缆金属桥架内的电缆回路编号是否标注	1）由变电所至各电气竖井的主干路由是否合理可行
100			2）箱体布置及编号、工艺设备编号及容量是否标注	2）进出建筑物的管线是否采取了防水措施，是否向结构专业提供各平面留洞资料	
101			3）由变电所至各电气竖井的电缆金属桥架内的电缆回路编号是否标注，与系统图是否一致	3）金属桥架是否按比例绘制，安装高度是否合理	

续表

序号	图纸名称		校　　对	审　　核	审　　定
102	11. 电力平面图		4）线路是否按普通电源线、应急电源线、控制线不同线型绘制，线路始、终位置是否清晰	4）需专项设计的场所（如厨房、泳池、SPA）是否标注预留的配电箱及容量	
103			5）由金属桥架、竖井引出的回路号是否标注准确		
104			6）线缆规格、敷设方式应有标注（系统图或设计说明已清楚表示时，可绘制表格，在平面图中引用）		
105			7）金属桥架或金属槽盒是否按比例绘制，安装高度是否标示清楚		
106			8）控制箱不在就地的受控设备，就地是否设置检修隔离装置		
107			9）引出建筑物的管线是否采取了防水处理措施		
108	12. 照明平面图		1）建筑门窗、墙体、轴线、轴线尺寸、建筑标高、房间名称、图纸比例是否标注齐全		
109			2）配电箱号、干线回路号、分支线回路号是否标注，与变电所低压系统图是否一致	1）是否有景观照明、立面照明的预留条件，必要时应预留供室外照明的管线（需穿越外墙时）	
110			3）照明灯具布置是否合理，是否违反照度要求和功率密度限值标准	2）照明灯具布置是否合理，是否违反照度要求和功率密度限值标准	1）照明灯具布置是否合理，是否违反照度要求和功率密度限值标准
111			4）应急疏散照明、备用照明是否按规范要求设置，控制是否合理	3）应急疏散照明、备用照明是否按规范要求设置，控制是否合理	2）应急疏散照明、备用照明是否按规范要求设置，控制是否合理
112			5）箱体、照明开关、插座设置是否合理，与暖气片、消火栓、水管、风管、门窗等是否冲突		
113			6）特殊场所的插座、灯具安装位置、电源等级、防护等级是否符合安全防护要求		
114			7）线路是否按普通电源线、应急电源线不同线型绘制，线路始、终位置是否清晰		
115			8）导线根数是否标注，标注是否有误		

续表

序号	图纸名称		校　对	审　核	审　定
116	12. 照明平面图		9）灯具的光源、容量、安装方式是否标示清楚，必要时应附灯具表		
117			10）每个照明支线回路的灯具数量、每个插座回路的插座数量是否符合规范规定		
118			11）需二次装修的场所是否标注预留的配电箱及容量，公共区域是否有应急疏散照明	4）需二次装修的场所是否标注预留的配电箱及容量，公共区域是否有应急疏散照明	
119			12）照明支线是否穿越防火分区		
120			13）是否有景观照明、立面照明的预留条件，必要时应预留供室外照明的管线（需穿越外墙时）		
121	13. 防雷、接地平面图		1）屋顶防雷平面图中女儿墙墙体、金属栏杆、金属屋顶、轴线、轴线尺寸、各屋面建筑标高、图纸比例是否标注齐全	1）建筑物防雷类别是否明确，相对应的防雷措施是否符合规范要求	
122			2）图中不同屋面的标高是否注明、正确	2）较复杂的工程，接地平面表示不清楚时，是否有接地系统图	
123			3）屋顶防雷平面图中接闪网、接闪带、接闪杆、引下线等材料型号规格标注是否正确	3）屋顶防雷平面图中接闪网、接闪带、接闪杆、引下线等材料型号规格标注是否有	
124			4）屋顶防雷平面图中防侧击雷的措施是否符合规范要求	4）屋顶防雷平面图中防侧击雷的措施是否符合规范要求	
125			5）接地平面图中接地线、接地极、测试点、断接卡、引下线、人工接地体型号规格是否标注	5）接地平面图中接地线、接地极、测试点、断接卡、引下线、人工接地体型号规格是否标注	
126			6）需要单独接地的机房（分界室、配变电所、发电机房、电气智能化竖井、电梯机房及井道、消防控制室、安防控制室、电信机房、网络机房、电视机房等）对应的接地引上线是否遗漏	6）需要单独接地的机房（分界室、配变电所、发电机房、电气智能化竖井、电梯机房及井道、消防控制室、安防控制室、电信机房、网络机房、电视机房等）对应的接地引上线是否遗漏，标注设否正确	

续表

序号	图纸名称		校对	审核	审定
127	13. 防雷、接地平面图		7）总等电位联结、局部等电位联结的做法有无明确，相关标注是否清楚	7）总等电位联结、局部等电位联结的做法是否合理可行，相关标注是否清楚	
128			8）接地平面图中随图说明是否包含以下内容：接地型式、是否为共用接地、接地电阻要求、防跨步电压要求、接地体做法、接地体材料要求、敷设方式等	8）接地平面图中随图说明是否包含以下内容：接地形式、是否为共用接地、接地电阻要求、防跨步电压要求、接地体做法、接地体材料要求、敷设方式等	
129			9）接地平面图中外墙、结构柱、结构剪力墙、承台梁、桩基、轴线、图纸比例等是否齐全		
130	14. 火灾报警及联动系统图		1）各楼层的消防接线盒、短路隔离器、模块箱、复示屏、感烟探测器、感温探测器、燃气探测器、手动报警器、警报装置、消防电话、消火栓、防火阀、排烟阀、正压送风阀、气体灭火装置、极早期空气采样装置、水炮装置、应急照明箱、消防风机控制箱、消防水泵控制箱是否与平面图的设置相一致，数量标注是否清楚	1）是否以建筑物、构筑物、楼层为单位，自消防控制室开始至末端探测点终止绘制，是否按设备所处楼层、所处的平面相对位置绘制	
131			2）系统图中的模块箱及其控制设备表示是否清楚，与平面图是否对应，模块箱是否有编号	2）消防控制室的各系统主机是否齐全，规格是否标注	
132			3）包含有背景音乐的消防广播系统应能清楚表示末端扬声器的功能（专用消防广播、专用背景音乐、消防广播兼背景音乐）、线路、功放容量、调音开关标注是否清楚，平时背景音乐与火灾紧急广播联动关系是否清楚	3）包含有背景音乐的消防广播系统应能清楚表示末端喇叭的功能（专用消防广播、专用背景音乐、消防广播兼背景音乐）、线路、功放容量、调音开关标注是否清楚，平时背景音乐与火灾紧急广播联动关系是否清楚	
133			4）简单的消防广播系统可与火灾报警系统合并在一张图上，包括各层广播接线盒、喇叭以及功放容量、备用功放容量等中控设备。复杂的消防广播系统可单独绘制		

续表

序号	图纸名称		校　对	审　核	审　定
134	14. 火灾报警及联动系统图		5）消防水泵、消防风机、消火栓等联动设备的硬拉线是否标注，最好有控制电缆编号		
135	15. 火灾报警及联动平面图		1）建筑门窗、墙体、轴线、轴线尺寸、建筑标高、房间名称、图纸比例是否标注齐全	1）消防控制室设置位置是否合适，控制室内设备布置是否合理，地面下是否有架空层，门是否外开，是否有非相关管线穿越	1）消防控制室设置位置是否合适，控制室内设备布置是否合理，地面下是否有架空层，门是否外开，是否有非相关管线穿越
136			2）金属槽盒规格、安装高度、敷设路由以及金属槽盒内的线缆用途和数量是否标注清楚	2）金属槽盒规格、安装高度、敷设路由以及金属槽盒内的线缆用途和数量是否标注清楚，是否合理	2）金属槽盒是否符合防火要求
137			3）短路隔离器、模块箱、感烟探测器、感温探测器、燃气探测器、管式探测器、双波段探测器、光截面探测器、缆式探测器、手动报警装置、消防电话、警报装置、消防广播、联动控制箱等设置是否合理	3）短路隔离器、模块箱、感烟探测器、感温探测器、燃气探测器、管式探测器、双波段探测器、光截面探测器、缆式探测器、手动报警装置、消防电话、警报装置、消防广播、联动控制箱等设置是否合理	
138			4）没有吊顶或吊顶为格栅的场所（如地下车库、机房），探测器的安装是否考虑了结构梁、柱帽、风管等的影响	4）没有吊顶或吊顶为格栅的场所（如地下车库、机房），探测器的安装是否考虑了结构梁、柱帽、风管等的影响	
139			5）消防报警线、电源线、消防电话线、联动控制线、消防广播线是否按不同的线型绘制		
140			6）防火阀、排烟阀、正压送风阀、防火电动阀、湿式报警阀、电磁阀、水流指示器、消火栓按钮装置等是否按相关专业的要求设置		
141			7）模块箱设置位置是否合理，有无电源线，引出的线路是否标注		
142			8）气体喷洒场所的火灾探测与联动装置是否与给水排水专业提供的资料相符		
143			9）大空间水炮灭火场所是否与给水排水专业资料相符		

续表

序号	图纸名称		校　对	审　核	审　定
144	16. 其他智能化系统图		1）建筑设备监控系统图中被控设备与设计说明是否一致	1）建筑设备监控系统图应是否包括中控设备及必要的接口、网络线路、DDC箱及对应的控制箱和受控设备名称	
145			2）综合布线系统是否包括布线机房、设备间、智能化井的设备、末端信息点及数量与设计说明中的标准是否一致	2）综合布线系统是否包括布线机房、设备间、智能化井的设备、末端信息点及数量、线缆的规格、数量等	
146			3）有线电视系统是否包括电视机房、智能化间的设备，末端点位数量与设计说明是否相一致，有卫星天线时还包括卫星机房设备	3）有线电视系统是否包括电视机房、智能化间的设备，末端点位数量，有卫星天线时还包括卫星机房设备	
147			4）视频监控系统中摄像头的设置与设计说明是否一致	4）视频监控系统是否包括安防控制室的中控设备、电视墙、末端视频探测器、如果是非模拟系统，是否包括编码器、解码器、网络设备、数字传输线缆等	
148			5）出入口控制系统中的出入口点位设置与设计说明是否一致	5）出入口控制系统是否包括中控设备、现场控制器、读卡器、门磁、出门按钮及对应的传输线路	
149			6）防盗报警系统中报警点位设置与设计说明是否一致	6）防盗报警系统是否包括中控设备、防区控制器、末端报警点	
150			7）电子巡查系统中巡查点设置是否合理，巡查路线是否简单可行	7）电子巡查系统中巡查点设置是否合理，巡查路线是否简单可行	
151				8）智能化系统的设置内容是否与工程性质相符，是否按照方案或初步设计阶段的要求设置	1）智能化系统的设置内容是否与工程性质相符，是否按照方案或初步设计阶段的要求设置
152				9）各系统的设计标准是否按方案或初步设计文件执行	2）各系统的设计标准是否按方案或初步设计文件执行
153				10）各系统的网络构架是否合理可行，能否满足招标要求	3）各系统的网络构架是否合理可行，能否满足招标要求
154				11）智能化系统集成是否包括集成平台、需要集成的各子系统及其接口	4）智能化系统集成是否包括集成平台、需要集成的各子系统及其接口

续表

序号	图纸名称		校　对	审　核	审　定
155	17. 其他智能化平面图		1）是否绘制由各智能化机房至智能化井的主干金属桥架路由，路由是否合理，金属桥架规格、安装高度是否标注	1）是否绘制由各智能化机房至智能化井的主干金属桥架路由，路由是否合理，金属桥架规格、安装高度是否标注	1）是否绘制由各智能化机房至智能化井的主干金属桥架路由，路由是否合理
156			2）智能化进线位置是否符合市政条件，是否预留防水套管，套管标高是否合理	2）智能化进线位置是否符合市政条件，是否预留防水套管，套管标高是否合理	2）智能化进线位置是否符合市政条件，是否预留防水套管，套管标高是否合理
157			3）是否满足施工预留预埋的要求	3）是否满足施工预留预埋的要求	3）综合布线进线间、电信机房、电视机房、安防控制室等智能化机房设置是否合理，机房面积是否合适，是否有地下架空层的空间
158			4）如果由于预留预埋的需要或合同另有要求需要设计到末端点位时需校核以下内容： a. 各末端点位设置是否合理，是否符合甲方任务书要求，与暖气片、消火栓、水管、风管等是否冲突； b. 电视、信息（数据、语音、显示屏、查询台）等末端点位旁是否有电源插座（电气图纸）； c. 各层金属槽盒路由、规格、安装高度是否有； d. 各层金属槽盒规格、高度是否标注； e. 平面中各管线是否标注，通过表格形式统一说明能表达清楚也可以； f. 吊顶内安装有电视分配器箱、出入口控制器等设备时是否有检修口； g. 智能化间是否有电源箱、电源插座的预留（电气图纸），大型工程最好有独立的智能化供电系统	4）如果由于预留预埋的需要或合同另有要求需要设计到末端点位时需校核以下内容： a. 各末端点位设置是否合理，是否符合甲方任务书要求； b. 各层金属槽盒路由、规格、安装高度是否合理； c. 出入口控制器是否安装在防护区域内； d. 有二次装修的大开间场所是否考虑了二次管线的敷设条件，如建筑面层厚度、网络地板、地面金属槽盒等； e. 智能化间是否有电源箱、电源插座的预留（电气图纸），大型工程最好有独立的智能化供电系统	4）智能化井位置是否合理，智能化井大小是否满足设备安装条件
158				5）综合布线进线间、电信机房、电视机房、安防控制室等智能化机房设置是否合理，机房面积是否合适，是否有地下架空层的空间	5）综合布线进线间、电信机房、电视机房、安防控制室等智能化机房设置是否合理，机房面积是否合适，是否有地下架空层的空间
159				6）智能化井位置是否合理，智能化井大小是否满足设备安装条件	6）智能化井位置是否合理，智能化井大小是否满足设备安装条件

续表

序号	图纸名称		校　　对	审　　核	审　　定
160	18. 电气总平面图		1）是否有建筑物、构筑物名称或编号、层数或标高、道路、比例、指北针、地形等高线、红线和用户的安装容量	1）人孔井、手孔井设置是否合理，是否按比例绘制	1）是否有建筑物、构筑物名称或编号、层数或标高、道路、比例、指北针、地形等高线、红线和用户的安装容量
161			2）配变电所位置、编号是否清楚，变压器台数、容量、发电机台数、容量是否标注	2）高压线路、低压线路、智能化线路是否按不同线型绘制，敷设路由是否合理	2）人孔井、手孔井设置是否合理
162			3）室外配电箱的编号是否标注		
163			4）需要设计景观照明时，景观照明的规格、容量、安装方式是否标注		
164			5）需要设计路灯照明时，路灯照明的规格、容量、安装方式是否标注		
165			6）回路编号、线路走向、敷设方式是否标注，与系统图是否一致		
166			7）人孔井、手孔井设置是否合理，是否按比例绘制		
167			8）高压线路、低压线路、智能化线路是否按不同线型绘制，敷设路由是否合理		
168	19. 计算书		1）核对负荷计算书各台变压器的负荷与低压系统图是否一致	1）各负荷的需要系数、功率因数是否合理	
169			2）各负荷的分类是否明确，包括普通负荷、消防负荷、主用负荷、备用负荷、季节性负荷、间歇性负荷	2）各负荷的分类是否明确，包括普通负荷、消防负荷、主用负荷、备用负荷、季节性负荷、间歇性负荷	
170			3）负荷统计中是否未考虑平时不用的非消防负荷、备用负荷	3）变压器的负荷率是否合理	
171				4）补偿后的功率因数是否符合规范或当地供电部门的要求	
172				5）计算书是否符合《建筑工程设计文件编制深度规定》的要求	

16　施工验收细则

16.1　概述

施工验收是检验施工单位是否按照设计图纸、洽商及图纸变更的要求进行了施工，是对施工质量的全面检验。施工验收包括设备安装、线缆管槽的敷设、设备接线、预留预埋、通电运行、系统调试、防火封堵、标识标签、施工记录、竣工图等文件归档等。

施工验收是为了加强建筑工程的质量管理，促进设备安装技术的进步，确保设备安全运行，也是对施工单位安全技术的评价、对监理单位的质量管控的检验，更是对设计单位的设计水平的验证。

施工验收对于提高设计质量具有不可替代的作用，对今后的设计具有指导作用，施工验收也是设计人员很好的学习总结过程。

智能化系统相关验收，一般为专项验收，本细则未包含。

16.2　验收依据

竣工验收依据主要有上级主管部门批准的文件、施工图纸、图纸会审记录、洽商及图纸变更单、现行的施工技术验收标准及规范、协作配合协议、招标投标文件和工程合同、设备安装技术说明书、技术核定单，以及施工单位提供的有关质量保证文件和技术资料等。

要求设计人员在施工配合过程中对每一份设计变更要加以重视，每份变更需要有编号、日期、变更原因、变更内容、必要的附图以及签字盖章，这些都将作为施工验收的重要依据。

主要的验收规范如下：

1）《建筑电气工程施工质量验收规范》GB 50303—2002；

2）《电气装置安装工程施工及验收规范》GB 50254—2014　GB 50255—2014；
GB 50256—2014　GB 50257—2014
GB 50258—2008　GB 50259—96

3）《电气装置安装工程高压电器施工及验收规范》GB 50147—2010；

4）《建筑物防雷工程施工质量验收规范》GB 50601—2010；

5）《人民防空工程施工及验收规范》GB 50134—2004；

6）《电气安装工程接地装置施工及验收规范》GB 50169—2006；

7）《低压母线槽选用安装及验收规范》CECS 170—2004；

8）《火灾自动报警施工及验收规范》GB 50166－2007；

9）《智能建筑工程质量验收规范》GB 50339—2003；

10）《综合布线系统工程验收规范》GB 50312—2007；

11）《电子信息系统机房施工及验收规范》GB 50462—2008；

12）《建筑工程安装质量验收统一标准》GB 50300—2001；

13）本专业的其他验收规范。

16.3 验收组成单位及其职责

验收单位主要由质检站、消防局、人防办、业主（甲方）、监理、施工、设计等单位组成。在验收过程中各方职责如下：

1. 质检站

主要是代表政府职能部门（建设局）对工程的全过程进行质量监督管理，负责对本地区建设工程质量进行监督管理。受理建设项目质量监督注册，巡查施工现场工程建设各方主体的质量行为及工程实体质量，核查参建人员的资格，监督工程竣工验收的各个环节。

2. 消防局

消防验收可委托有资质的公司进行消防全部设备的初验，初验全部合格后，消防局再抽验。

消防局负责消防验收的全过程，包括听取各方汇报，分组检查、测试，填写消防验收记录表，汇总验收情况，并将初步意见向建设、施工、设计等参加验收单位提出，对不符合设计及验收规范要求的，向建筑单位出具书面整改意见。

3. 人防办

负责人防工程建设质量监督，管理人民防空工程建设监理，负责防空地下室的设计核准和竣工验收，核准防空工程设计单位资质。

4. 业主（甲方）

参加全过程的验收，主要侧重于功能使用是否满足业主的要求，设备安装是否有利于后期维护管理，设备选择是否符合招标要求。

5. 监理

参加全过程的验收，负责解析施工过程中的质量管控措施。

6. 设计

参加全过程的验收，主要检查施工成果与设计文件的一致性，施工质量是否符合施工验收规范以及对验收文件的检查。

7. 施工方

参加全过程的验收，属于被验收的单位，各分包单位均要求到场，主要是协助各方对其成果进行检查，包括现场的施工情况以及文件管理。

16.4 验收阶段

一般验收阶段分初验、人防验收、消防验收、四方验收。

1. 初步验收

根据设计文件及施工过程中的变更，对现场进行全面施工质量检查，同时也是四方验收的预验。初验是发现问题解决问题的最好时机。主要内容见表16-1～表16-9：

配变电所 **表16-1**

序号	验收内容	验收情况
1	高低压配电柜、变压器、直流屏的安装，柜前操作距离，柜后维修通道，柜两端（中间）通道的宽度	
2	封闭母线的安装	
3	电缆桥架的安装和电缆的固定和必要的防火措施	
4	配变电所内总等电位板的设置，接地扁钢的安装及接地端子的联结	
5	配电柜一、二次及出线回路的标识	

续表

序号	验 收 内 容	验 收 情 况
6	防水、防鼠、防火措施	
7	设备搬运通道的预留	
8	绝缘地胶垫的铺设	
9	高低压配电室、变压器室、电容器室、控制室内是否有与配变电所无关的管道和线路通过	
10	配电室内带电部分的上方不应设置动力、风道、照明线路和灯具；配电室内照明灯具不应采用链吊或线吊式	
11	电缆沟或电缆夹层内桥架或支架的安装，电缆沟盖板、电缆夹层人孔设置	
12	各类管理系统的接口调试是否完成	

冷冻机房、水泵房、换热站　　表 16-2

序号	验 收 内 容	验 收 情 况
1	机房配电柜、控制柜、启动柜的安装	
2	柜内元器件的安装、配线以及 N 排和 PE 排的布置	
3	电缆桥架安装、管线敷设、设备的接线、设备接地	
4	二次元件（压力开关、水流开关等）安装及接线	
5	回路标识，一、二次图配置	
6	设备操作维修通道	
7	电气设备的防水措施	

电 气 竖 井　　表 16-3

序号	验 收 内 容	验 收 情 况
1	配电箱、控制箱、接线箱、T 接箱等箱体的安装与固定	
2	垂直母线、垂直线槽、水平线槽的安装	
3	线槽内电缆的固定	
4	预留孔洞的防火封堵	
5	箱体内设备的安装、出线回路用途标识、一、二次图配置以及 N 排和 PE 排的布置	
6	接地扁钢、接地端子板的安装	
7	设备操作距离	
8	竖井、母线槽的防水措施	

开关、插座　　表 16-4

序号	验 收 内 容	验 收 情 况
1	照明开关、插座的安装（高度、是否横平竖直）	
2	相线、中性（N）线、保护（PE）线的连接	
3	设备的选型（电流、电压、防护等级、安全等级）	
4	安全距离（与暖气片、智能化插座、燃气管道、家具距离）	
5	与用电设备的适应性（如空调机、热水器、电磁炉、排气扇等）	

灯　　具　　表 16-5

序号	验收内容	验收情况
1	灯具安装（大型灯具的固定及悬吊装置的承重能力）	
2	灯具的 PE 线的连接	
3	主要场所的照度水平、眩光控制	
4	节能光源和高效镇流器的选择	
5	灯具的选型及防潮、防水、防爆、防脱落要求	
6	室外照明的接地及漏电保护措施	
7	灯具的配线及连接	
8	照明系统通电运行记录	
9	灯具控制回路与配电箱的回路标识	

防雷、接地　　表 16-6

序号	验收内容	验收情况
1	屋顶接闪器的安装，检查接闪器是否镀锌、焊接处是否涂防腐漆	
2	高出屋面的设备（航障灯、卫星天线、擦窗机等）防雷措施	
3	屋顶金属设备外壳、设备基础、金属管道、天线、航空障碍灯、广告牌、金属屋面的接地	
4	玻璃幕墙、金属窗、石材挂件的接地	
5	卫生间、游泳池、淋浴等场所局部等电位联结	
6	室外接地测试卡的设置	
7	桥架的接地及跨接地线	
8	进出建筑物钢管的总等电位联结	
9	特殊机房的接地线及局部等电位联结	
10	接地电阻测试及隐蔽工程的验收记录单	
11	过电压保护（SPD）的选型、安装	
12	室外金属栏杆、灯杆等金属物的接地措施	

电缆桥架　　表 16-7

序号	验收内容	验收情况
1	桥架选型及材质要求	
2	桥架的安装，固定吊架的间距	
3	桥架内电缆固定，导线按回路绑扎，电线、电缆的安装空间余量	
4	桥架的接地及跨接地线	
5	耐火桥架的选择或防火涂料的施工	
6	桥架的维护以及与相邻管线的距离	
7	穿越防火分区、楼板、机房的防火封堵	

管　　材　　表 16-8

序号	验收内容	验收情况
1	电线、电缆穿管管线进出建筑物外墙的防水处理	
2	管口保护措施、管材的选型及防腐措施	
3	暗敷管的面层保护厚度	
4	镀锌钢管、焊接钢管、消防设备配管的镀锌、防腐、防火涂料措施	

设备试验和试运行 表 16-9

序号	验收内容	验收情况
1	配电柜、配电箱的运行电压、电流是否正常，各种仪表指示是否正常	
2	电动机试通电，检查转向和机械转动有无异常	
3	空载运行的电动机，记录空载电流，检查机身和轴承的温升	
4	空载状态下可启动次数及间隔时间	
5	大容量（630A 及以上）导线或母线连接处，在设计计算负荷运行情况下的温度抽检记录	

2. 消防验收

建筑工程竣工后，建设单位应向公安消防机构提出工程竣工消防验收申请，经验收合格后才能投入使用。按消防工程验收程序的规定由不少于两人的消防监督员到现场进行验收，具体验收程序如下：

1）参加验收的各单位介绍情况。建设单位介绍工程概况和自检情况，设计单位介绍消防工程设计情况，施工单位介绍工程施工和调试情况，监理单位介绍工程监理情况，检测单位介绍检测情况。

2）分组现场检查验收。验收人员应边检查，边测试，填写消防验收记录表。

3）汇总验收情况。各小组分别对验收情况作汇报，按子项、单项、综合的程序进行评定、评定结论在验收记录表中如实记载，并将初步意见向建设、施工、设计等参加验收单位提出，对不符合规范要求的要及时向建筑单位提出整改意见。

验收内容见表 16-10：

消防验收内容 表 16-10

序号	验收内容	验收情况
1	检查竣工图纸、资料和《建筑工程消防验收申报表》的内容及与消防机构审核意见是否与工程一致	
2	检查《建筑工程消防设计审核意见书》中提出的消防问题，在工程的设计、施工中是否予以整改	
3	消防控制室布置是否符合设计及规范要求	
4	检查各类消防设施、设备的施工安装质量及性能	
5	查验消防产品有效文件和供货证明	
6	火灾自动报警系统：感烟探测器、感温探测器、燃气探测器、红外对射、缆式定温探测器、双波段探测器、光截面探测器、管式探测器、手动报警按钮、消火栓按钮、防火阀、水力报警阀、水流指示器的报警显示。是否按设计要求配置及安装	
7	抽查测试消防设施功能及联动情况。 火灾联动控制：消火栓泵、喷淋泵、大空间灭火泵、水幕泵、气体灭火、排烟风机、补风机、正压送风机、防火卷帘、电动防火门、消防电梯、普通电梯迫降、应急照明自动点亮、排烟阀、送风阀、普通电源切除	
8	消防电源及其配电是否按设计要求配置	
9	火灾应急照明和疏散指示标志是否按设计要求配置	
10	火灾应急广播是否按设计要求配置	

3. 人防验收

凡有人防工程或结合建设的人防工程的竣工验收必须符合人防工程的有关规定，目前没有设备的，做好基础和预埋件，具备有设备以后即能安装的条件，内部照明设备安装完毕，并可通电。主要内容见表 16-11：

人防验收内容 表 16-11

序号	验收内容	验收情况
1	人防区域内的柴油发电机组、变压器、配电柜、配电箱安装与选型	
2	灯具、开关面板、插座安装与选型，灯具安装宜采用悬吊固定	
3	进出人防管线的预留及密闭处理	
4	清洁式、过滤式和隔绝式通讯方式相互转换运行，各种通风方式的信号，是否满足设计要求	
5	处于爆炸危险场所的电气设备，应采用防爆型。电缆、电线应穿管敷设，导线接头不得设在爆炸危险场所	
6	在顶棚内的电缆、电线必须穿管敷设，导线接头应采用密封金属接线盒	
7	电缆、电线的敷设及管材要求	
8	电源转换的可行性和切换时间	
9	测试主要房间的照度	

4. 四方验收

四方验收（指建设单位、监理单位、设计单位和施工单位）是全面验收施工质量、全面检查。整个建设项目已按设计要求全部建设完成，并已符合竣工验收标准，施工单位预验通过，监理工程师初验认可，由监理工程师组织以建设单位为主，有设计、施工等单位参加的正式验收。在整个项目进行竣工验收时，对已验收过的单项工程，可以不再进行正式验收和办理验收手续，但应将单项工程验收单作为全部工程验收的附件而加以说明。

1）验收步骤

（1）项目经理介绍工程施工情况、自检情况以及竣工情况，出示竣工资料（竣工图和各项原始资料及记录。

（2）监理工程师通报工程监理中的主要内容，发表竣工验收的意见。

（3）业主根据在竣工项目目测中发现的问题，按照合同规定对施工单位提出限期处理的意见。

（4）分组进行现场检查：电气专业在对本工程主要功能房间的灯具、开关面板、插座、配电箱、控制箱进行抽查验收完毕后，并分别对变电所、冷冻机房、水泵房、电气竖井、屋面、空调机房等场所的相关内容进行重点检查验收。

（5）集中总结：质检站、设计、监理、业主（使用方）根据现场检查的情况，发表意见。

（6）施工单位根据各方的意见提出整改措施和整改时间。

（7）由质检部门会同业主、设计及监理工程师讨论工程正式验收是否合格。

（8）宣布验收结果，质监站宣布工程项目质量等级。

（9）办理竣工验收签证书，竣工验收签证书必须有四方的签字方生效。

2）验收内容

对初验问题进行重点检验，检查整改情况是否符合设计及规范要求。

16.5　参加验收的设计人员需要注意的其他问题

1）施工方是否按图纸和设计变更施工。

2）是否符合各验收规范要求。

3）图纸资料、设计变更、技术核定单等资料是否齐全。

4）是否存在安全隐患。

5）综合布线、有线电视、建筑设备监控、安全防范等智能化各系统的验收一般不在四方验收范围内，属专项验收。

17 电气部分详图

风机、水泵控制要求（一）

设备编号及应用类别	控制要求代号	控制要求说明	控制管线	二次原理参考图集	
				采用接触器热继电器	采用控制与保护开关电器
PY 排烟风机 JY 消防加压风机	A	1.双电源互投；　2.过负荷仅作声光报警，不跳闸；　3.转换开关手动/自动位置信号送至消防控制室； 4.消防模块无源触点动合，箱内设备自保持，自动控制，消防模块总线含启动.运行信号； 5.不管箱体转换开关在手动或自动位置，消防控制室均能通过硬线实现手动启动/停止控制；（箱内带220V/24V变压器） 6.就地控制；　7.预留消防硬拉线及消防模块总线的接线端子；　8.排烟风机前的防火阀到280度熔断关闭时，直接停风机； 9.加压风机前的防火阀到70度熔断关闭时，停风机；　10.消防控制室的消防硬拉线含启动/停止.运行.故障.电源显示	至消防控制室管线： NH-KVV-7×1.0 SC32 至消防控制模块： WDZN-BYJF-2×1.5 SC15 至280° 防火阀： WDZN-BYJF-2×1.5 SC15	10D303-2： P11~12（改）	KB0-CC-P38（改）
P（Y） 排风兼消防排烟 单速风机 J（Y） 新风兼消防进风 单速风机	B	1.双电源互投；　2.平时，由BA系统无源触点动合（自保持）控制电机启/停；　3.消防电机过负荷仅作声光报警，不跳闸； 4.转换开关手动/自动位置信号送至消防控制室及BA控制室；　5.消防模块无源触点动合，箱内设备自保持，自动控制.消防模块总线含启动、运行信号；　6.不管箱体转换开关在手动或自动位置,消防控制室均能通过硬线实现手动启动/停止控制； （箱内带220V/24V变压器）；　7.就地控制；　8.机组运行/停止,故障信号至BA控制室；　9.消防控制优先于BA控制； 10.预留消防硬拉线及消防总线的接线端子；　11.消防用进（排）风机前、后的防火阀到70（280）度熔断关闭时,停风机； 12.消防控制室的消防硬拉线含启动/停止、运行、故障、电源显示	至BA箱管线：（CT50×50） WDZ-BYJF-8×1.0* 至消防控制室管线： NHKVV-8×1.0 SC32 至消防控制模块： WDZN-BYJF-2×1.5 SC15 至280° 防火阀： WDZN-BYJF-2×1.5 SC15	10D303-2： P19~20（改）	KB0-CC-P38（改）
P（Y） 排风兼消防排烟 双速风机 J（Y） 新风兼消防进风 双速风机	C	1.双电源互投；　2.平时低速运行，由BA系统无源触点动合（自保持）控制电机启/停；　3.火灾时高速运行，消防用电机过负荷仅作声光报警，不跳闸；　4.转换开关手动/自动位置信号送至消防控制室及BA控制室；　5.消防模块无源触点动合，箱内设备自保持，自动控制。消防模块总线含启动、运行信号；　6.不管箱体转换开关在手动或自动位置，消防控制室均能通过硬线实现手动启动/停止控制；（箱内带220V/24V变压器）；　7.就地控制；　8.机组运行/停止，故障信号至BA控制室；9.消防控制优先于BA控制；　10.预留消防硬拉线及消防总线的接线端子；　11.消防用进（排）风机前、后的防火阀到70（280）度熔断关闭时,停风机；　12.消防控制室的消防硬拉线含启动/停止、运行、故障、电源显示	至BA箱管线：（CT50X50） WDZ-BYJF-8×1.0* 至消防控制室管线： NHKVV-8×1.0 SC32 至消防控制模块： WDZN-BYJF-2×1.5 SC15 至280° 防火阀： WDZN-BYJF-2×1.5 SC15	10D303-2： P27~28（改）	KB0-CC-P75（改）
P 排风机 J 进风机	D	1.由BA系统无源触点动合（自保持）控制电机启/停；　2.转换开关手动/自动位置信号送至BA控制室；　3.就地控制； 4.机组运行/停止，故障信号送至BA控制室；　5.火灾后，通过箱内主断路器分励脱扣，停风机	至BA箱管线：（CT50×50） WDZ-BYJF-8×1.0	10D303-2： P75~76（改）	参考KB0-CC-P33（改）
X 新风机	E	1.由BA系统无源触点动合（自保持）控制电机启/停；　2.转换开关手动/自动位置信号送至BA控制室；　3.就地控制； 4.机组运行/停止,故障信号送至BA控制室；　5.火灾后，通过箱内主断路器分励脱扣，停风机	至BA箱管线：（CT100×100） WDZ-BYJF-44×1.0* 至消防控制模块： WDZN-BYJF-2×1.5 SC15	10D303-2： P75~76（改）	参考KB0-CC-P40（改）
K 空调机 KR 回风机 XR 热回收风机	F	1.由BA系统无源触点动合（自保持）控制电机启/停；　2.转换开关手动/自动位置信号送至BA控制室；　3.就地控制. 4.机组运行/停止，故障信号送至BA控制室；　5.火灾后，通过箱内主断路器分励脱扣，停风机 6.状态显示：控制电源、运行状态显示；　故障声光报警	至BA箱管线：（CT100×100） WDZ-BYJF-44×1.0* 至消防控制模块： WDZN-BYJF-2×1.5 SC15	10D303-2： P75~76（改）	参考KB0-CC-P40（改）

*：至BA管线需根据受控设备原理确定。

17.1风机、水泵控制要求（一）

风机、水泵控制要求(二)

设备编号及应用类别	控制要求代号	控制要求说明	控制管线	二次原理参考图集	
				采用接触器热继电器	采用控制与保护开关电器
P厨房事故排风机 P燃气表间事故排风机	G	1.双电源互投； 2.燃气报警时，启动风机； 3.房间就地室内、外，启动风机； 4.状态显示：控制电源、运行状态显示；故障声光报警； 5.信号输出：运行状态、故障信号	至事故报警装置: WDZ-BYJF-2×1.5 SC15 至现场启停按钮箱: WDZ-BYJF-4×1.5 SC15	10D303-2: 1P75~76(改)	KB0-CC-P32(改)
P变电室排风机	H	1.双电源供电； 2.就地控制； 3.变电室就地室内、外，启动风机； 4.状态显示：控制电源、运行状态显示；故障声光报警； 5.信号输出：主、备电源的运行状态、故障信号；手/自动转换开关状态	至事故报警装置*: WDZ-BYJF-2×1.5 SC15 至现场启停按钮箱: WDZ-BYJF-4×1.5 SC15	10D303-2: 1P75~76(改)	KB0-CC-P32(改)
空气压缩机	I	1.压力开关自动控制； 2.火灾时自动控制停止运行； 3.状态显示：控制电源、运行状态显示；故障声光报警； 4.信号输出：运行状态、故障信号	至压力开关: WDZ-BYJF-3×1.0 SC15 至消防报警模块: WDZ-BYJF-2×1.0 SC15		
FK 分体空调	J	1.就地控制(电梯机房等平时无人值班的场所可纳入BA控制)			
防火卷帘门 (疏散通道)	K	1.双电源互投； 2.分两步落下.感烟探测器报警联动下降至距地1.8m处，感温探测器报警后，卷帘应下降到底； 3.由消防模块无源触点动合，箱内自保持； 4.设置手动、自动转换；就地在门两侧设手动升降控制按钮； 5.卷帘门加熔片装置； 6.卷帘门加停电后机械手动操作装置； 7.过负荷仅作声光报警,不跳闸； 8.状态显示：控制电源、运行状态显示；故障声光报警； 9.信号输出：运行状态、故障信号；	至消防报警模块: WDZN-BYJF-4×1.0 SC15 至门两侧控制按钮: WDZN-BYJF-5×1.0 SC25 至门两侧指示灯 WDZN-BYJF-2×1.0 SC15	厂家配套提供	KB0-CC-P69(改)
防火卷帘门 (防火分区)	L	1.双电源互投； 2.卷帘门所分隔的两个防火分区内任一探测器报警均通过总线联动器一步下降到底； 3.由消防模块无源触点动合，箱内自保持； 4.设置手动、自动转换；就地在门两侧设手动升降控制按钮； 5.卷帘门加熔片装置； 6卷帘门加停电后机械手动操作装置； 7.过负荷仅作声光报警,不跳闸；8.状态显示:控制电源、运行状态显示；故障声光报警； 9.信号输出:运行状态、故障信号；	至消防报警模块: WDZN-BYJF-2×1.0 SC15 至门两侧控制按钮: WDZN-BYJF-5×1.0 SC25 至门两侧指示灯 WDZN-BYJF-2×1.0 SC15	厂家配套提供	KB0-CC-P68(改)
两台潜水泵	M	1.双电源互投； 2.高水位起泵； 3.超高水位启两台泵,并向BA系统报警； 4.低水位停泵； 5.两台泵轮换工作； 6.就地控制； 7.液位计选用TZ-946，液位显示进BA。平时启停由TZ-946液位计自动控制	至潜水坑液位器: 防水控制缆 -8×1.0 SC32	10D303-3: P197~199(改)	KB0-CC：P45(改)
两台消防潜水泵	N	1.双电源互投； 2.高水位起泵； 3.超高水位启两台泵，并向BA系统报警； 4.低水位停泵； 5.两台泵轮换工作； 6.就地控制； 7.液位计选用TZ-946，液位显示进BA。平时启停由TZ-946液位计自动控制； 8.过负荷仅作声光报警，不跳闸	至潜水坑液位器: 防水控制缆 -8×1.0 SC32	10D303-3: P197~199(改)	KB0-CC：P45(改)
两台消火栓泵	O	消火栓加压泵为二台，一用一备，备用泵自动投入。双电源互投。其控制要求为： 1.出水干管上设置的压力开关、高位消防水箱出水管上设置的流量开关或报警阀压力开关作为触发信号，直接控制启动消火栓泵，消火栓加压泵启东信号反馈至消防控制室； 2.消火栓加压泵可在水泵房中手动控制启停； 3.消火栓加压泵可在消防控制室手动和自动控制启停，消防结束后手动停泵； 4.设自动巡检装置； 5.水池水位过低时停消防加压泵，同时向消防控制室报警； 6.热继电器仅作用于报警，不跳闸； 7.预留消防直拉线及消防总线的接线端子； 8.信号输出：主.备电源的运行状态、双泵故障信号；手/自动转换开关状态。消防水池低水位； 9.状态显示：控制电源、运行状态显示；双泵故障报警；地下室消防水池超低水位计溢流水位声光报警	至压力开关: WDZ-BYJF-3×1.0 SC15 至消防控制室管线 2(NHKVV-8×1.0 SC32) 至消防报警模块: WDZN-BYJF-4×1.0 SC15 至水池液位器: NH-BV-3×1.5 SC20	全压起动见 10D303-3: P19~22(改) 星三角起动见 10D303-3: P27~32(改) 自耦降压起动见 10D303-3: P31~35(改)	KB0-CC-P46(改) KB0-CC-P80(改) KB0-CC-P90, 91(改)

17.2 风机、水泵控制要求(二)

风机、水泵控制要求（三）

<table>
<tr><th rowspan="2">设备编号及应用类别</th><th rowspan="2">控制要求代号</th><th rowspan="2"></th><th rowspan="2">控制管线</th><th colspan="2">二次原理参考图集</th></tr>
<tr><th>采用接触器热继电器</th><th>采用控制与保护开关电器</th></tr>
<tr><td rowspan="4">两台喷洒泵</td><td rowspan="4">P</td><td rowspan="4">1. 湿式自动喷洒系统：
1）稳压泵由气压罐连接管道上的压力控制器控制，使系统压力维持在工作压力，当压力下降至Ps1时，稳压泵启动；当压力上升达到要求后，稳压泵停止；当压力再继续下降至Ps2时，喷洒泵启动，同时稳压泵停止。
2）消防时，喷头喷水，水流指示器动作，反映到总控制盘，同时相对应的报警阀动作，敲响水力警铃，压力开关报警，直接自动起动任一台喷洒泵，并反映到消防控制室。在消防控制室及水泵房均可以自动/手动控制喷洒泵的启停，消防控制室具有优先权。喷洒泵的运行状态及故障信号送至消防控制室。
并在联控台上显示。
2. 预作用控制系统：
每套预作用阀组包括一个预作用阀，两个信号阀，一台空压机和一台空气维护装置，一个气路压力控制器，一个低气压报警开关，一个水路报警压力开关。平时阀组后管道内充有低压气体，压力不小于（0.03MPa），平时阀组前水压由屋顶水箱和稳压装置保证，阀组后管道内气压由压力控制器和空气平衡器组成的联锁装置控制。当管路发生破损或大量泄露时，空压机的排气量不能使管路系统中的气压保持在规定的范围内，低气压报警开关发出故障报警信号。火灾时，安装在保护区的火灾探测器发出火灾报警信号，火灾报警控制器在接到报警信号后发出指令信号，打开预作用阀上的电磁阀（常闭），同时打开每个防火分区管网末端快速排气阀前的电磁阀（常闭），使阀前压力水进入管路内，报警压力开关接通声光显示盒，显示管网中已充水，同时空压机停止，系统转变为湿式系统。系统继续充水过程中，消防控制室接到报警阀上压力开关的报警信号后，自动启动低区自动喷洒加压泵，向系统快速充水，同时水力警铃报警。在喷头未动作之前，如消防控制室确认是误报警，手动停泵。消防专用水池的最低水位报警信号送至消防控制室，在联控台上显示。
3.消防喷洒泵为二台，一用一备，备用泵自动投入，双电源互投。 4.设自动巡检装置。 5.预留消防直拉线及消防总线的接线端子。 6.水池水位过低时停消防加压泵，同时向消防控制室报警。7.热继电器仅作用于报警，不跳闸。
8.信号输出：主、备电源的运行状态、双泵故障信号；手/自动转换开关状态。消防水池低水位；压力开关。
9.状态显示：控制电源、运行状态显示；双泵故障报警；地下室消防水池超低水位计溢流水位声光报警。</td><td rowspan="4">至压力控制器：
（稳压泵）
NH-KVV-3×1.0 SC20
至消防控制室管线
2（NHKVV-8×1.0 SC32）
至消防控制模块：
WDZN-BYJF-2×1.5 SC15
至水池液位器：
WDZ-BYJF-3×1.5 SC15
至报警阀组压力开关：
NH-KVV-3×1.0，SC20</td><td>全压启动见
10D303-3：
P41~44（改）</td><td>KB0-CC-P49（改）</td></tr>
<tr><td>星三角启动见
10D303-3：
P45~48（改）</td><td>KB0-CC-P81（改）</td></tr>
<tr><td>自耦降压启动见
10D303-3：
P49~53（改）</td><td>KB0-CC-P88，89（改）</td></tr>
<tr><td></td><td></td></tr>
<tr><td>两台喷洒稳压泵
两台消火栓稳压泵</td><td>Q</td><td>1.稳压泵由屋顶稳压泵房内的气压罐连接管道上的压力控制器控制，使系统压力维持在工作压力，当压力下降至Ps1时，稳压泵启动；当压力达到要求时，稳压泵停泵。当压力再继续下降至Ps2时，任一台喷洒泵启动，同时稳压泵停止；
2.喷洒稳压泵为二台，一用一备，交替使用，双电源互投；
3.信号输出：主.备电源的运行状态、双泵故障信号；手/自动转换开关状态；溢流水位；运行情况反映到消防控制室和水泵房；
4.状态显示：控制电源、运行状态显示；双泵故障报警。</td><td>至压力控制器：
NH-KVV-3×1.0 SC20</td><td>10D303-3：
P57~59（改）</td><td>KB0-CC-P42（改）</td></tr>
</table>

17.3 风机、水泵控制要求（三）

风机、水泵控制要求（四）

设备编号及应用类别	控制要求代号	控制要求说明	控制管线	二次原理参考图集	
				采用接触器热继电器	采用控制与保护开关电器
高压细水雾泵组	R	在准工作状态时，分区控制阀至喷头之间管网为空管，高压泵组至分区控制阀间充满（1.6MPa）的压力水。火灾时，探测器发出两路火警信号，这时系统主泵启动并达到设计压力（12MPa），同时分区控制阀打开，将管网充满（12MPa）的压力水等待灭火。当喷头玻璃泡遇热破裂后，喷头喷雾进行灭火。水泵工作的台数取决于保护区所需用水量的大小，这个过程由水泵控制柜执行。当系统压力＞（12MPa）时卸载阀动作，将多余的水回流到储水箱，使管网压力恒定在设计值内。安全阀为系统提供过压保护，其动作压力为（13.8MPa）。压力传感器的作用是为控制系统提供信号，通过控制盘来执行各种程序控制。系统控制：系统设三种控制方式：自动控制、手动控制和机械应急操作。在灭火过程完成后，系统应能立即联动相应区域的机械通风装置，对细水雾喷放区进行通风干燥，以便尽快进行修复工作。手动操作点均应设明显的永久性标志。 1. 双电源互投；　2.设自动巡检装置；　3.预留消防直拉线及消防总线的接线端子； 4.热继电器仅作用于报警，不跳闸	至压力控制器： NH-KVV-3×1.5 SC20 至消防控制室管线： 2（NHKVV-8×1.0 SC32） 至消防控制模块： WDZN-BYJF-2×1.5 SC15	全压启动见 10D303-3: P41~44（改） 星三角启动见 10D303-3: P45~48（改）	KB0-CC-P49（改） KB0-CC-P81（改）
两台生活给水泵	X	1.双电源互投；　2.高水位时启动一台水泵、达高水位时停泵；水源低水位时停泵；　3.两台水泵互为备用，工作泵故障断后备用泵延时自动投入；双泵自动轮换运行；　4.就地控制；　5.信号输出：主.备电源的运行状态、双泵故障信号；手/自动转换开关状态；溢流水位；　6.状态显示：控制电源、运行状态显示；双泵故障报警	至液位控制器： NH-KVV-3×1.5 SC20 至水池水位计： NH-KVV-3×1.5 SC20	10D303-3 P87~89（改）	KB0-CC：P54（改）
变频调速控制水泵组 中水泵、锅炉房 热交换间、机械停车 雨水溢流泵 人防手摇风机 转输泵、水箱补水 水泵结合转输泵 电梯控制柜	T	仅预留用电量或双互投电源箱，控制箱由设备供应商成套提供			
冷却水泵、冷冻水 补水泵、冷冻机 冷却塔风机、补水泵 热水机组循环泵 生活热水循环泵 板式换热器循环泵	U	1.由BA系统无源触点动合控制电机启/停； 2.信号输出：运行状态、故障信号； 3.状态显示：控制电源、运行状态显示；故障声光报警			
应急照明强启控制		火灾报警系统发现火情后联动控制KM， 使KM常开触点闭合，从而确保无论现场 照明开关处于何种状态均可使照明灯具处于接通状态 KM　EL　L　N　PE　C　L　(A)			

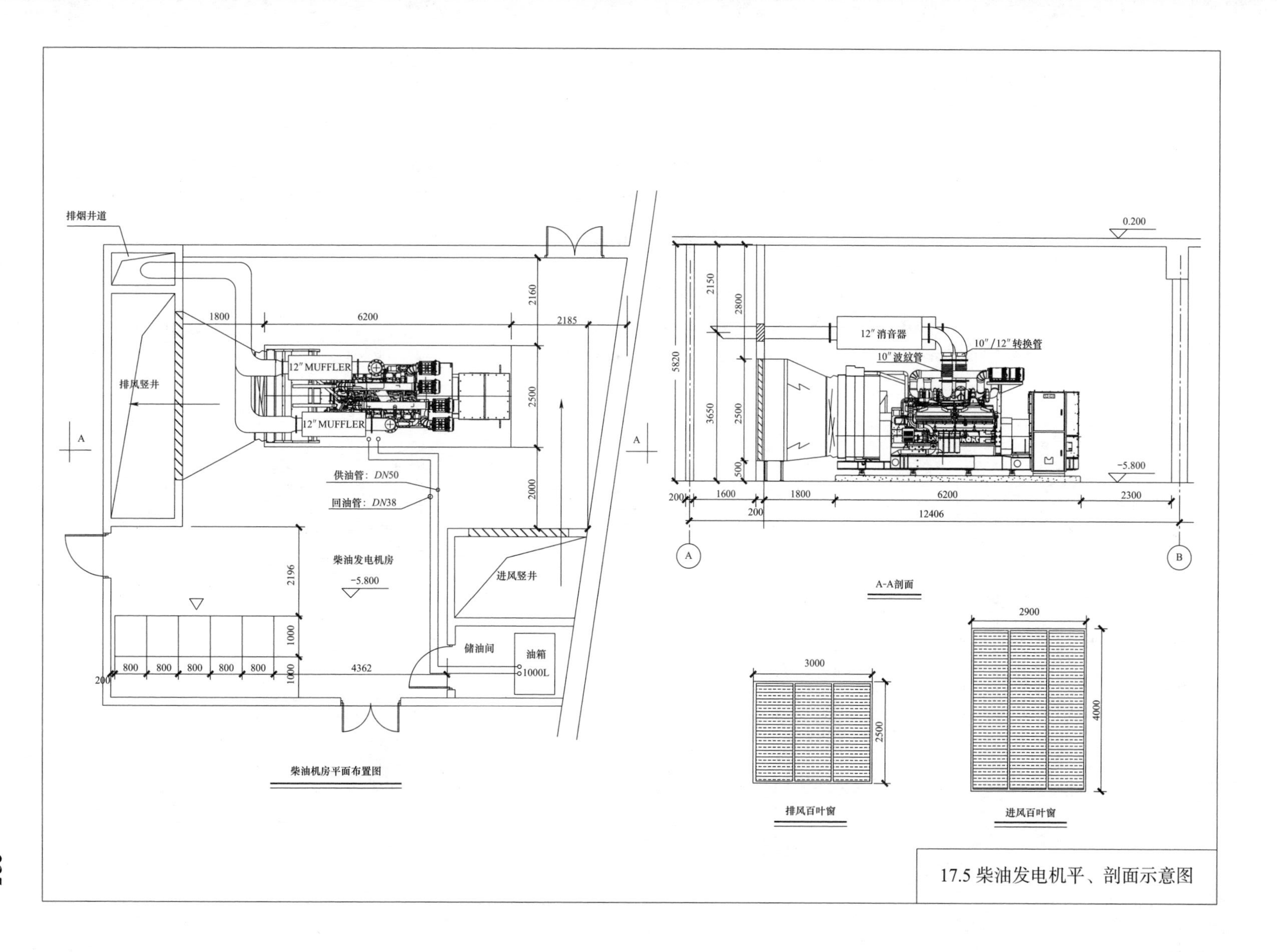

17.5 柴油发电机平、剖面示意图

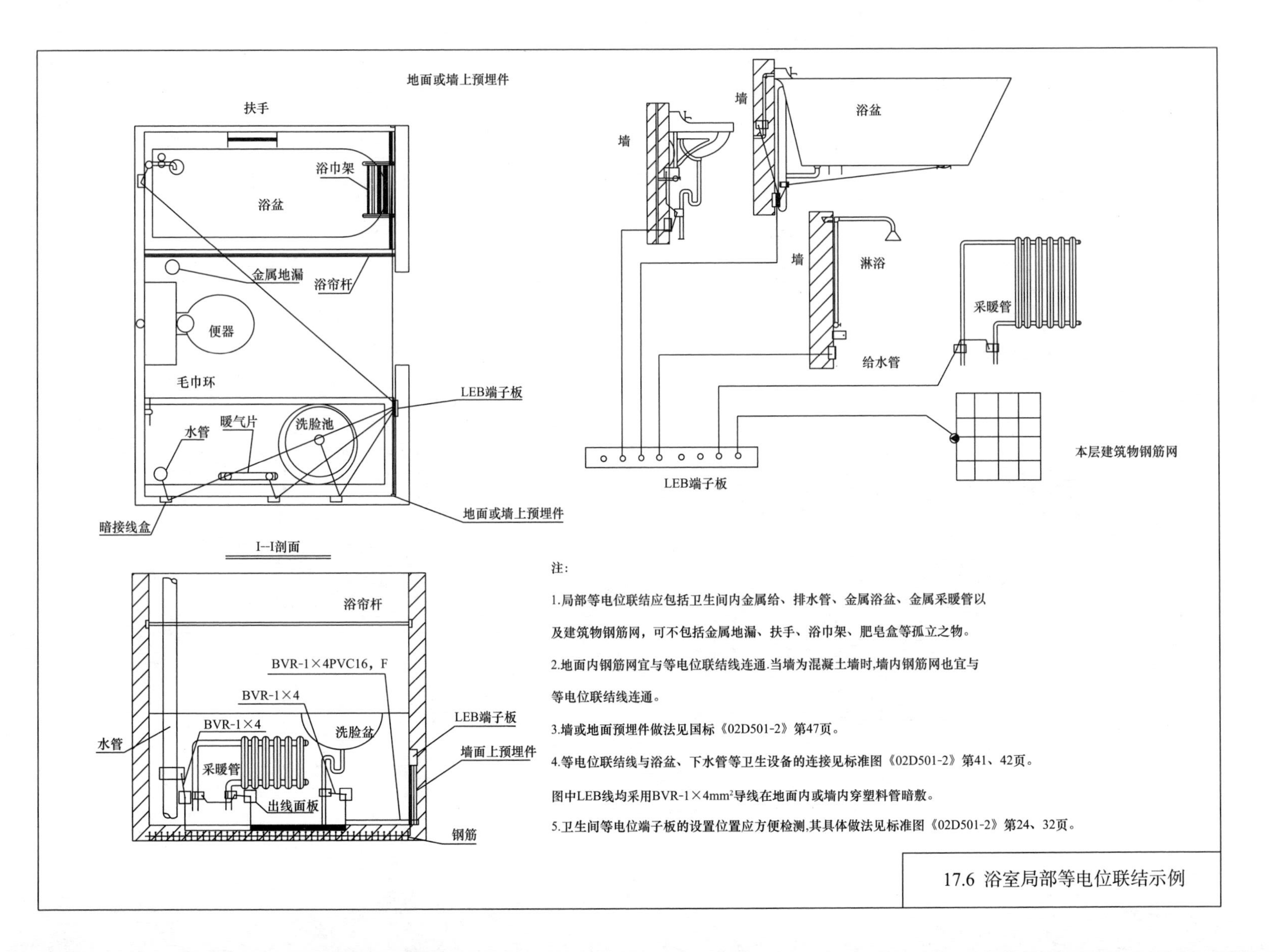

注：

1.局部等电位联结应包括卫生间内金属给、排水管、金属浴盆、金属采暖管以及建筑物钢筋网，可不包括金属地漏、扶手、浴巾架、肥皂盒等孤立之物。

2.地面内钢筋网宜与等电位联结线连通.当墙为混凝土墙时,墙内钢筋网也宜与等电位联结线连通。

3.墙或地面预埋件做法见国标《02D501-2》第47页。

4.等电位联结线与浴盆、下水管等卫生设备的连接见标准图《02D501-2》第41、42页。

图中LEB线均采用BVR-1×4mm²导线在地面内或墙内穿塑料管暗敷。

5.卫生间等电位端子板的设置位置应方便检测,其具体做法见标准图《02D501-2》第24、32页。

17.6 浴室局部等电位联结示例

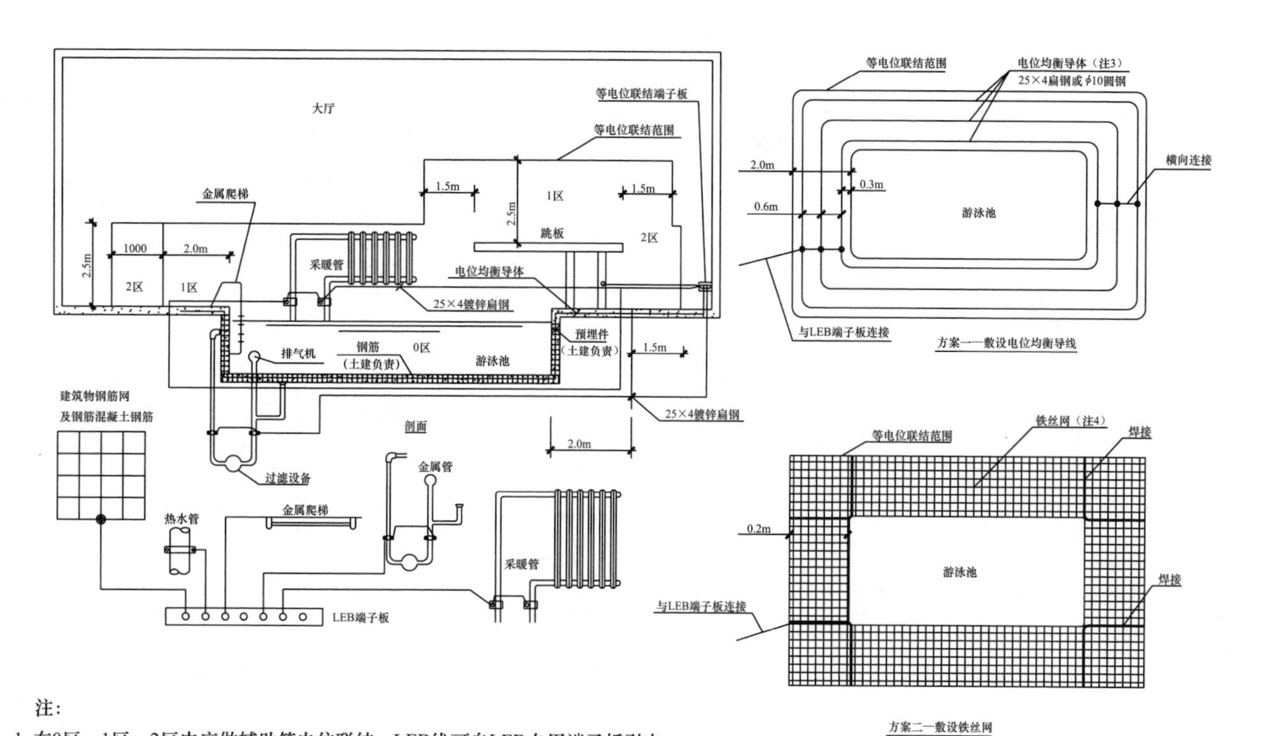

注：

1. 在0区、1区、2区内应做辅助等电位联结，LEB线可自LEB专用端子板引出。
2. 如室内原无PE线，则不应引入PE线，将装置外可导电部分相互连接即可。为此，室内也不应采用金属穿线管或金属护套。
3. 在游泳池边地面下无钢筋时，应敷设电位均衡导体，间距约为0.6m，最少在两处作横向连接，且与等电位联结端子板连接。如在地面下敷设采暖导线，电位均衡导线应位于采暖导线上方。
4. 电位均衡导体也可敷设网格为150mm×150mm，ϕ3的铁丝网，相邻铁丝网之间应互相焊接。

17.7 游泳池局部等电位联结示例

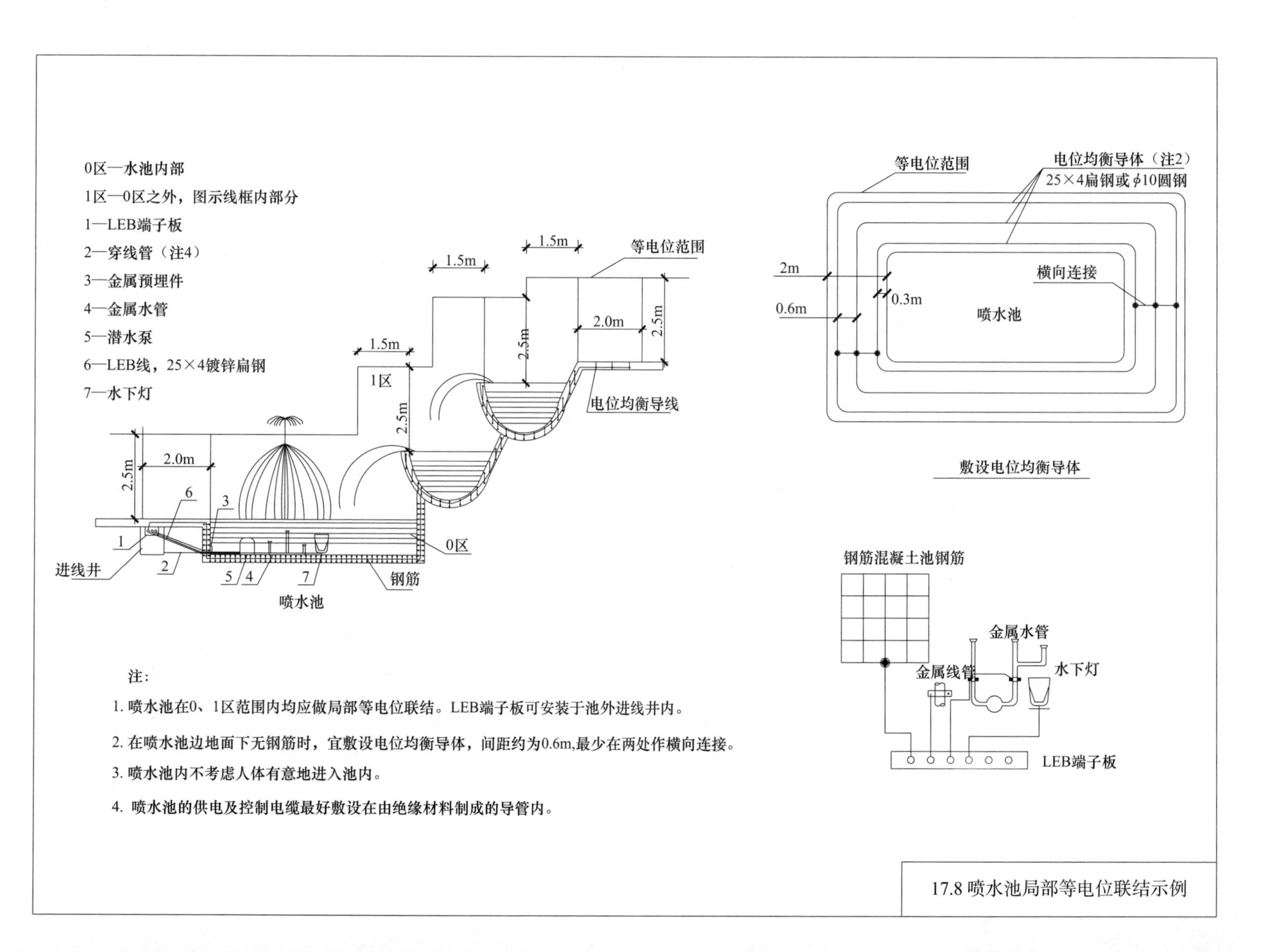

注：

1. 喷水池在0、1区范围内均应做局部等电位联结。LEB端子板可安装于池外进线井内。
2. 在喷水池边地面下无钢筋时，宜敷设电位均衡导体，间距约为0.6m,最少在两处作横向连接。
3. 喷水池内不考虑人体有意地进入池内。
4. 喷水池的供电及控制电缆最好敷设在由绝缘材料制成的导管内。

17.8 喷水池局部等电位联结示例

17.9 消防报警系统图例符号

消防图例符号

符号	名 称	备注	符号	名 称	备注
XD	消防层接线箱	消防接线箱，底距地1.4m		燃气阀	燃气报警后，自动关断
G	广播层接线箱	广播接线箱，底距地1.4m		气体探测器	吸顶安装
M	模块箱	消防模块箱，底距地2.5m	CT	缆式定温探测器	
SI	短路隔离器	底距地2.5m或吸顶安装		普通照明配电箱	1个监视模块,1个控制模块
	带地址感烟探测器	智能型感烟探测器，吸顶安装		应急照明配电箱	1个监视模块，1个控制模块
	带地址感温探测器	智能型感温探测器，吸顶安装		双电源互投控制箱	每台风机1个监视模块,1个控制模块
	带地址手动报警器	带对讲电话插孔手动报警按钮，底距地1.5m	RS	卷帘门控制箱	每台电梯2个监视模块,2个控制模块
	消火栓按扭	消火栓按钮，消火栓的顶部，底距地1.9m（配1个监视模块）	Φ	正压送风口	1个监视模块,1个控制模块
	直通对讲电话	消防专用对讲电话分机，底距地1.4m	Φ SE	排烟口	1个监视模块,1个控制模块
	火灾声光报警器	火灾声光报警显示装置，门框上0.1m安装（配1个警报器控制模块）	Φ D	电动排烟口	自动排烟口（BSFD）（常闭，火灾开，280℃熔断关闭）（配2个监视模块、1个输出模块）
	火灾光报警器	门框上0.1m安装（配1个警报器控制模块）	Θ 70°C	70度防火调节阀	防火调节阀FD（70℃熔断关，停风机）（配1个监视模块）
	火灾警铃	距地2.4m安装（配1个警报器控制模块）	Θ 280°C	280度防火调节阀（常开）	防火调节阀SFD（280℃熔断关，停风机）（配1个监视模块）
	火灾警报扬声器	吸顶安装（配1个警报器控制模块）	Φ 280°C	280度防火调节阀（常闭）	防火调节阀SFDD（280℃熔断，电动开，穿防火墙）防火（配2个监视模块、1个输出模块）
RD	门禁控制器	火灾报警后解除门禁功能	P	压力开关	1个监视模块
	消防兼用背景音乐	壁装，底边距地2.5m安装　　或吸顶安装		水流指示器	1个监视模块
	消防广播(10W)	安装在冷冻机房、水泵房等处，壁装，距地2.8m		检修阀	1个监视模块
D	火灾显示盘	火灾报警复式盘，底距地1.5m	L	液位计	1个监视模块
	线型光束感烟探测器(接受)			预作用报警阀组	5个监视模块,1个控制模块
	线型光束感烟探测器(发射)			湿式报警阀组	3个监视模块

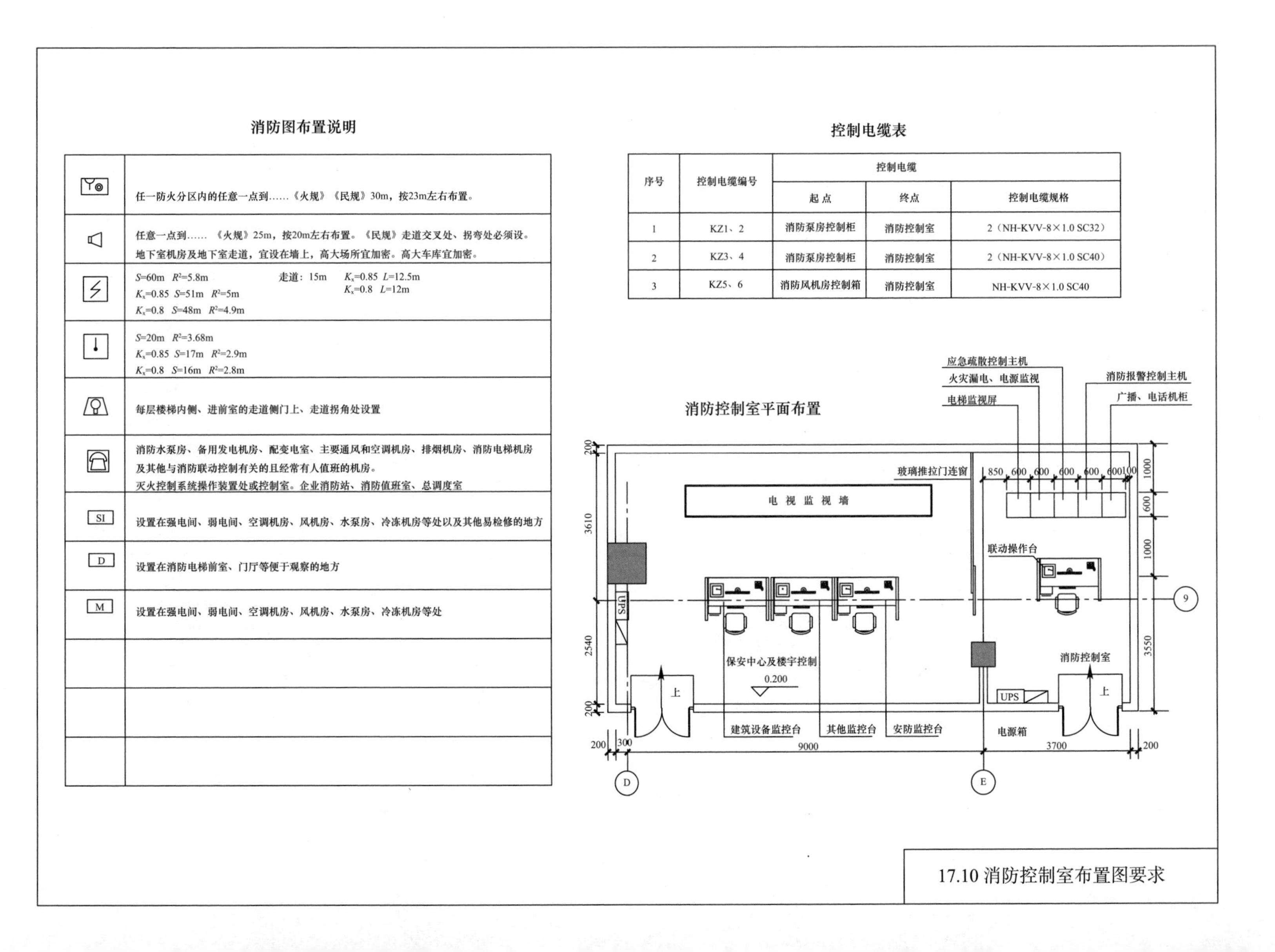

17.10 消防控制室布置图要求

消防图布置说明

图例	说明
	任一防火分区内的任意一点到……《火规》《民规》30m，按23m左右布置。
	任意一点到…… 《火规》25m，按20m左右布置。《民规》走道交叉处、拐弯处必须设。地下室机房及地下室走道，宜设在墙上，高大场所宜加密。高大车库宜加密。
	S=60m R^2=5.8m K_x=0.85 S=51m R^2=5m K_x=0.8 S=48m R^2=4.9m 走道：15m K_x=0.85 L=12.5m K_x=0.8 L=12m
	S=20m R^2=3.68m K_x=0.85 S=17m R^2=2.9m K_x=0.8 S=16m R^2=2.8m
	每层楼梯内侧、进前室的走道侧门上、走道拐角处设置
	消防水泵房、备用发电机房、配变电室、主要通风和空调机房、排烟机房、消防电梯机房及其他与消防联动控制有关的且经常有人值班的机房。 灭火控制系统操作装置处或控制室。企业消防站、消防值班室、总调度室
SI	设置在强电间、弱电间、空调机房、风机房、水泵房、冷冻机房等处以及其他易检修的地方
D	设置在消防电梯前室、门厅等便于观察的地方
M	设置在强电间、弱电间、空调机房、风机房、水泵房、冷冻机房等处

控制电缆表

序号	控制电缆编号	控制电缆		
		起点	终点	控制电缆规格
1	KZ1、2	消防泵房控制柜	消防控制室	2（NH-KVV-8×1.0 SC32）
2	KZ3、4	消防泵房控制柜	消防控制室	2（NH-KVV-8×1.0 SC40）
3	KZ5、6	消防风机房控制箱	消防控制室	NH-KVV-8×1.0 SC40

消防控制室平面布置

消防平面图画法

说明

1.任一台火灾报警控制器所来连接的火灾探测器、手动火灾报警按钮和模块等设备总数和地址总数，均不应超过3200点，其中每一总线回路连接设备的总数不宜超过200点，且应留有不少于额定容量10%的余量；任一台消防联动控制器地址总数或火灾报警控制器（联动型）所控制的各类模块总数不应超过1600点，每一联动总线回路连接设备的总数不宜超过100点，且应留有不少于额定容量10%的余量。

1）每个防火分区宜设置消防线路接线箱，每个防火分区的接线箱使用线槽实现相互之间联系（防火分区较少时也可穿管联通，如标准层）。

2）火灾报警回路：每个火灾报警回路所能连接的地址总数设计中不超过180个，火灾报警回路中包含各式火灾探测器及手动火灾报警按钮。

3）火灾消防联动回路：每一个消防联动控制回路的模块地址数量不超过90个，火灾消防联动回路包含消防应急广播设备、气体灭火控制器、防火门监控器、应急照明控制器、防火卷帘控制器、电动开窗控制器、消防泵控制箱、风机控制箱、消火栓按钮及声光报警器等。

4）当联动点位数量较少时，联动回路与报警回路可共用回路，但总数不超过180个。

2.系统总线上应设置总线短路隔离器，每只总线短路隔离器保护的火灾探测器、手动火灾报警按钮和模块等消防设备的总数不应超过32点；总线穿越防火分区时，应在穿越处设置总线短路隔离器。

1）短路隔离器按防火分区尽可能集中设置在短路隔离器箱内，安装在弱电井、强电井、机房等易于检修的场所，报警支路由短路隔离器箱分回路引出，每个回路至多保护28个消防地址点位。

2）消防回路不应穿越防火分区，特殊情况下需要穿越防火分区时应在穿越处设置短路隔离器。

3.多线制消防专用电话系统中的每个电话分机采用放射式连接，手动火灾报警按钮的电话插孔和消防专用电话分机应该分别连接。

4.防火门监控系统、漏电火灾监控系统、应急疏散系统和电源监测系统、电梯监视系统均为独立系统，单独管线，主干线缆可以和消防报警主干线槽合用，主机设置在消防控制室，可单独出平面图。

5.住宅火灾消防报警系统中设备的总线、电源线、电话线、广播线可纵向连接，短路隔离器设置在竖井内，每个短路隔离器所带点位不超过28个。

名　称	符　号	备　　注
手动报警器		手报报警功能:同报警回路串在一起。消防电话从竖井引出一直到最后一个连接，不分叉。 平面图中一根线表示1根SC20管
消火栓按钮		报警功能:同报警回路串在一起。当设置消火栓按钮时，消火栓按钮的动作信号应作为报警或信号及启动消火栓的联动触发信号，由消防联动控制器联动控制消火栓泵的启动
消防模块箱	M	从竖井单独引出，平面图中一根线表示2根SC20管，故不与报警回路相接。每层做环形连接。 每个模块箱出线不宜大于8根
短路隔离器箱	SI	短路隔离器可根据防火分区集中安装在箱体内，设置在弱电间、强电间、机房等易于检修的场所，由竖井引消防报警总线（可包括电源线）至短路隔离器箱，再由短路隔离器箱的每个隔离器引出至各末端报警点，每个箱出线不宜大于8根
火灾声光报警器		楼梯声报警，单独走一对线。 楼梯警灯，与就近模块连
火灾显示盘	D	消防电梯厅，复式盘，从竖井单独引出。一根SC32管
应急广播		应急广播，从竖井单独引出，从竖井引出一直到最后一个连接，不分叉
各类阀门	SE D 280°C 70°C	从模块箱单独引出。可串接，但每根SC20管内导线不宜大于6根
各类探测器		所有探测器、消火栓按钮、手报从竖井引出，再回到竖井，每层宜做环形连接。每路不超过200点
电梯控制模块	ELV	从电梯机房至竖井再引至消防控制室。一根SC40管
消防设备控制箱	箱号 / 设备号	消防硬线从设备至竖井，再引至消防控制室。一台通风设备（风机）一根SC40管

17.11 消防报警平面图画法

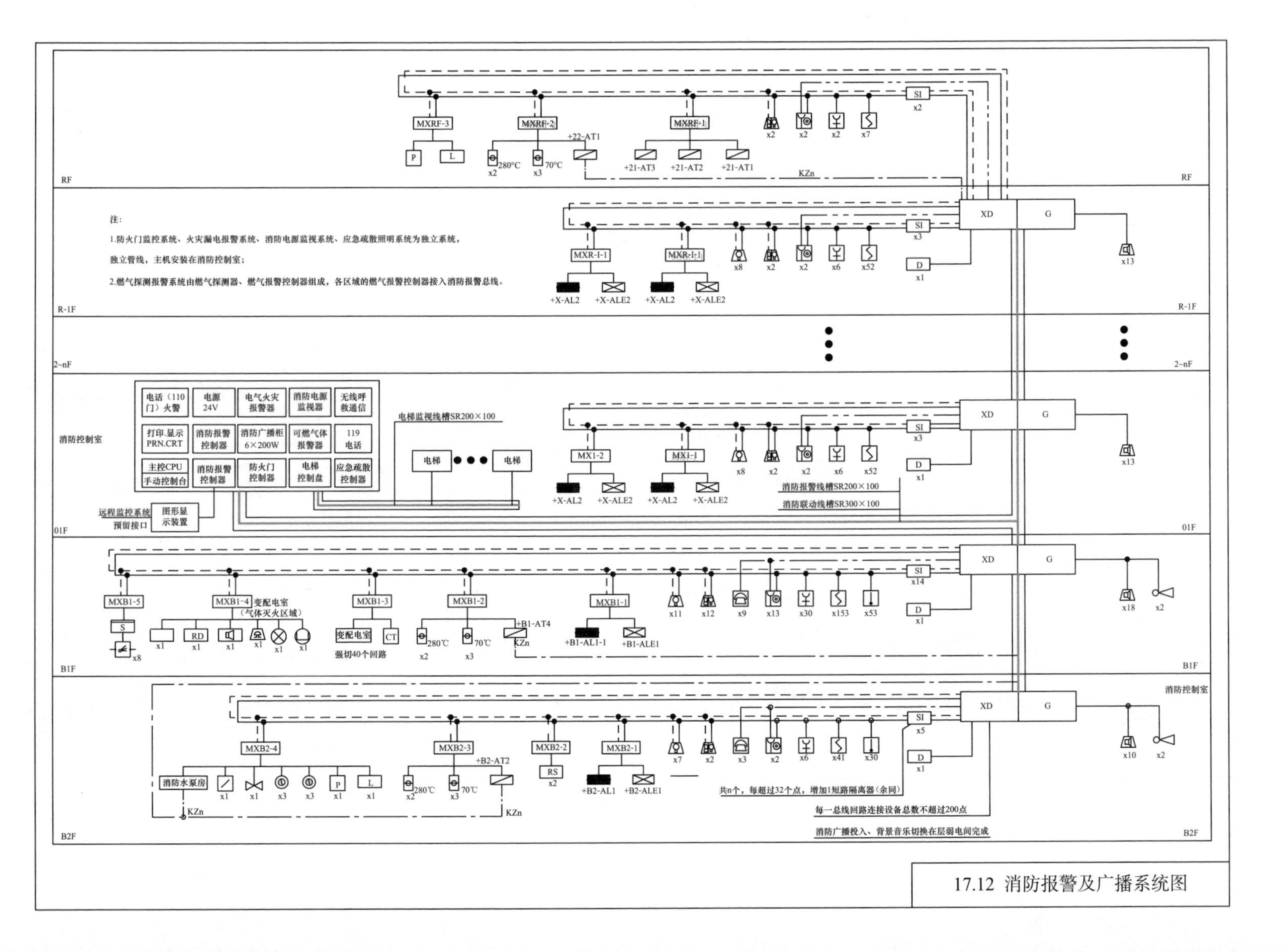

17.12 消防报警及广播系统图

18 智能化施工图部分详图

序号	图例符号	名称	备注	序号	图例符号	名称	备注
1	2TD	壁装双口信息插座（2个数据点）	壁装、底边距地0.3m（预埋1个86盒）	16	VP	有线电视分支分配器盒	弱电井内安装
2	2TO	壁装双口信息插座（1个语音+1个数据点）	壁装、底边距地0.3m（预埋1个86盒）	17	VC TD	视频会议信息点	底边距地0.3m墙装，预埋86盒
3	2TD	桌面安装双口信息插座（2个数据点）	家具上安装，具体安装位置以家具布置为准	18	TO	信息发布信息点	底边距地1.8m,预埋86盒
4	2TO	桌面安装双口信息插座（1个语音+1个数据点）	家具上安装，具体安装位置以家具布置为准	19	TO	触摸查询屏信息点	地面安装
5	2TD	地面双口信息插座（2个数据点）	地面安装	20	MUTO	多用户信息插座	底边距地0.3m墙装
6	2TO	地面双口信息插座（1个语音+1个数据点）	地面安装	21	CP	集合点箱（12个数据点+12个语音点）	沿墙或柱子吊顶内安装
7	TP	壁装单口信息插座（1个语音点）	底边距地0.3m墙装,预埋86盒	22	AP	无线访问信息接入点	吊顶内安装
8	TD	壁装单口信息插座（1个数据点）	底边距地0.3m墙装,预埋86盒	23	LIU	楼层光纤配线架（机架式）	机柜内安装
9	TP	桌面单口信息插座（1个语音点）	家具上安装，具体安装位置以家具布置为准	24	SW	交换机	机柜内安装
10	TD	桌面单口信息插座（1个数据点）	家具上安装，具体安装位置以家具布置为准	25		综合布线机柜（网络机柜）	落地安装
11	TP	地面单口信息插座（1个语音点）	地面安装	26	FD	楼层配线架	机柜内安装
12	TD	地面单口信息插座（1个数据点）	地面安装	27	BD	数据楼配线架（机架式）	机柜内安装
13	TD_{pos}	POS消费信息点（1个数据点）	底边距地1.6m安装，预埋86盒	28	BD	语音楼配线架	机柜内安装
14	TD_s	视频安防信息点	吊顶内安装	29	CD	数据建筑群配线架（机架式）	机柜内安装
15	TV	有线电视插座	底边距地0.3m壁装 （具体安装位置以精装修图纸为准）	30	CD	语音建筑群配线架	机柜内安装

18.1 综合布线系统图例符号

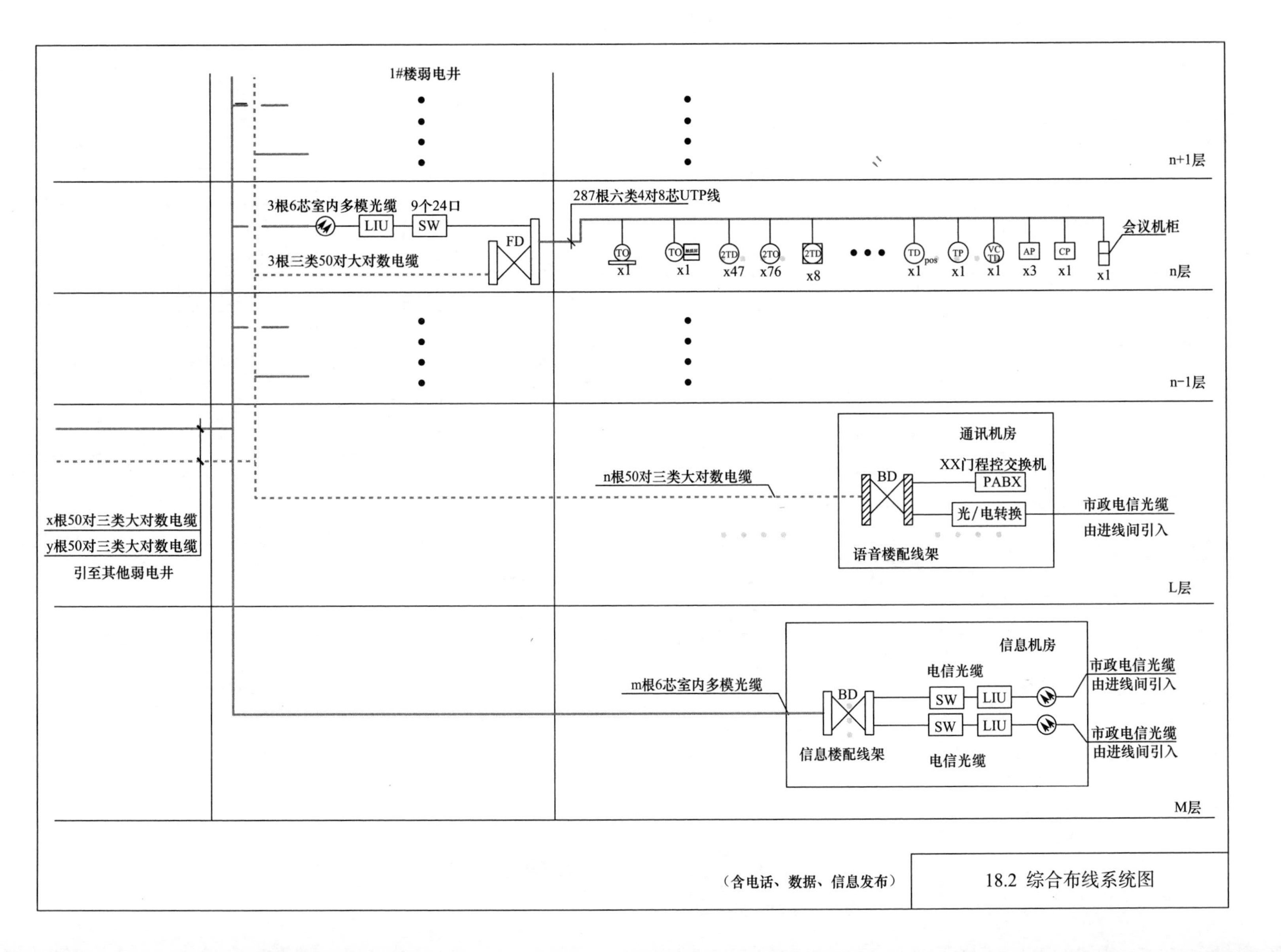

（含电话、数据、信息发布）

18.2 综合布线系统图

18.3 建筑设备管理系统图例符号

建筑设备管理系统图例符号

序号	图例符号	名称	单位	备注
1	DDC	DDC控制箱	套	底边与电控箱等高
2	ΔP	压差开关	个	新风/空调机组内安装
3	T1	防冻开关	个	新风/空调机组内安装
4	M	风阀执行器	个	新风/空调机组内安装
5	T	风管式温度传感器	个	
6	H	风管式湿度传感器	个	
7	T1	温度传感器	个	新风/空调机组内安装
8	H1	湿度传感器	个	新风/空调机组内安装
9	CO2	CO_2传感器	个	底边距地1.4m壁装,带接线盒（尽量靠近回风口）
10	CO	CO传感器	个	
11	JK	信号上传通讯接口	个	
12	Ⓛ	液位开关	个	集水坑内安装
13		加湿电磁阀	个	新风/空调机组内安装
14	M	电动调节阀	个	新风/空调机组内安装
15	⊕	热水盘管	个	
16		过滤网	个	新风/空调机组内安装
17		泵	个	
18		冷水盘管二通调节阀	个	
19		风门驱动器（不调节）	个	
20		照明配电箱	个	
21		电力控制箱	个	

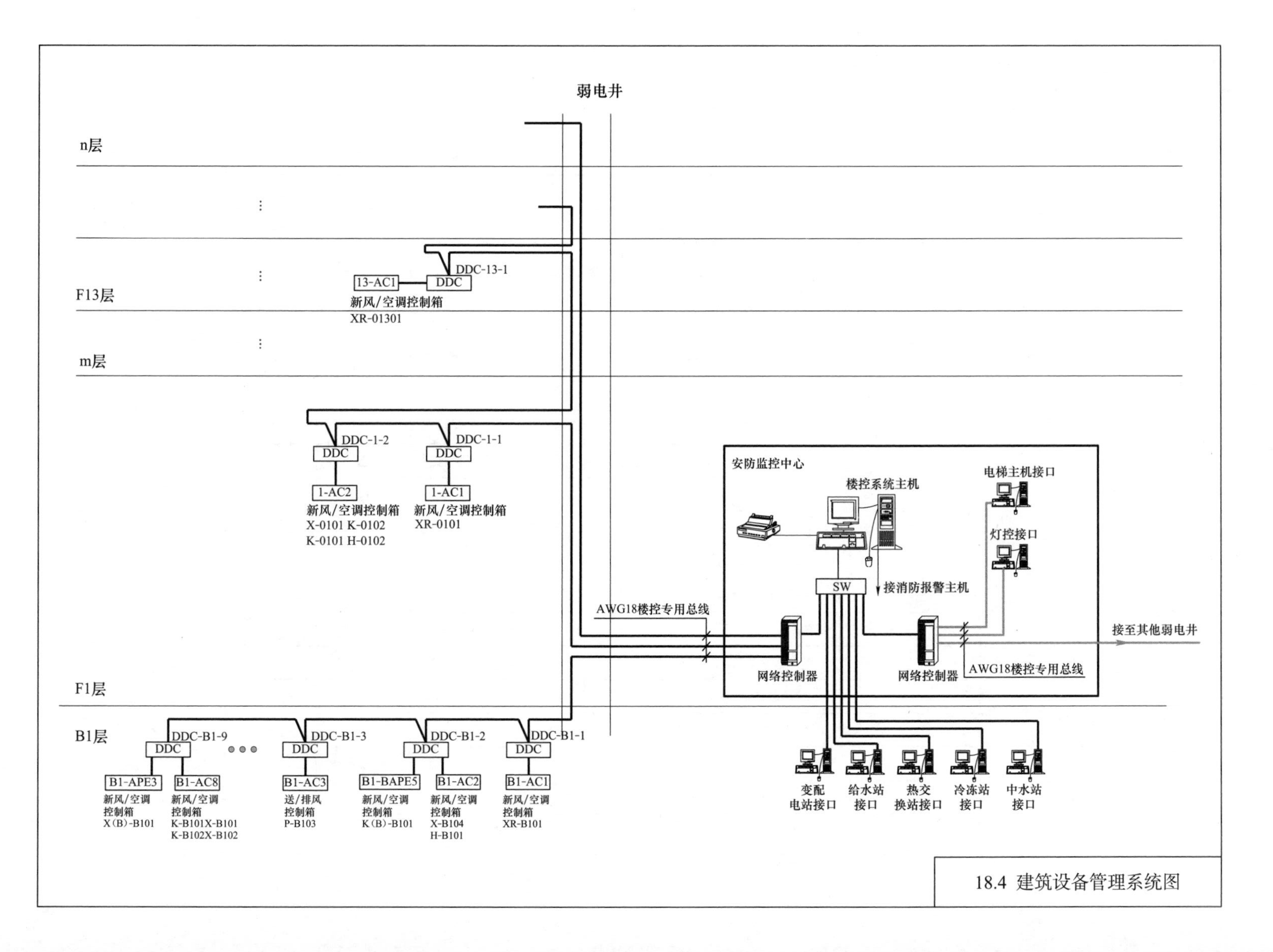

18.4 建筑设备管理系统图

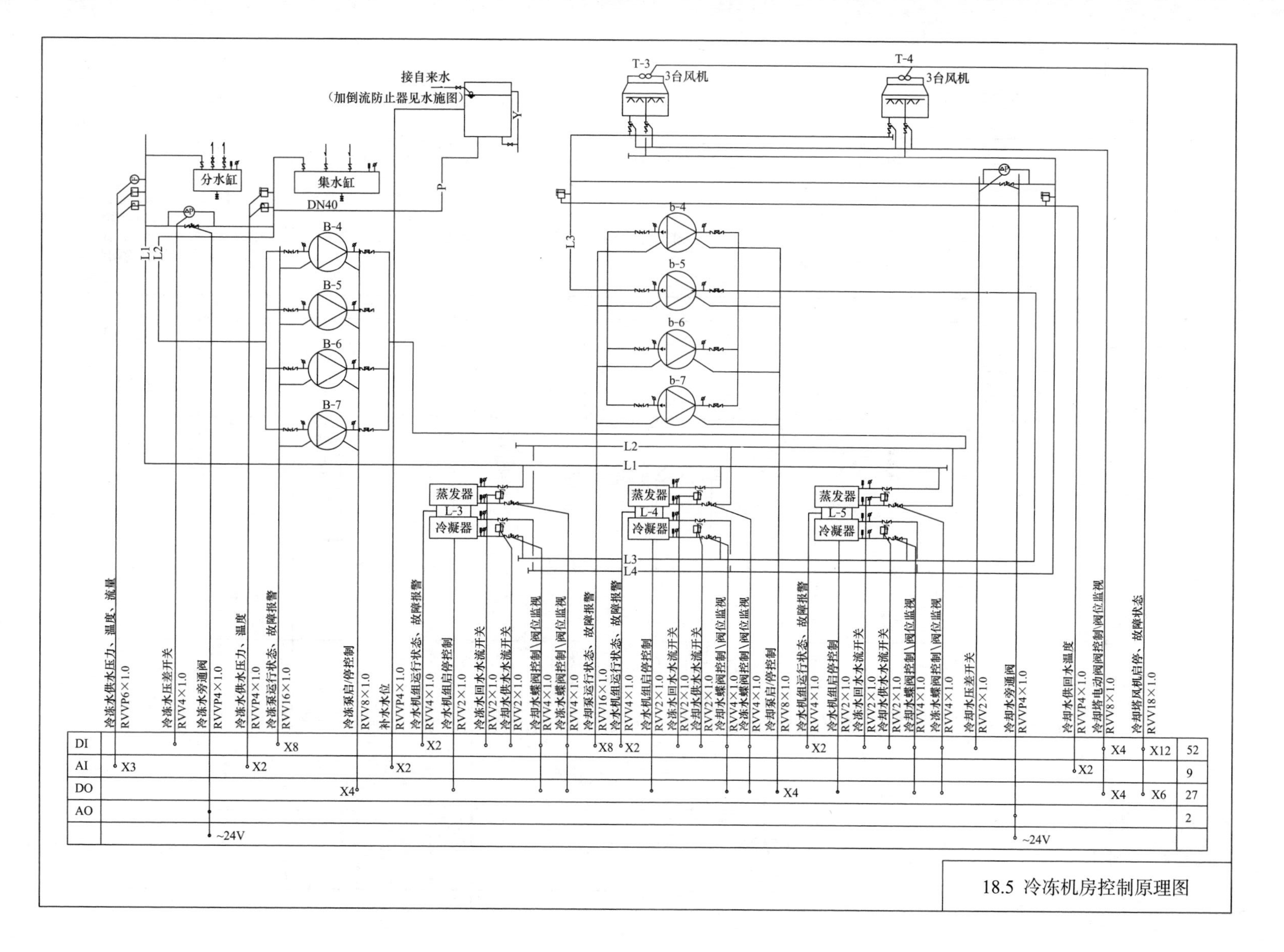

18.5 冷冻机房控制原理图

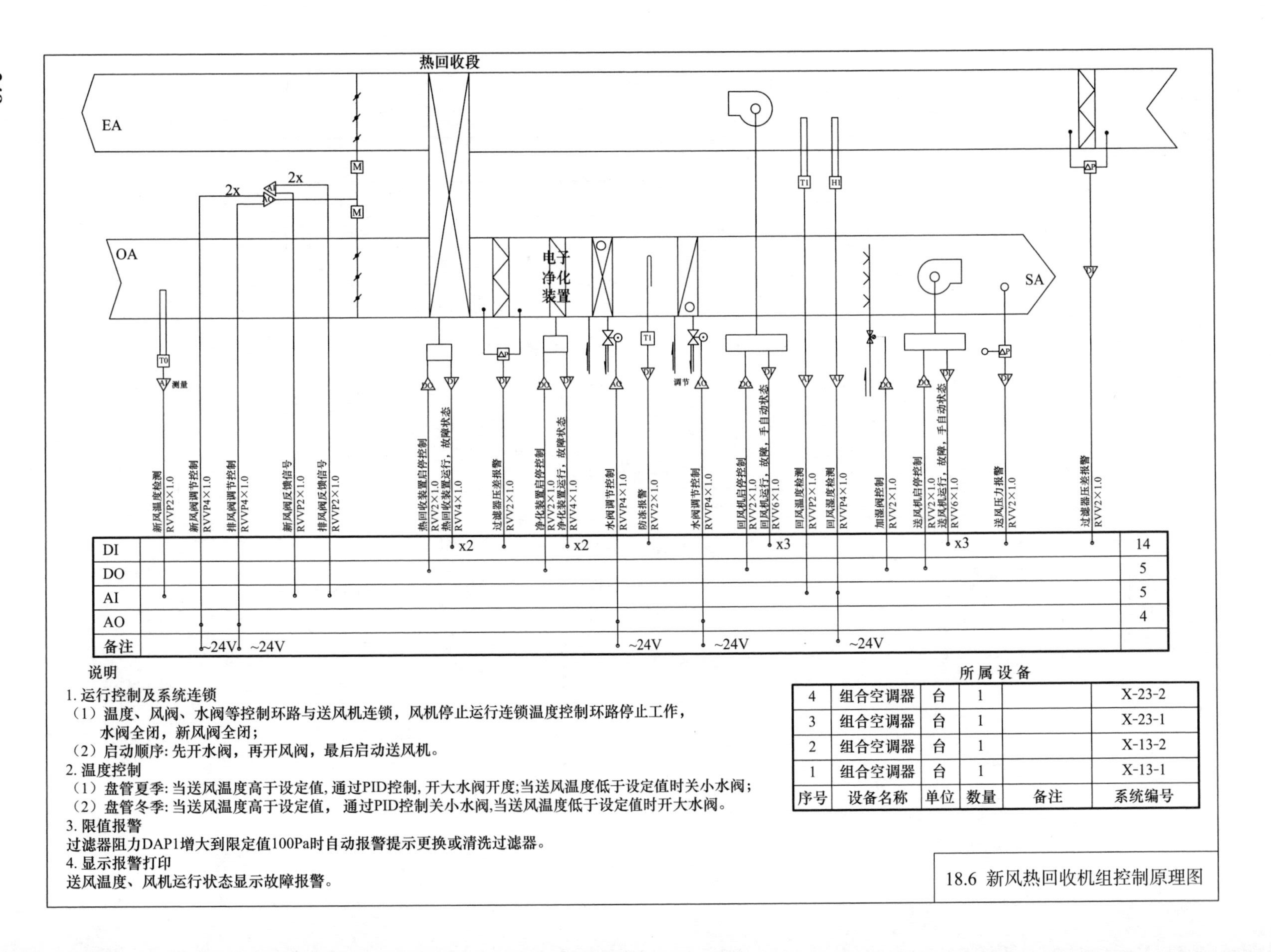

说明

1. 运行控制及系统连锁

（1）温度、风阀、水阀等控制环路与送风机连锁，风机停止运行连锁温度控制环路停止工作，水阀全闭，新风阀全闭；

（2）启动顺序: 先开水阀，再开风阀，最后启动送风机。

2. 温度控制

（1）盘管夏季: 当送风温度高于设定值，通过PID控制，开大水阀开度;当送风温度低于设定值时关小水阀；

（2）盘管冬季: 当送风温度高于设定值， 通过PID控制关小水阀,当送风温度低于设定值时开大水阀。

3. 限值报警

过滤器阻力DAP1增大到限定值100Pa时自动报警提示更换或清洗过滤器。

4. 显示报警打印

送风温度、风机运行状态显示故障报警。

所属设备

序号	设备名称	单位	数量	备注	系统编号
4	组合空调器	台	1		X-23-2
3	组合空调器	台	1		X-23-1
2	组合空调器	台	1		X-13-2
1	组合空调器	台	1		X-13-1

18.6 新风热回收机组控制原理图

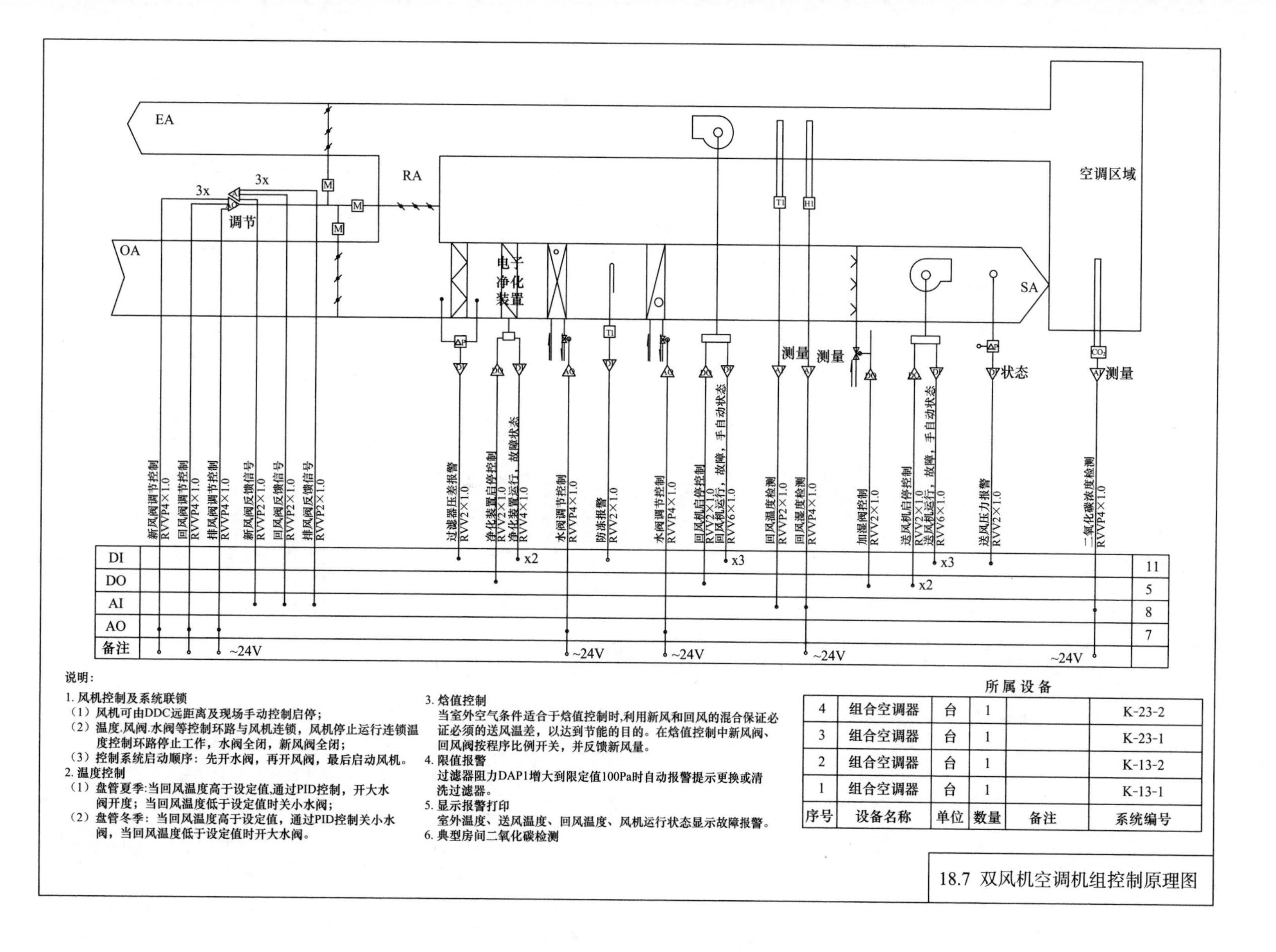

说明：

1. 风机控制及系统联锁

（1）风机可由DDC远距离及现场手动控制启停；

（2）温度.风阀.水阀等控制环路与风机连锁，风机停止运行连锁温度控制环路停止工作，水阀全闭，新风阀全闭；

（3）控制系统启动顺序：先开水阀，再开风阀，最后启动风机。

2. 温度控制

（1）盘管夏季:当回风温度高于设定值,通过PID控制，开大水阀开度；当回风温度低于设定值时关小水阀；

（2）盘管冬季：当回风温度高于设定值，通过PID控制关小水阀，当回风温度低于设定值时开大水阀。

3. 焓值控制

当室外空气条件适合于焓值控制时,利用新风和回风的混合保证必证必须的送风温差，以达到节能的目的。在焓值控制中新风阀、回风阀按程序比例开关，并反馈新风量。

4. 限值报警

过滤器阻力DAP1增大到限定值100Pa时自动报警提示更换或清洗过滤器。

5. 显示报警打印

室外温度、送风温度、回风温度、风机运行状态显示故障报警。

6. 典型房间二氧化碳检测

所属设备

序号	设备名称	单位	数量	备注	系统编号
4	组合空调器	台	1		K-23-2
3	组合空调器	台	1		K-23-1
2	组合空调器	台	1		K-13-2
1	组合空调器	台	1		K-13-1

18.7 双风机空调机组控制原理图

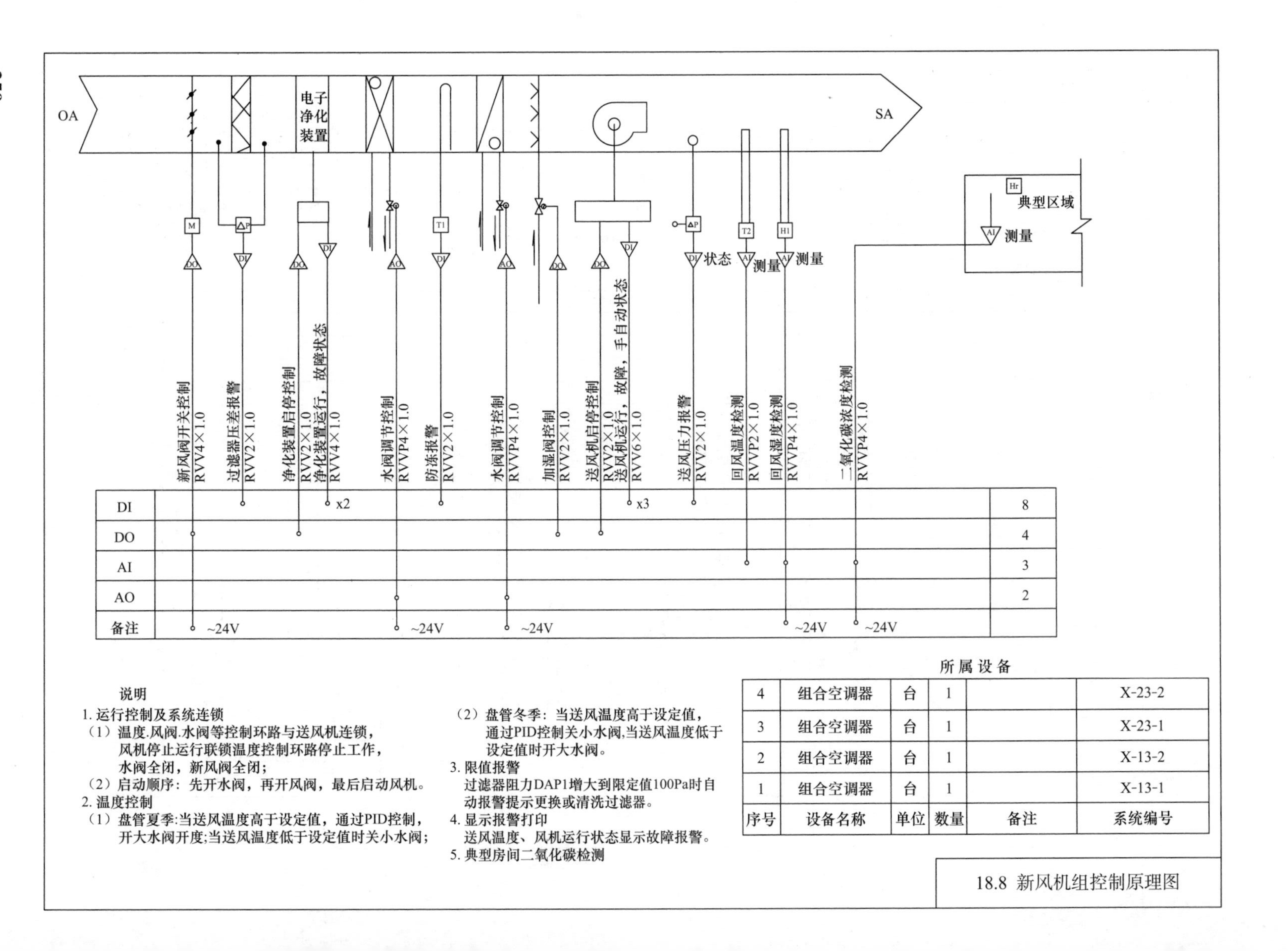

说明

1. 运行控制及系统连锁

（1）温度.风阀.水阀等控制环路与送风机连锁，风机停止运行联锁温度控制环路停止工作，水阀全闭，新风阀全闭；

（2）启动顺序：先开水阀，再开风阀，最后启动风机。

2. 温度控制

（1）盘管夏季:当送风温度高于设定值，通过PID控制，开大水阀开度;当送风温度低于设定值时关小水阀；

（2）盘管冬季：当送风温度高于设定值，通过PID控制关小水阀,当送风温度低于设定值时开大水阀。

3. 限值报警

过滤器阻力DAP1增大到限定值100Pa时自动报警提示更换或清洗过滤器。

4. 显示报警打印

送风温度、风机运行状态显示故障报警。

5. 典型房间二氧化碳检测

所属设备

序号	设备名称	单位	数量	备注	系统编号
4	组合空调器	台	1		X-23-2
3	组合空调器	台	1		X-23-1
2	组合空调器	台	1		X-13-2
1	组合空调器	台	1		X-13-1

18.8 新风机组控制原理图

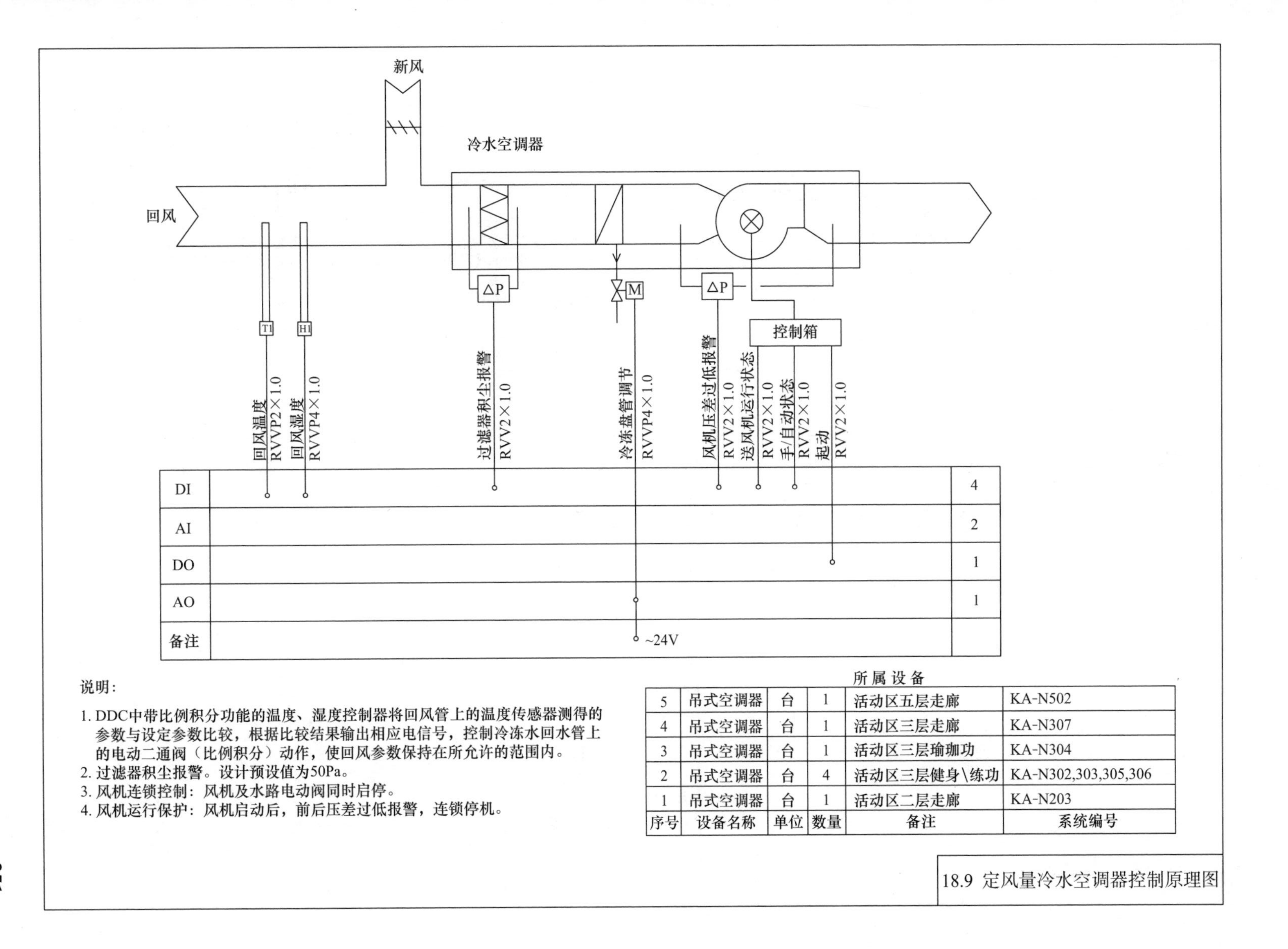

说明：

1. DDC中带比例积分功能的温度、湿度控制器将回风管上的温度传感器测得的参数与设定参数比较，根据比较结果输出相应电信号，控制冷冻水回水管上的电动二通阀（比例积分）动作，使回风参数保持在所允许的范围内。
2. 过滤器积尘报警。设计预设值为50Pa。
3. 风机连锁控制：风机及水路电动阀同时启停。
4. 风机运行保护：风机启动后，前后压差过低报警，连锁停机。

所属设备

序号	设备名称	单位	数量	备注	系统编号
5	吊式空调器	台	1	活动区五层走廊	KA-N502
4	吊式空调器	台	1	活动区三层走廊	KA-N307
3	吊式空调器	台	1	活动区三层瑜珈功	KA-N304
2	吊式空调器	台	4	活动区三层健身\练功	KA-N302,303,305,306
1	吊式空调器	台	1	活动区二层走廊	KA-N203

18.9 定风量冷水空调器控制原理图

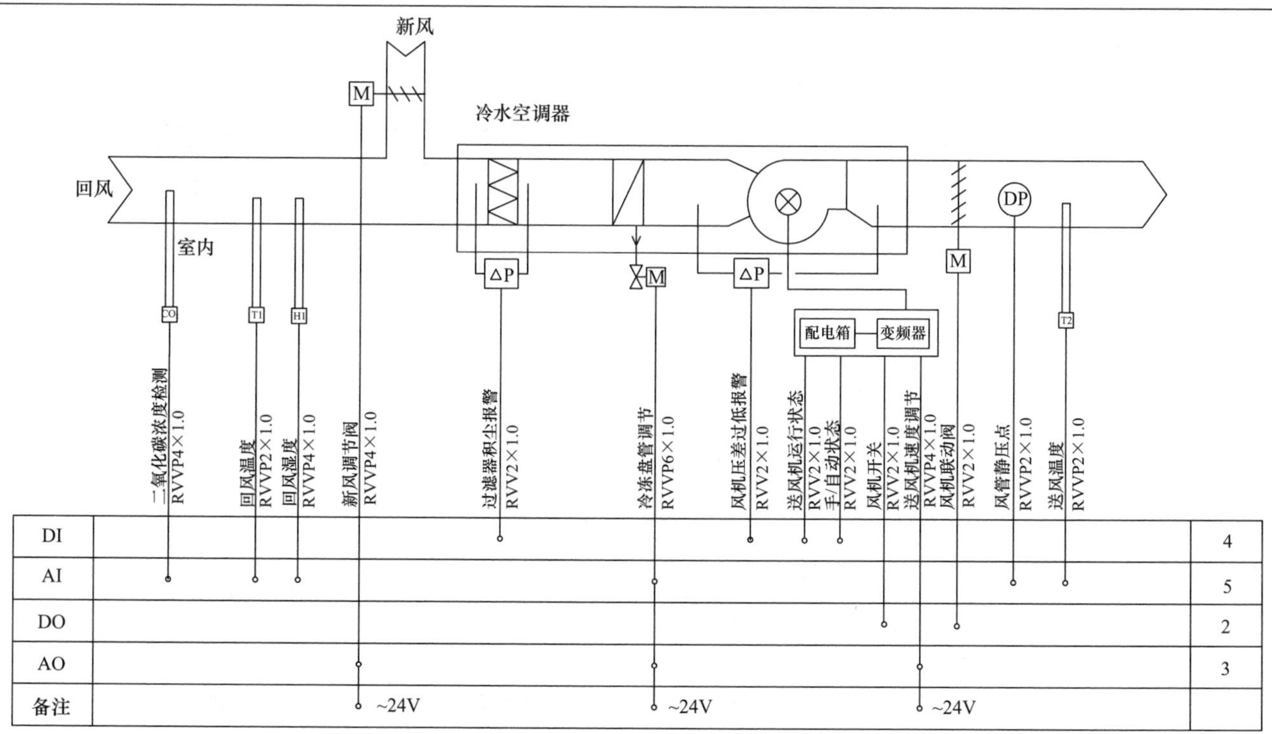

新风

冷水空调器

回风

室内

DP

配电箱

变频器

二氧化碳浓度检测 RVVP4×1.0

回风温度 RVVP2×1.0

回风湿度 RVVP4×1.0

新风调节阀 RVVP4×1.0

过滤器积尘报警 RVV2×1.0

冷冻盘管调节 RVVP6×1.0

风机压差过低报警 RVV2×1.0

送风机运行状态 RVV2×1.0

手/自动状态 RVV2×1.0

风机开关 RVV2×1.0

送风机速度调节 RVVP4×1.0

风机联动阀 RVV2×1.0

风管静压点 RVVP2×1.0

送风温度 RVVP2×1.0

DI	4
AI	5
DO	2
AO	3
备注 ~24V ~24V ~24V	

说明：

1. DDC中带比例积分功能的温度、湿度控制器将回风管上的温度传感器测得的参数与设定参数比较，根据比较结果输出相应电信号，控制冷冻水回水管上的电动二通阀（比例积分）动作，使回风参数保持在所允许的范围内。
2. DDC中带比例积分功能的二氧化碳控制器将室内的二氧化碳传感器测得的参数与设定参数比较，根据比较结果输出相应电信号，控制新风阀的开度，使回风二氧化碳浓度保持在所允许的范围内（小于0.1%）。
3. DDC接受控制中心信号，输出信号控制变频器变频，使送风量控制在所需的要求（设计量为60~100%）。
4. 过滤器积尘报警。设计预设值为50Pa。
5. 风机连锁控制：风机、风机联动阀及水路电动阀同时启停。
6. 风机运行保护：风机启动后，前后压差过低报警，连锁停机。

所属设备

序号	设备名称	单位	数量	备注	系统编号
6	组合式冷水空调器	台	2	塔楼37层办公	KA-T3701,2
5	组合式冷水空调器	台	1	36层办公室	KA-T3601
4	组合式冷水空调器	台	2	塔楼标准层办公	KA-T8~21,23~35-1,2
3	组合式空调器	台	2	西裙楼6层北办公室	KA-W603,04
2	组合式空调器	台	2	西裙楼6层南办公室	KA-W601,02
1	组合式空调器	台	2	西裙楼5层南办公室	KA-W501,02

18.10 VAV变风量系统空调器控制原理图

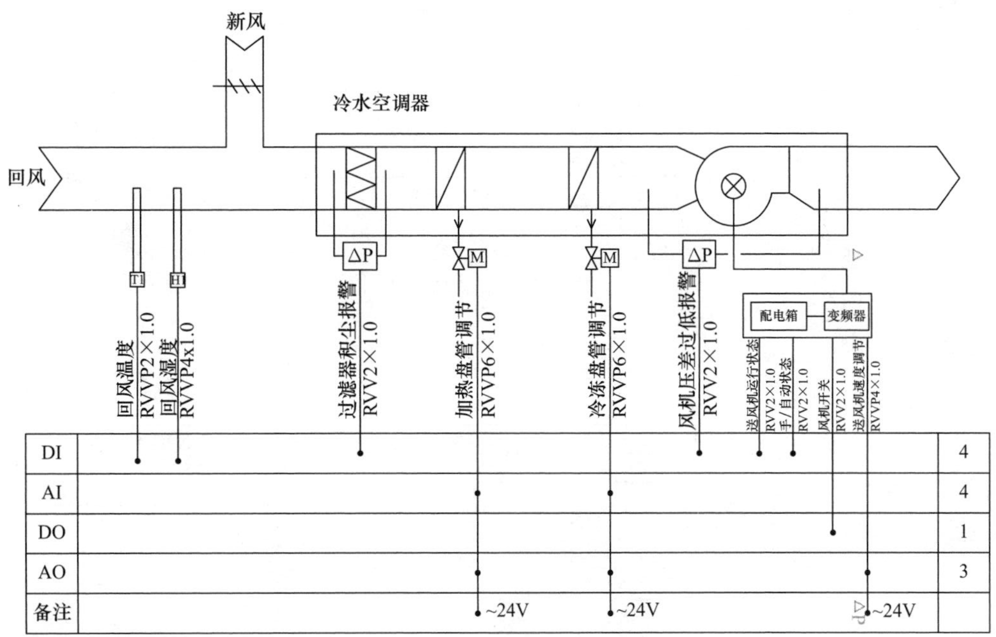

DI		4
AI		4
DO		1
AO		3
备注		

说明：

1.DDC中带比例积分功能的温度、湿度控制器将回风管上的温度传感器测得的参数与设定参数比较，根据比较结果输出相应电信号， 控制冷冻水回水管上的电动二通阀（比例积分）动作，使回风参数保持在所允许的范围内。
2.DDC接受控制中心信号，输出信号控制变频器变频，使送风量控制在所需的要求（设计量为60%~100%）。
3.过滤器积尘报警。设计预设值为50Pa。
4.风机连锁控制：风机及水路电动阀同时启停。
5.风机运行保护：风机启动后，前后压差过低报警，连锁停机。
6.带热水盘管的空调器，夏季通风，冬季送热风。湿度控制器将回风管上的温度传感器测得的参数与设定参数比较，根据比较结果输出 相应电信号，控制冷冻水回水管上的电动二通阀（比例积分）动作，使回风参数保持在所允许的范围内。

所属设备

序号	设备名称	单位	数量	备注	系统编号
1	组合空调器	台	1	泳池	KA-b201

18.11　变风量不带末端冷水空调器控制原理图

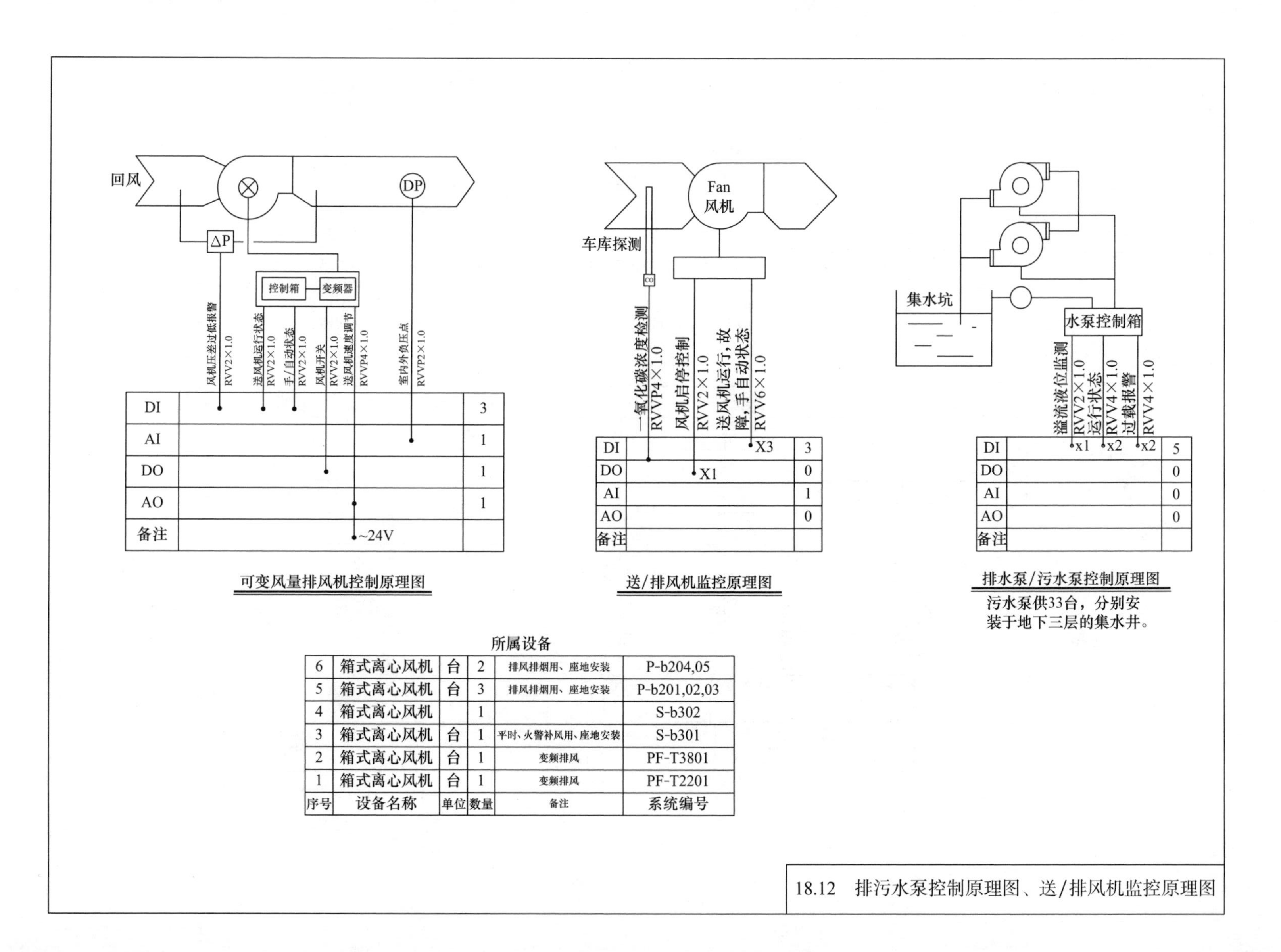

所属设备

6	箱式离心风机	台	2	排风排烟用、座地安装	P-b204,05
5	箱式离心风机	台	3	排风排烟用、座地安装	P-b201,02,03
4	箱式离心风机		1		S-b302
3	箱式离心风机	台	1	平时、火警补风用、座地安装	S-b301
2	箱式离心风机	台	1	变频排风	PF-T3801
1	箱式离心风机	台	1	变频排风	PF-T2201
序号	设备名称	单位	数量	备注	系统编号

18.12 排污水泵控制原理图、送/排风机监控原理图

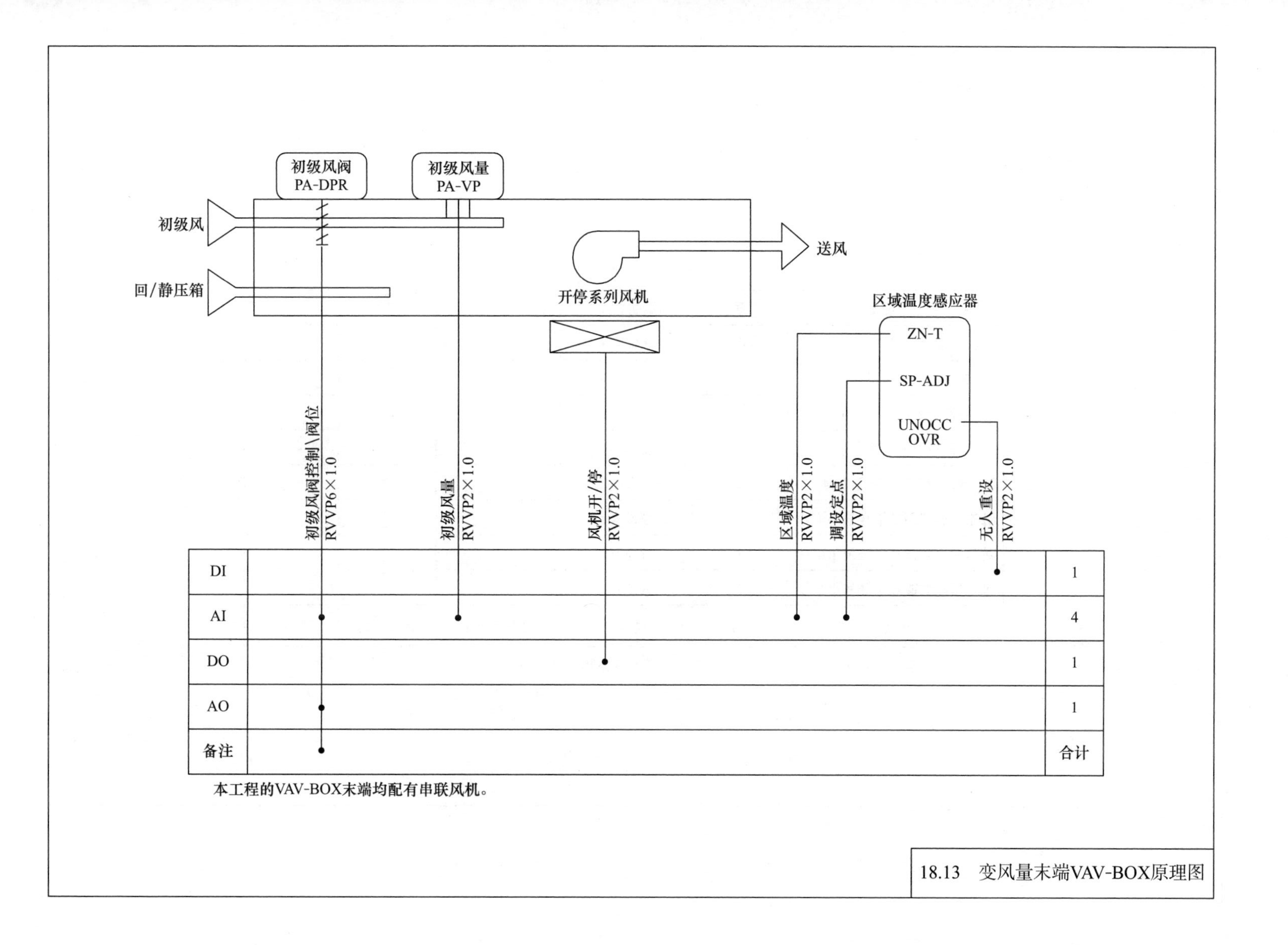

本工程的VAV-BOX末端均配有串联风机。

18.13 变风量末端VAV-BOX原理图

有线电视系统图例符号

序号	图例符号	本项目使用	名称	单位	备注
1			2分支器	个	有线电视分支分配器盒内安装
2			3分支器	个	有线电视分支分配器箱内安装
3			4分支器	个	有线电视分支分配器箱内安装
4			双向放大器	个	有线电视放大箱内安装
5			2分配器	个	有线电视放大箱内安装
6			3分配器	个	有线电视放大箱内安装
7			4分配器	个	有线电视放大箱内安装
8	VF		放大器箱	个	底边距地1.4m明装
9			卫星天线	套	楼顶落地安装

18.14 有线电视系统图例符号

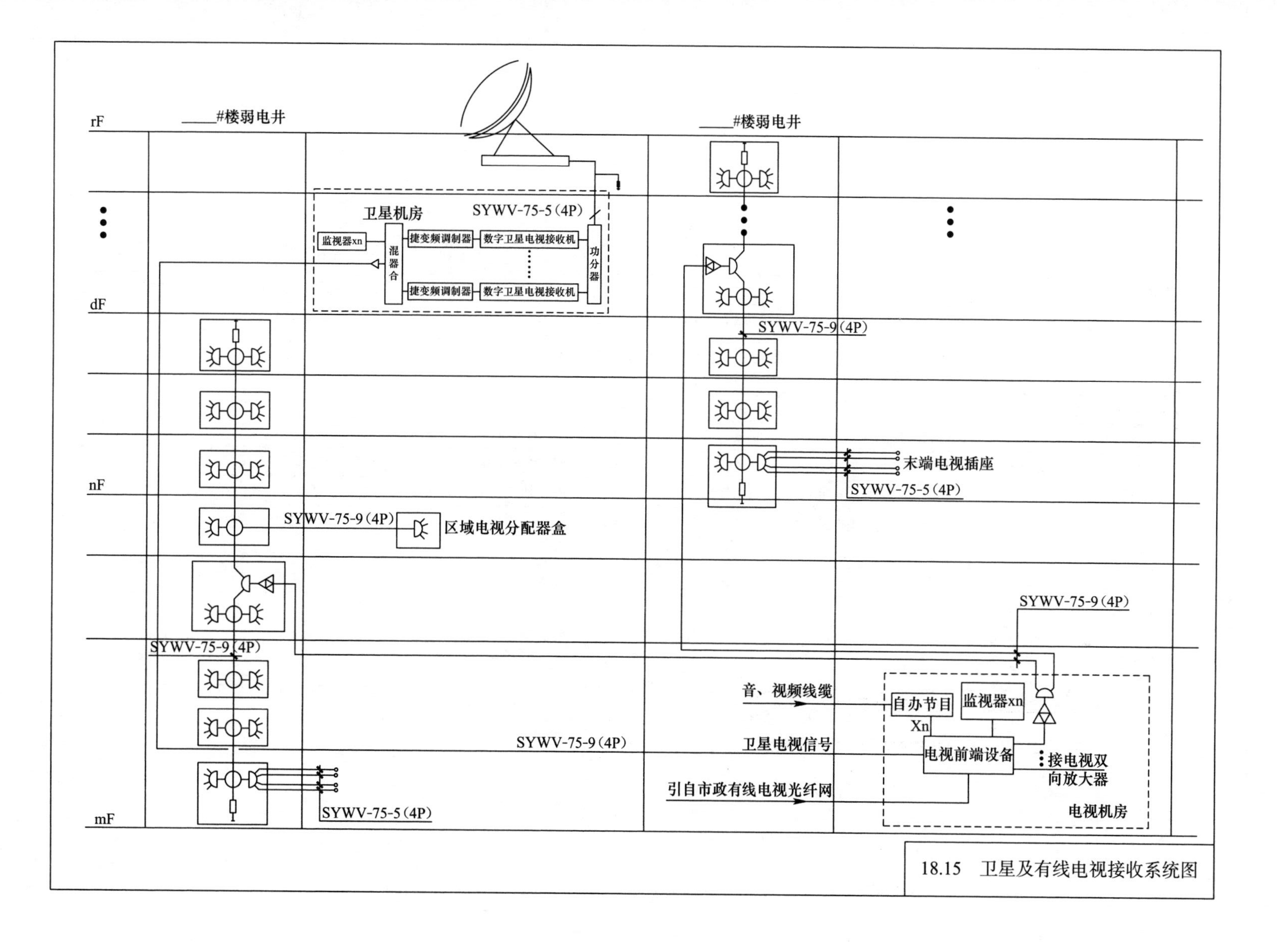

18.15 卫星及有线电视接收系统图

序号	图例符号（模拟）	图例符号（数字）	名称	单位	备注	序号	图例符号	名称	单位	备注
1		IP	彩色半球摄像机	套	半球护罩吸顶安装	15		单门门磁	套	距门扇0.1cm门框内暗装
2		IP	室内彩色一体化快球摄像机	个	室内，底边距地2.5m壁装	16	EL	电控锁（带反馈）	个	根据门的样式现场调整
3		IP	彩色枪式摄像机（配球形护罩）	个	室外，底边距地3.5m壁装	17	EJD	机电一体锁	套	同大楼机械锁安装高度
4		IP	室外彩色全方位摄像机	个	底边距地3.5m墙装	18		读卡器	个	底沿距地1.3m
5		IP	彩转黑宽动态枪式摄像机	个	底边距地1.5m立杆安装	19		手指静脉读卡器	个	
6		IP	彩转黑枪式摄像机	个	底边距地2.2m吊杆安装	20		双门电控锁（含门磁功能）	套	详见出入口控制系统安装示意图
7			电梯专用摄像机（模拟）	个	电梯轿箱内顶上安装	21		单门电控锁（含门磁功能）	套	详见出入口控制系统安装示意图
8			楼层显示器	个	电梯轿箱外顶上安装	22		出门按钮	个	详见出入口控制系统安装示意图
9	B		玻璃破碎探测器	个	吸顶安装/距地2.3m墙装	23		紧急出门按钮	个	详见出入口控制系统安装示意图
10			紧急报警按钮	个	底沿距地1m或工位表面安装	24	MJ	门禁专用接线盒	个	详见出入口控制系统安装示意图
11	IR/M		红外微波双鉴探测器	个	吸顶安装	25	SJ	速通门接线盒	个	地面安装
12			声光告警器	个	门框上方0.5cm安装	26	SA-SW	24口交换机（视频安防）	个	机柜内安装
13			双向刷卡速通门箱体	套	落地安装	27		安防用变压器	个	机柜/配电箱内安装
14			双门门磁	套	距门扇10mm门框内暗装					

18.16　视频监控系统图例符号

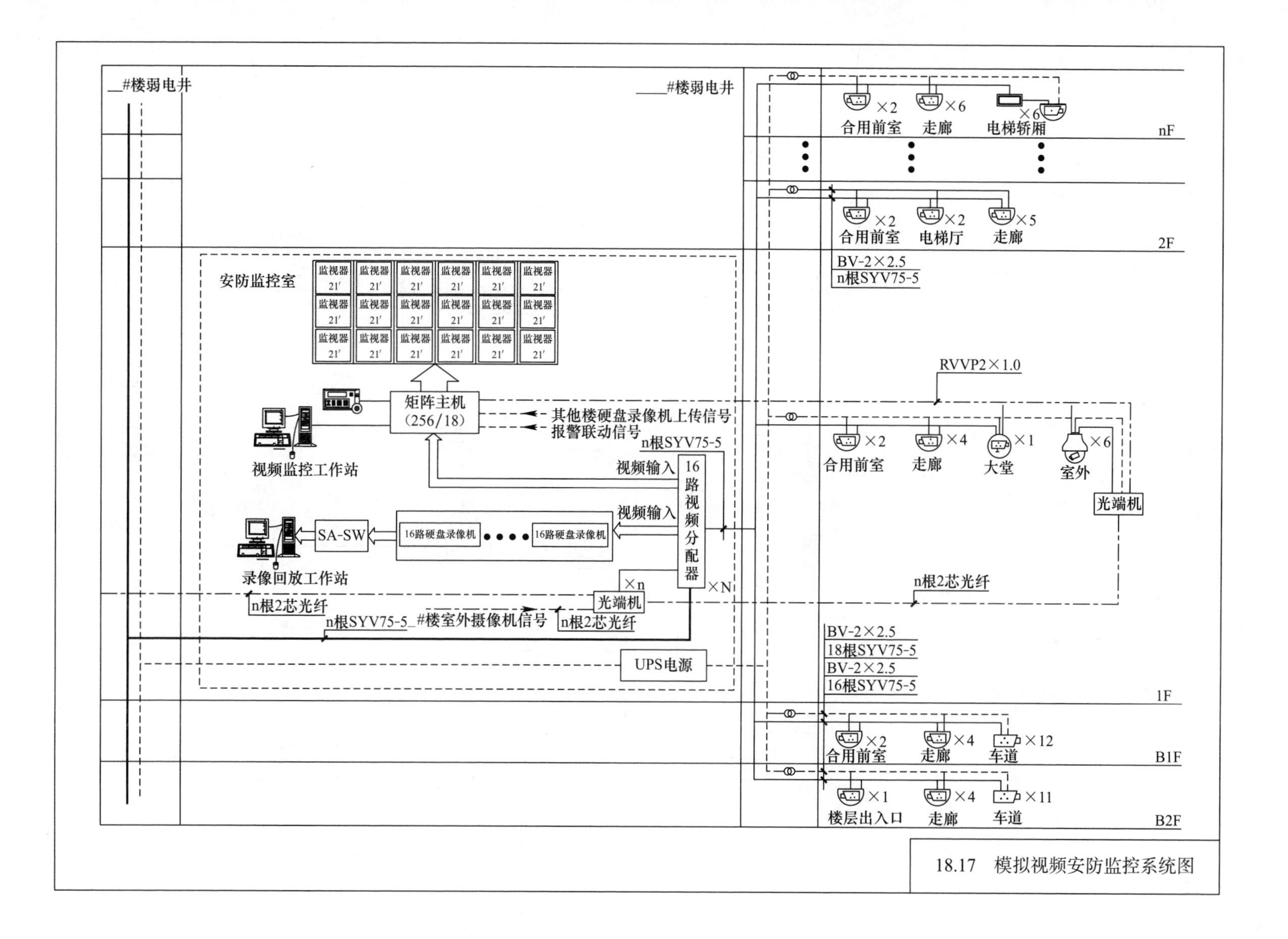

18.17 模拟视频安防监控系统图

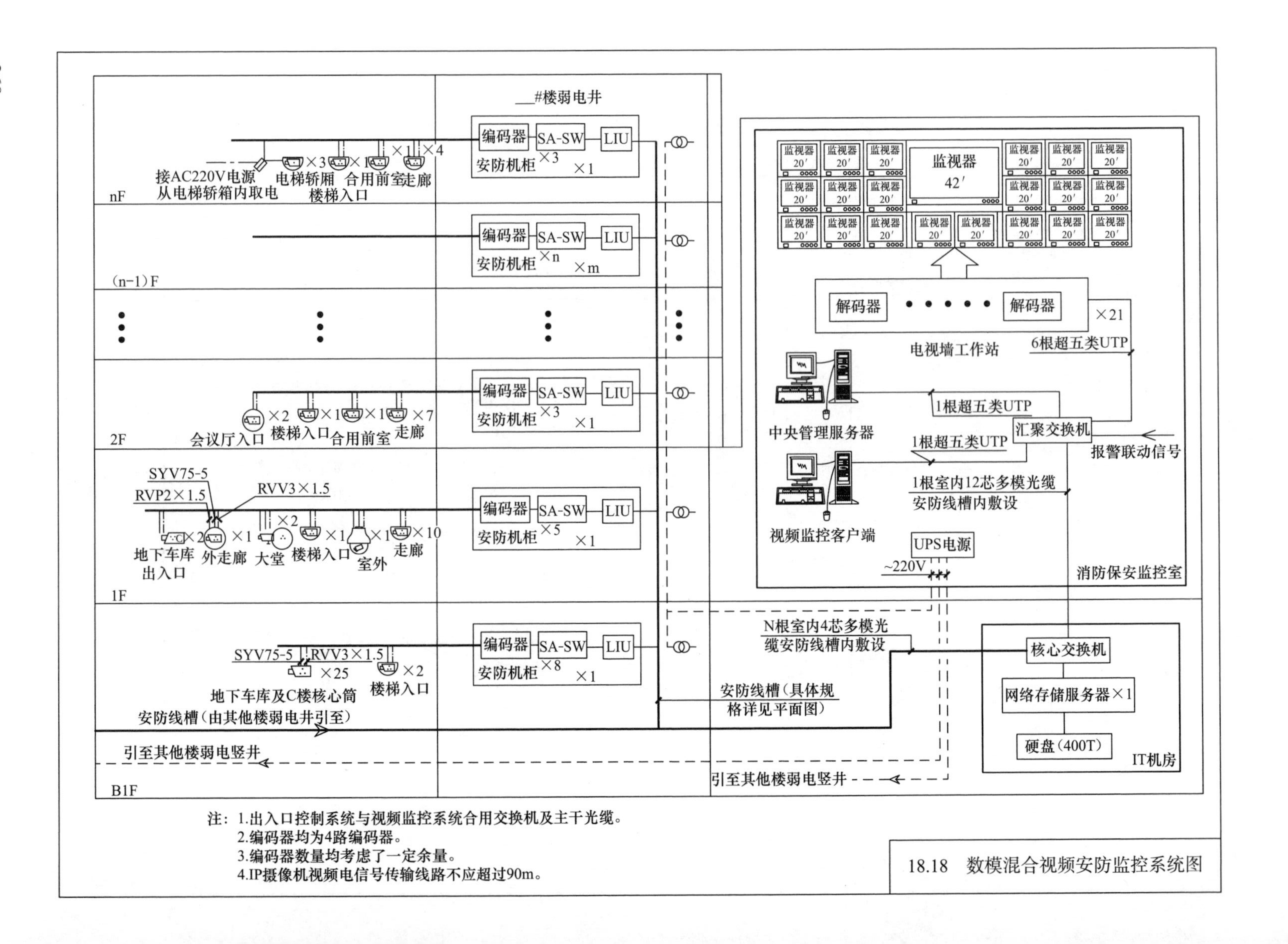

注：1.出入口控制系统与视频监控系统合用交换机及主干光缆。
2.编码器均为4路编码器。
3.编码器数量均考虑了一定余量。
4.IP摄像机视频电信号传输线路不应超过90m。

18.18 数模混合视频安防监控系统图

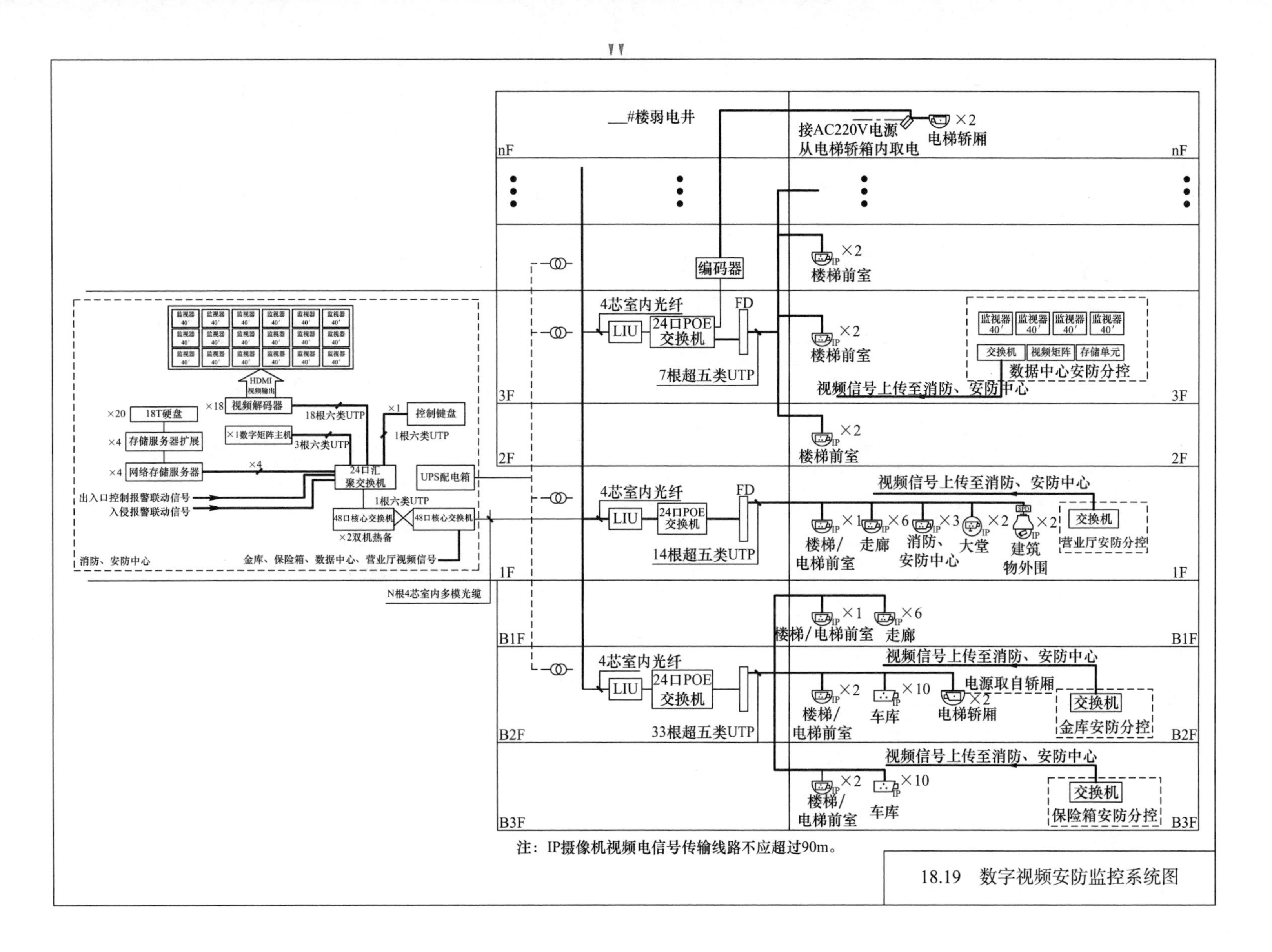

注：IP摄像机视频电信号传输线路不应超过90m。

18.19 数字视频安防监控系统图

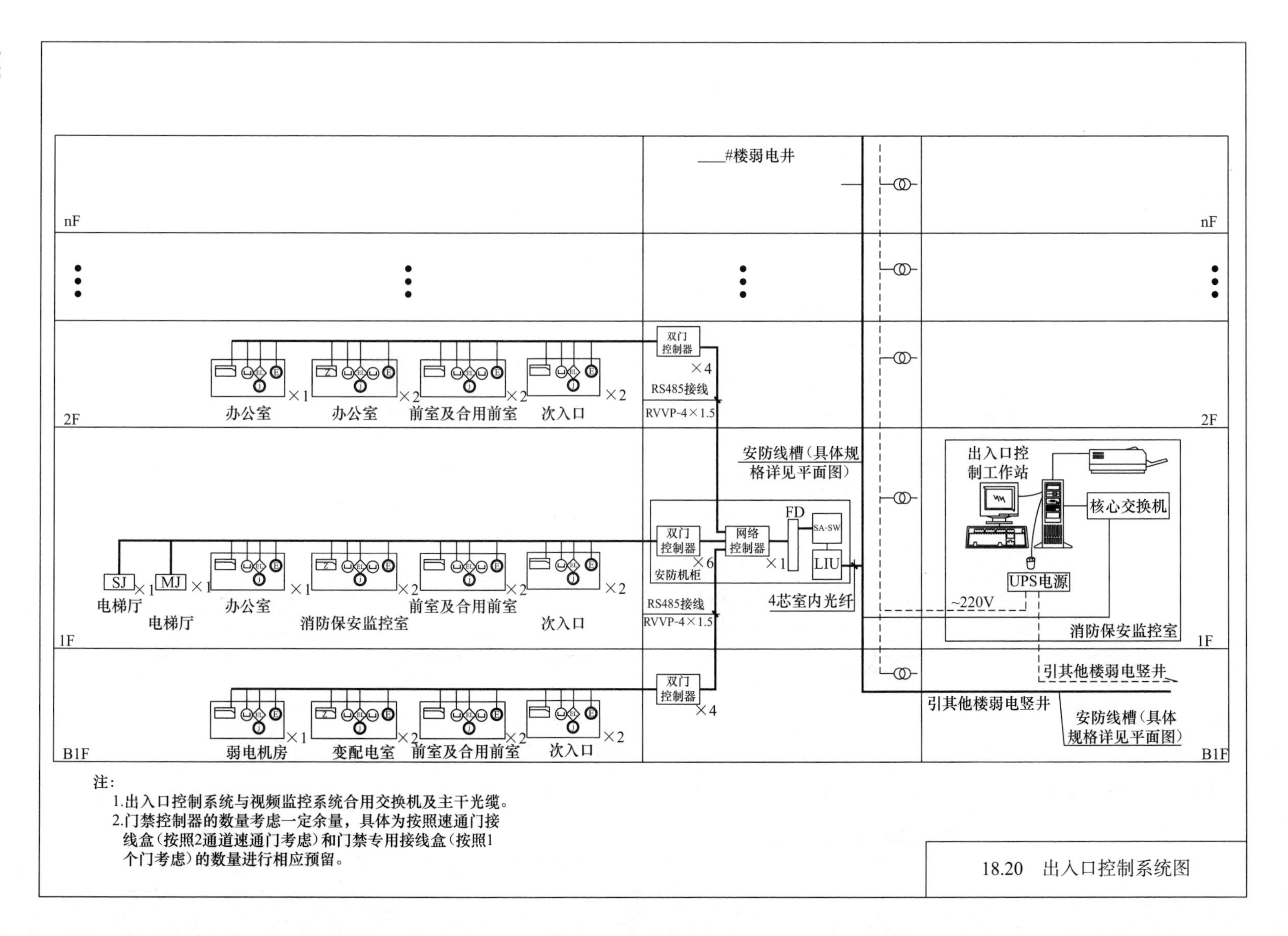

注:

1.出入口控制系统与视频监控系统合用交换机及主干光缆。

2.门禁控制器的数量考虑一定余量，具体为按照速通门接线盒(按照2通道速通门考虑)和门禁专用接线盒(按照1个门考虑)的数量进行相应预留。

18.20　出入口控制系统图

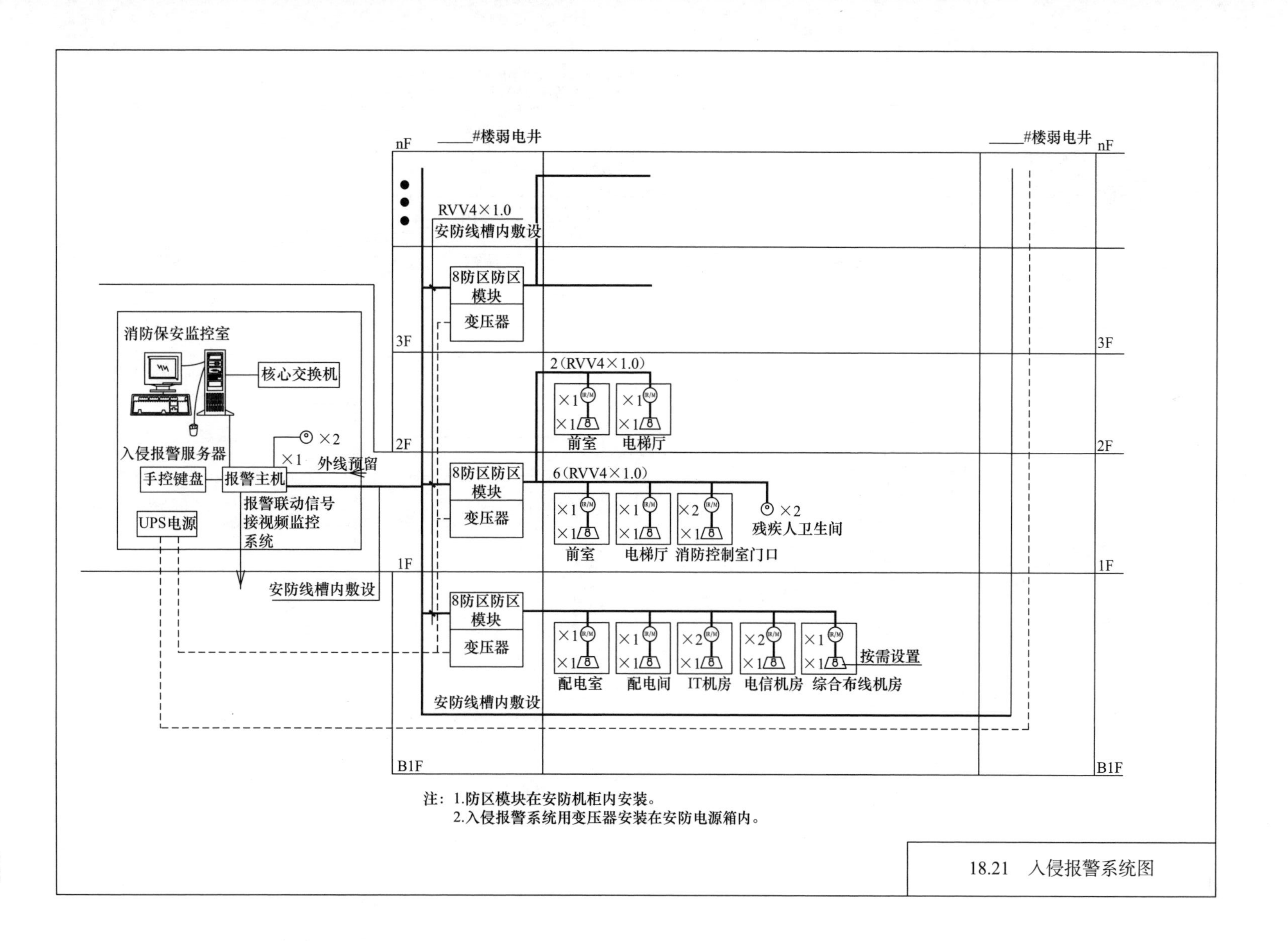

注：1.防区模块在安防机柜内安装。
2.入侵报警系统用变压器安装在安防电源箱内。

18.21 入侵报警系统图

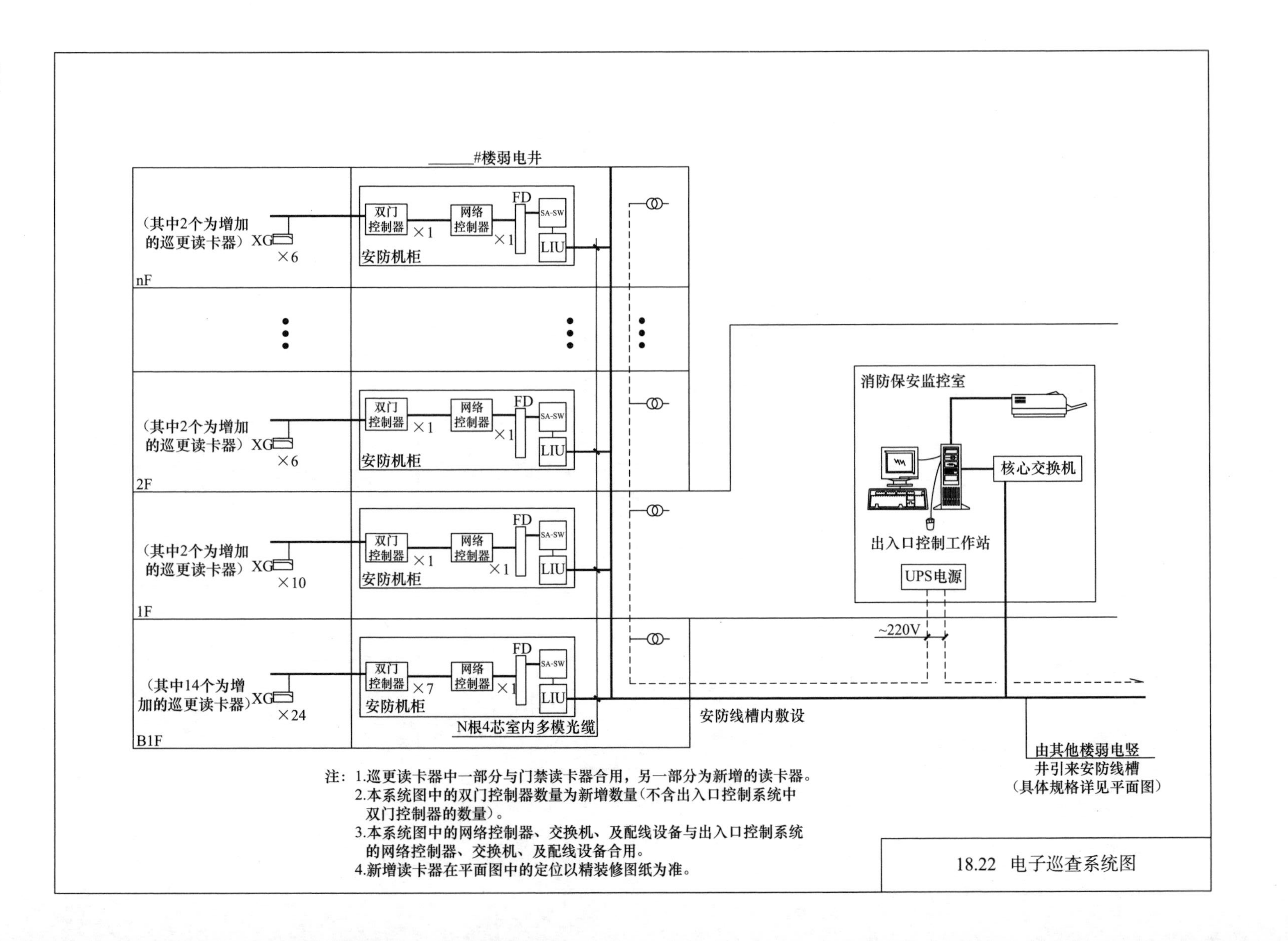

注：1.巡更读卡器中一部分与门禁读卡器合用，另一部分为新增的读卡器。
2.本系统图中的双门控制器数量为新增数量（不含出入口控制系统中双门控制器的数量）。
3.本系统图中的网络控制器、交换机、及配线设备与出入口控制系统的网络控制器、交换机、及配线设备合用。
4.新增读卡器在平面图中的定位以精装修图纸为准。

18.22 电子巡查系统图

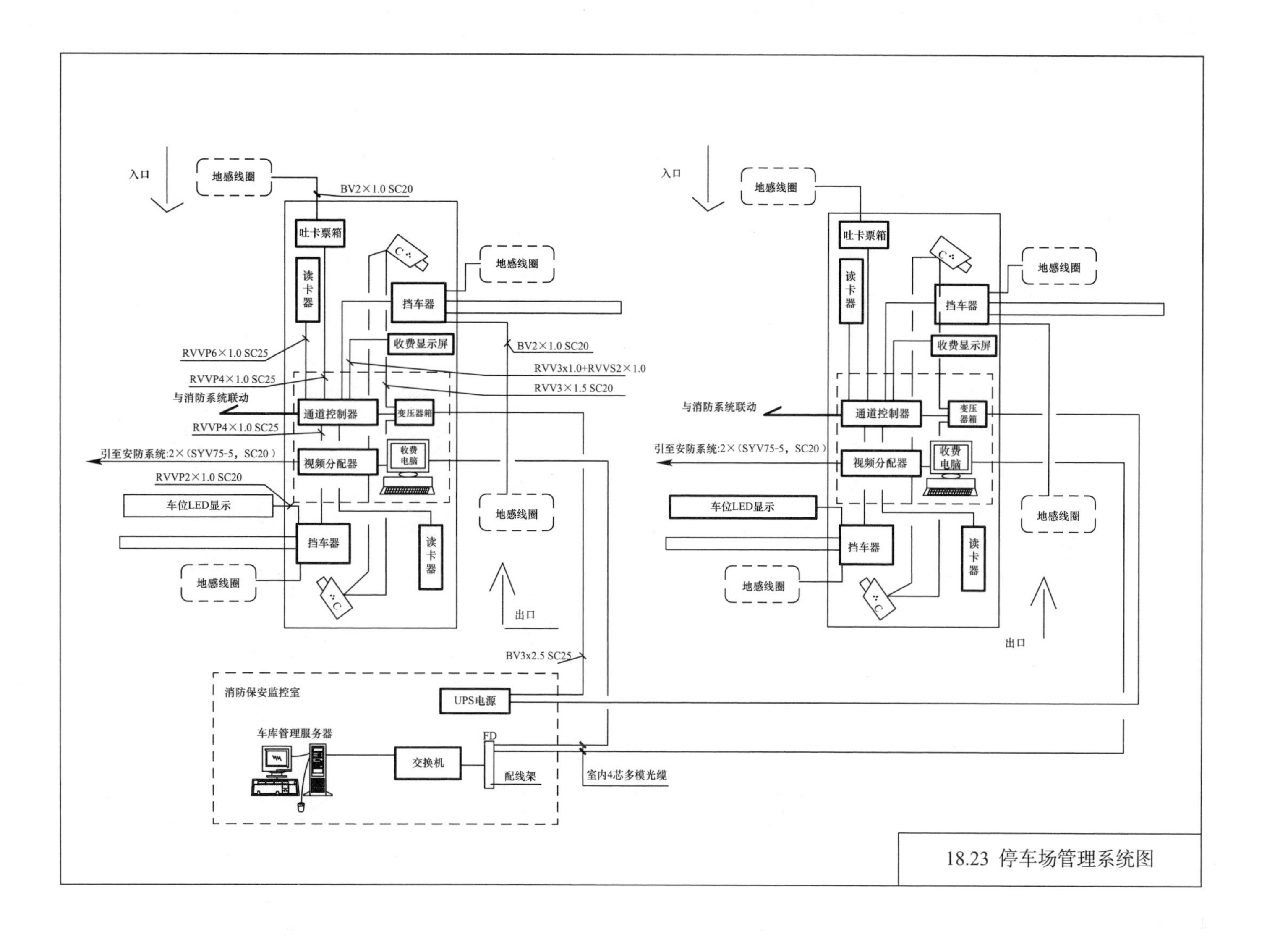

18.23 停车场管理系统图

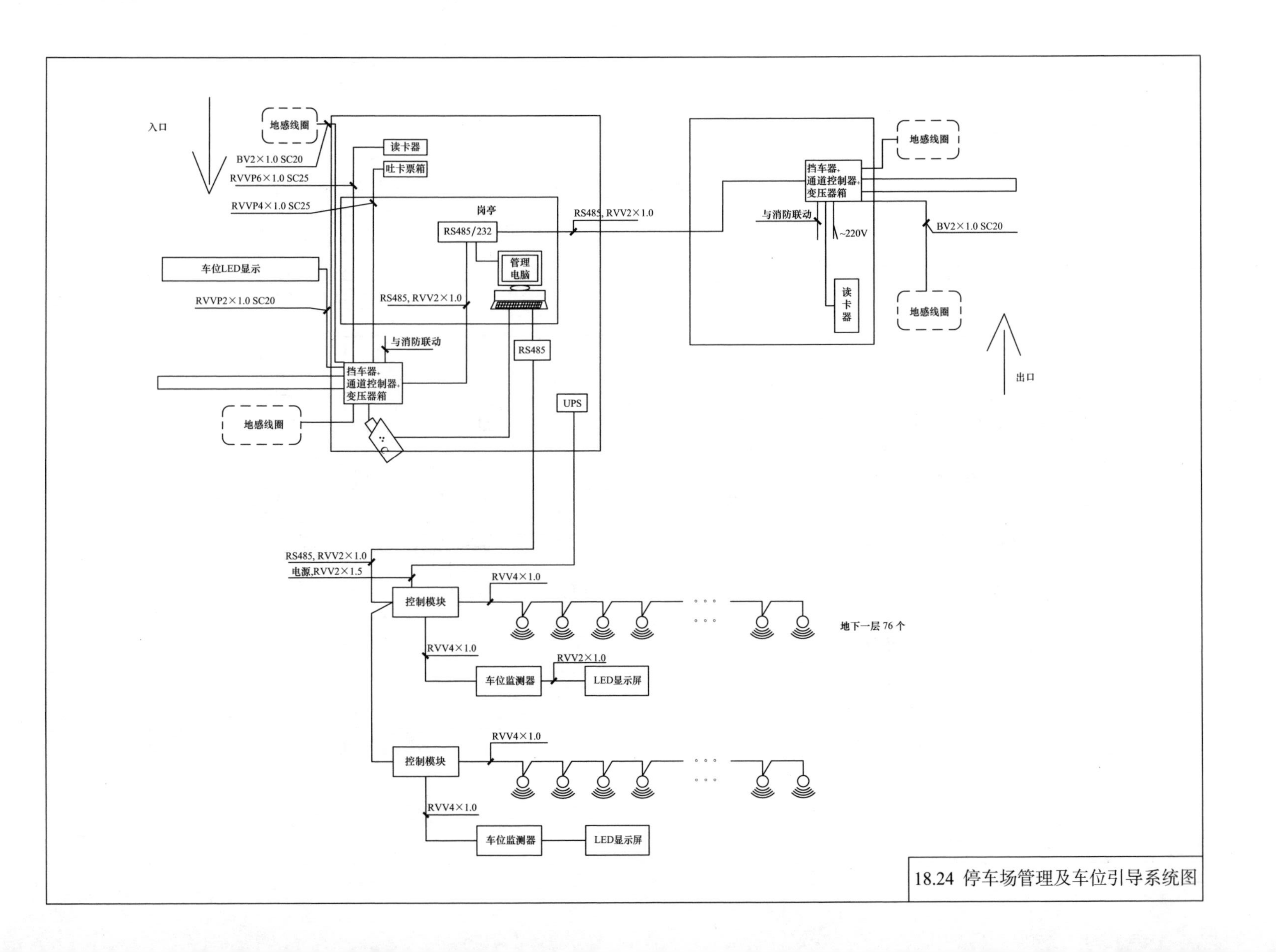

18.24 停车场管理及车位引导系统图

序号	图例符号	本项目使用	名 称	单位	备注
1			主扩扬声器	个	壁挂安装
2			低音扬声器	个	
3			返送扬声器	个	
4			吸顶扬声器	个	吸顶安装
5			中置扬声器	个	
6			环绕扬声器	个	
7			壁挂扬声器	个	壁挂安装
8			移动(领夹)话筒	个	
9			鹅颈话筒	个	桌面安装
10			会议发言设备	个	流动使用
11			液晶显示器	台	墙面安装，中间距地1.5m
12			电动投影幕	套	吊顶安装
13			投影机	个	吊顶吊杆安装
14			彩色会议高清一体化摄像机	个	
15			彩色一体化摄像机	个	
16			电视电话会议摄像机	个	墙面安装，中间距地1.5m
17			监控摄像机	个	吸顶安装
18			会议系统集控台	套	
19			会议系统综合机柜	套	落地安装

18.25 智能会议系统图例符号

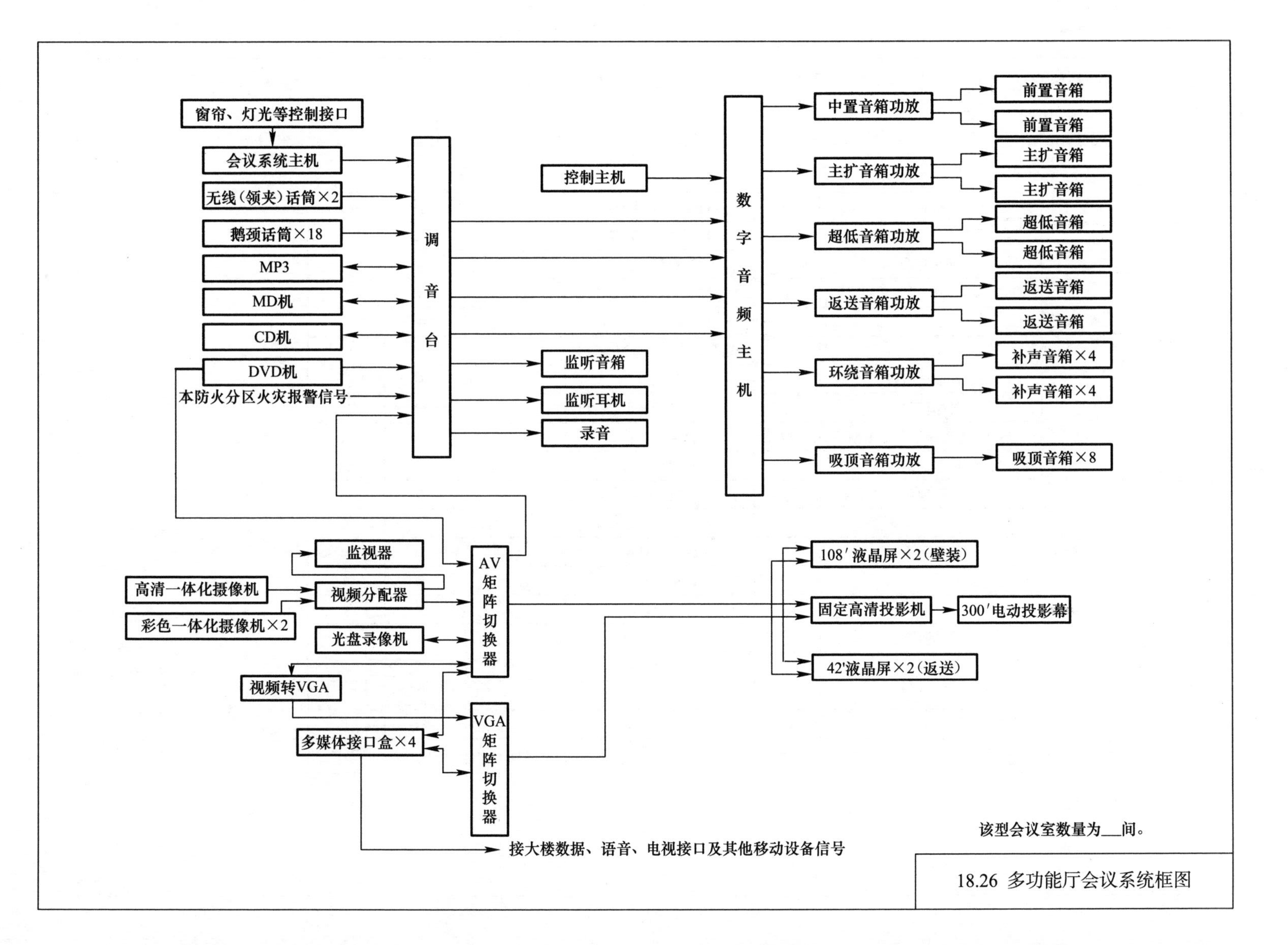

18.26 多功能厅会议系统框图

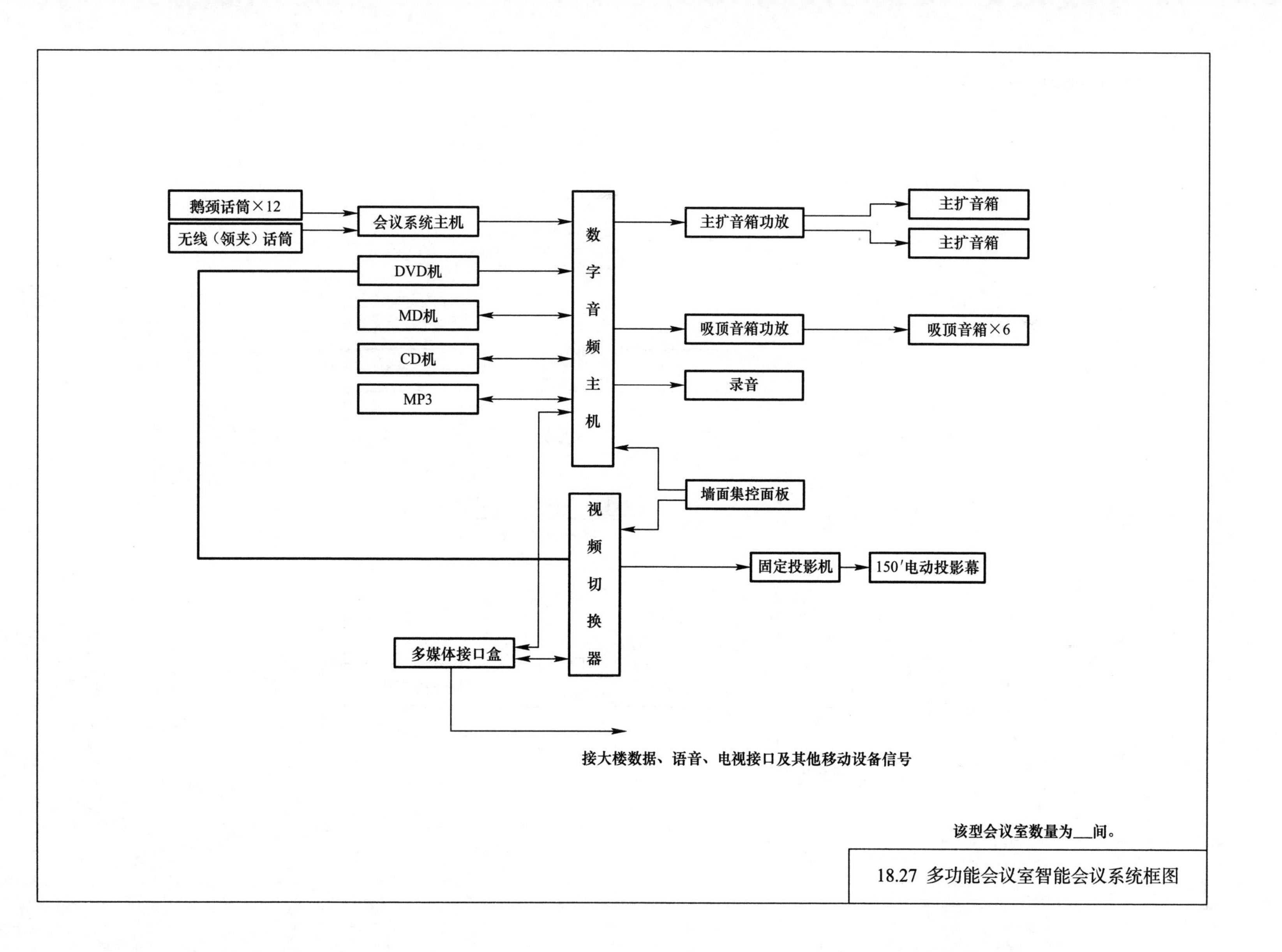

18.27 多功能会议室智能会议系统框图

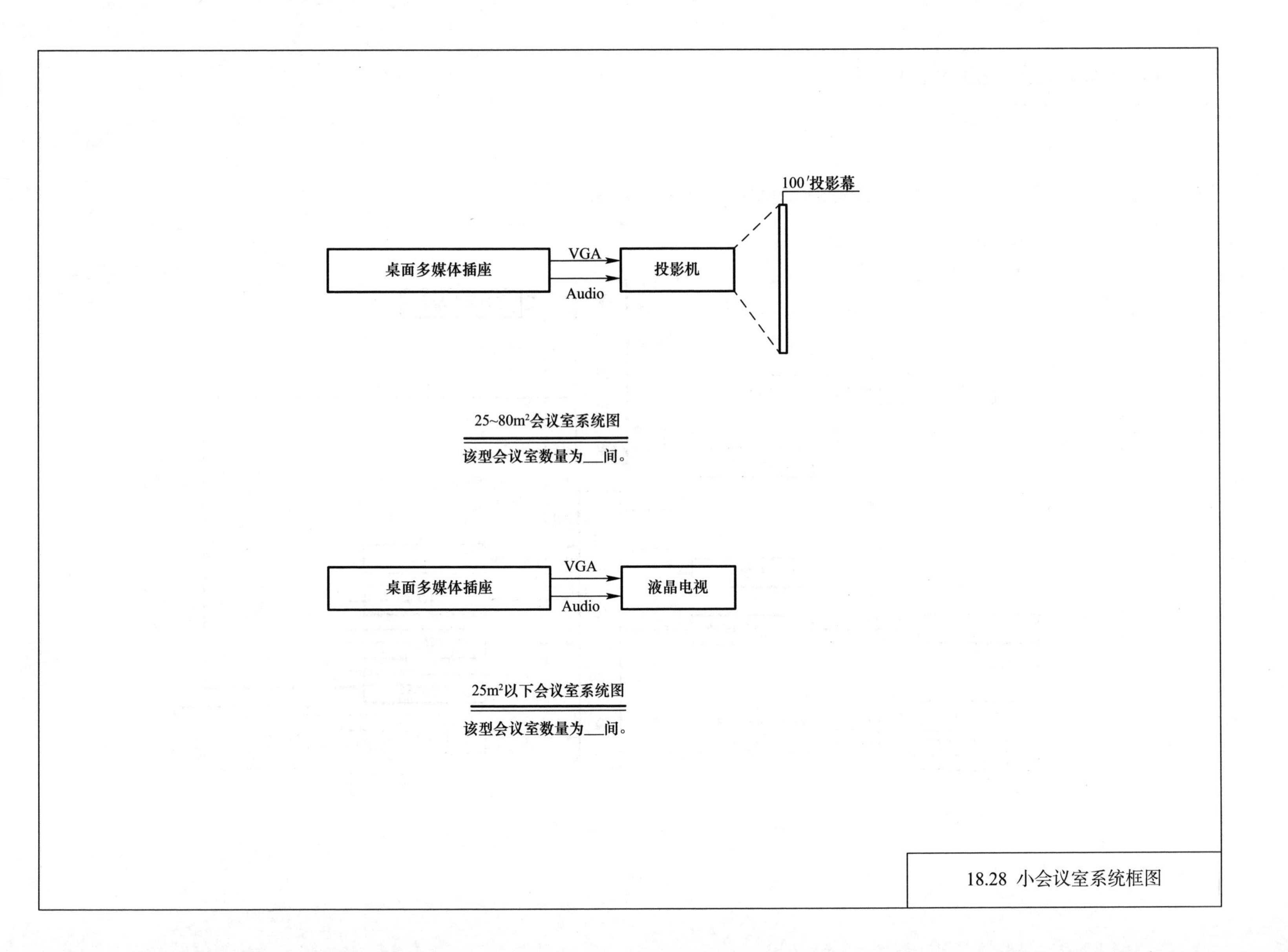
100′投影幕
桌面多媒体插座
VGA
Audio
投影机
25~80m²会议室系统图
该型会议室数量为__间。
桌面多媒体插座
VGA
Audio
液晶电视
25m²以下会议室系统图
该型会议室数量为__间。
18.28 小会议室系统框图

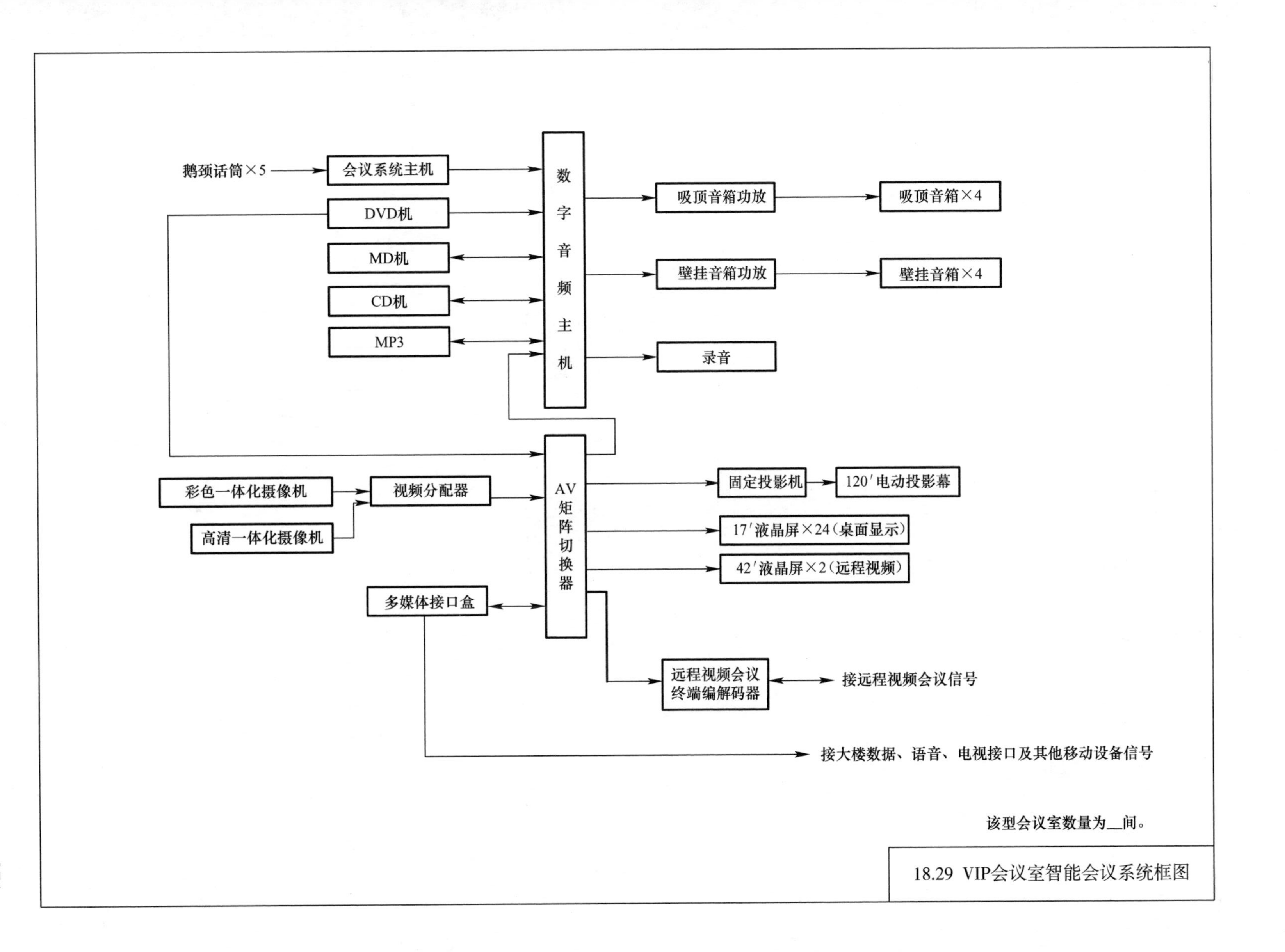
鹅颈话筒×5
会议系统主机
DVD机
MD机
CD机
MP3
数字音频主机
吸顶音箱功放
吸顶音箱×4
壁挂音箱功放
壁挂音箱×4
录音
彩色一体化摄像机
高清一体化摄像机
视频分配器
AV矩阵切换器
固定投影机
120′电动投影幕
17′液晶屏×24（桌面显示）
42′液晶屏×2（远程视频）
多媒体接口盒
远程视频会议终端编解码器
接远程视频会议信号
接大楼数据、语音、电视接口及其他移动设备信号
该型会议室数量为__间。

18.29 VIP会议室智能会议系统框图